Friedrich Manz   Videorecorder-Technik

Friedrich Manz

Videorecorder-Technik

Grundlagen, Schaltungstechnik
und Service

4., überarbeitete Auflage

 VOGEL Buchverlag Würzburg

FRIEDRICH MANZ
Nach seiner Ausbildung zum Videotechniker in den Entwicklungslaboratorien der SONY Corporation Tokio übernahm er zunächst den Bereich «Videoservice» bei der SONY GmbH in Köln. 1975 wurde er Leiter der Abteilung «Technische Information», seit 1983 ist er Technischer Direktor. Viele Aufsätze in Fachzeitschriften machen deutlich, daß seine Kenntnisse nicht nur theoretisch, sondern im wesentlichen praktisch orientiert sind. Das kommt in diesem Buch zum Ausdruck.

CIP-Kurztitelaufnahme der Deutschen Bibliothek

Manz, Friedrich:
Videorecorder-Technik: Grundlagen, Schaltungstechnik u. Service/Friedrich Manz. –
4., überarb. Aufl. – Würzburg: Vogel, 1987.
ISBN 3-8023-0621-X

ISBN 3-8023-0621-X
4. Auflage. 1987
Alle Rechte, auch der Übersetzung, vorbehalten.
Kein Teil des Werkes darf in irgendeiner Form (Druck, Fotokopie, Mikrofilm oder einem anderen Verfahren) ohne schriftliche Genehmigung des Verlages reproduziert oder unter Verwendung elektronischer Systeme verarbeitet, vervielfältigt oder verbreitet werden. Hiervon sind die in §§ 53, 54 UrhG ausdrücklich genannten Ausnahmefälle nicht berührt.
Printed in Germany
Copyright 1979 by Vogel-Buchverlag Würzburg
Herstellung: Echter Würzburg

Vorwort

Die Videotechnik, vor Jahren noch auf die professionelle Anwendung konzentriert, hat sich auch im Konsumbereich sehr weit entwickelt. Es stehen dort mittlerweile sehr leistungsfähige und preiswerte Geräte zur Verfügung. Techniker und Ausbilder sehen sich mit der Notwendigkeit konfrontiert, die Technologie der Videorecorder zu erlernen. Erschwert wird dies durch die Vielfalt der auf dem Markt befindlichen Systeme.

Mit dem vorliegenden Buch soll dem Interessenten der Einstieg in die Technik der magnetischen Bildaufzeichnung erleichtert werden. Durch seine Gliederung in die Hauptabschnitte Grundlagen, Blockschaltungen, Schaltungs- und Servicetechnik kann sowohl der Praktiker als auch der theoretisch orientierte Leser von der Lektüre profitieren.

Die Thematik wurde zum größten Teil ohne komplizierte mathematische Betrachtungen abgehandelt. Als besonderer Schwerpunkt treten die videotechnischen Grundlagen in Erscheinung. Das Buch wird darum auch dann noch aktuell sein, wenn in einigen Jahren die Gerätetechnik weiter fortgeschritten ist.

Den Abschluß bildet ein englisch-deutsches Lexikon mit Fachausdrücken aus der Video- und Fernsehtechnik und eine Gegenüberstellung der deutschen und amerikanischen Schaltzeichennormung.

Köln   Friedrich Manz

Vorwort zur 4. Auflage

Nach dem Erscheinen der ersten Auflage wurde dieses Buch von Fachleuten als Grundlagenwerk der Videorecordertechnik bewertet. Ständige, intensive Erforschung der Videogrundlagen und daraus resultierende Neuentwicklungen sind die Voraussetzung für das hohe innovative Tempo, das die Industrie bei der Entwicklung von Videorecordern vorgibt.

Die nun vorliegende 4. Auflage wurde dem Stand der Technik angepaßt. Dem Techniker steht damit ein Fachbuch zur Verfügung, das dem erweiterten Verständnis der aktuellen Videogrundlagen in jeder Beziehung gerecht wird.

Köln   Friedrich Manz

Inhaltsverzeichnis

	Vorwort	5
1	**Video und Audiovision**	**11**
1.1	Begriffsdefinition	11
1.2	Anwendung	11
2	**Grundlagen der magnetischen Bildaufzeichnung**	**17**
2.1	Das Magnetband	17
2.2	Aufnahme und Wiedergabe	19
2.3	Die Verlustfaktoren	23
2.4	Entzerrungsmöglichkeiten	25
2.5	Der Löschvorgang	30
2.6	Tonkopf und Videokopf im Vergleich	31
2.7	Die Videoköpfe rotieren	36
2.8	Längsschrift, Querschrift und Schrägschrift	40
2.9	Was ist das? «Slanted Azimuth Recording»	42
2.10	Spurlagenschemen und Systemparameter	46
2.11	HIFI-Ton durch FM-Aufzeichnung	50
3	**Video-Signalverarbeitung bei Aufnahme und Wiedergabe**	**57**
3.1	Das FBAS-Signal	57
3.2	Direktaufzeichnung und FM-Aufzeichnung	61
3.3	Der Farbträger wird heruntergesetzt	64
3.4	Das aufgezeichnete Spektrum	67
3.5	Beseitigung von Chroma-Übersprechproblemen	69
3.6	Was geschieht bei der Wiedergabe?	74
4	**Steuerung der rotierenden Videoköpfe**	**77**
4.1	Grundsätzliches zur Servoregeltechnik	77
4.2	Aufgabenstellung der Servoregelung eines Videorecorders	78
4.3	Regelung des Bandantriebes	86
4.4	Praktische Lösungen und Ausführungsformen des «Kopfradservo»	91
4.5	Praktische Lösungen und Ausführungsformen des «Bandservo»	102

4.6	Der Stimmgabeloszillator als Sollwertvorgabe	104
4.7	Nachsteuerbare Videoköpfe durch DTF	105
4.8	VIDEO 8 arbeitet mit ATF	108
5	**Blockschaltungstechnik**	**109**
5.1	Codierung des Luminanzsignals	109
5.2	Codierung des Farbsignals	111
5.3	Grundfunktionen der Wiedergabe-Kopfverstärker	115
5.4	Der geschaltete Kopfverstärker	116
5.5	Blockschaltbild der Y-Wiedergabe	123
5.6	Der Dropout-Kompensator	124
5.7	Crispening und Cosinus-Entzerrung	128
5.8	Rauschunterdrückung	131
5.9	Rückgewinnung und Stabilisierung der Farbinformation	133
5.10	Übersprechkompensation des Farbsignals	140
6	**Schaltungstechnik**	**143**
6.1	Signalaufbereitung vor der FM-Modulation	143
6.2	Der FM-Modulator	145
6.3	Pre-Emphasis	147
6.4	Burstaustastung	152
6.5	Dropout-Kompensation	154
6.6	Der Video-FM-Demodulator	156
6.7	Cosinus-Entzerrung	159
6.8	Der Aufnahme-Kopfverstärker	161
6.9	Der Wiedergabe-Kopfverstärker	162
7	**Die Mechanik des Videorecorders**	**167**
7.1	Mechanik eines Videorecorders mit offenen Spulen	167
7.2	Automatische Bandeinfädelung	169
7.3	Verschiedene Lösungen der schrägen Bandführung	176
7.4	Die Videokopf-Einheit	177

8	**Keine Angst vor dem Videoservice**	181
8.1	Bildschirmdiagnose bei Fehlern im BAS-Signalteil	181
	a) Wiederholung der Schwarzweiß-Signalverarbeitung in Kurzform	181
	b) Videoköpfe und Kopfverstärker	183
	c) Abgleich der Kopfverstärker	185
	d) Aufnahmeautomatik und Klemmschaltung	186
	e) Der Videomodulator	188
	f) Dropout-Kompensation	189
8.2	Bildschirmdiagnose bei Servofehlern und mechanischen Fehlern	191
	a) Fehler im Servoteil	191
	b) Fehler in der Bandführung	192
	c) Probleme mit dem Bandzug	194
8.3	Bildschirmdiagnose bei Fehlern im Chromateil	195
8.4	Kompatibilität	196
8.5	Wechsel eines Videokopfs	199
8.6	Die Einstell- und Testkassette	201
9	**Anhang**	205
9.1	Englisch-deutsche Übersetzung von Begriffen aus der Video- und Fernsehtechnik	205
9.2	Gegenüberstellung der wichtigsten amerikanischen und deutschen Schaltzeichen	208
	Quellenhinweise	209
	Literaturverzeichnis	210
	Stichwortverzeichnis	211

1 Video und Audiovision

1.1 Begriffsdefinition

Video 2000, VCR, 8-mm-Video, Betamax und VHS sind Systembezeichnungen von Videorecordern, die für Heimanwendung konzipiert wurden. Es sind Geräte, die unter den Begriff der Audiovision eingeordnet werden können.

Die Bezeichnungen Video und Audiovision sind durchaus nicht gleichbedeutend. Video ist nur die optische Dimension eines Systems, in dem es um Hören und Sehen geht. Die Video- oder Fernsehkamera kann z.B. nur optische Eindrücke verarbeiten. Die Audiovision dagegen umfaßt die visuelle und die akustische Komponente. So ist der Videorecorder ein typisches Beispiel audiovisueller Technik, weil er in der Lage ist, bewegte Bilder mit dem dazugehörigen Ton auf Magnetband zu speichern. Dies kann sowohl in Form von Eigenproduktion mit der Kamera und dem Mikrofon als auch durch Aufzeichnung einer Fernsehsendung geschehen. Das letztere ist bei der Heimanwendung dominierend.

In letzter Zeit wurde deutlich, daß Video auch ein Medium für den Außeneinsatz ist. Dem Anwender steht eine breite Palette sogenannter Kamerarecorder zur Verfügung.

Die Einsatzmöglichkeiten von Video konzentrieren sich aber nicht nur auf den privaten Bereich. Die Industrie nutzt Video sowohl in der Fertigung als auch im Marketing und in der Werbung.

1.2 Anwendung

Videoaufzeichnungsgeräte arbeiten genau wie Tonbandgeräte auf magnetischer Basis. Im professionellen Bereich sind sie schon lange unter der Bezeichnung MAZ ein Begriff. Es handelt sich dabei um Maschinen, die mit 2 Zoll breiten Magnetbändern arbeiten. Diese Studiogeräte liefern eine ausgezeichnete Bildqualität.

Für den Heimgebrauch und auch für semiprofessionelle Anwendung sind sie allerdings zu aufwendig und vor allem viel zu teuer. Deshalb konstruierte man wesentlich kleinere und doch sehr leistungsfähige Geräte. Die Breite ihrer Magnetbänder geht von 8 mm bis 1 Zoll. Am meisten verbreitet sind $1/2$-Zoll-Geräte. Die bekanntesten Heimvideosysteme sind Video 2000, 8-mm-Video, Betamax und VHS. Diese Systeme arbeiten mit Kassetten. Bild 1.1 zeigt einige Ausführungsbei-

Bild 1.1   von links nach rechts: VHS-, Betamax- und 8-mm-Videokassette

spiele. Die maximale Spieldauer einer Kassette beträgt bis zu 8 Std. (Video 2000). Für semiprofessionellen Einsatz wurde das U-Matic-System entwickelt. Auch U-Matic arbeitet mit Kassetten. Die Breite des Magnetbandes beträgt $^3/_4$ Zoll. U-Matic-Geräte sind umschaltbar auf die Farbnormen PAL, SECAM und NTSC. So ergibt sich in Verbindung mit einem entsprechenden Monitor eine weltweite Kompatibilität der bespielten Bänder. Bezüglich der Bildauflösung unterscheidet man zwischen folgenden Qualitätsabstufungen:
- Heimgeräte bis etwa 3 MHz
- semiprofessionelle Geräte 3 MHz bis 4 MHz
- Studiogeräte bis 5 MHz

Die Anwendungsmöglichkeiten von Video bzw. der Audiovision ergeben eine breite Palette. Neben der privaten Nutzung profitieren auch Industrie und Wirtschaft von der Audiovision. Viele Industriebetriebe setzen Videokameras und -recorder zur Mitarbeiterschulung ein. Hierzu werden oft komplette semiprofessionelle Videostudios eingerichtet, die den technischen Möglichkeiten eines Profistudios in nichts nachstehen.

Video erleichtert auch die Überwachung von Produktionsabläufen. Hier sind besonders die Stellen von Interesse, die für den Menschen gefährlich sind. Überwachungskameras werden auch zur Kontrolle der Schalterräume von Sparkassen und Banken eingesetzt. Ebenso sind Videokameras in der Lage, als hochempfindliche Sensoren zu fungieren, die jede Bewegung in zu überwachenden Räumen in Alarmsignale umwandeln.

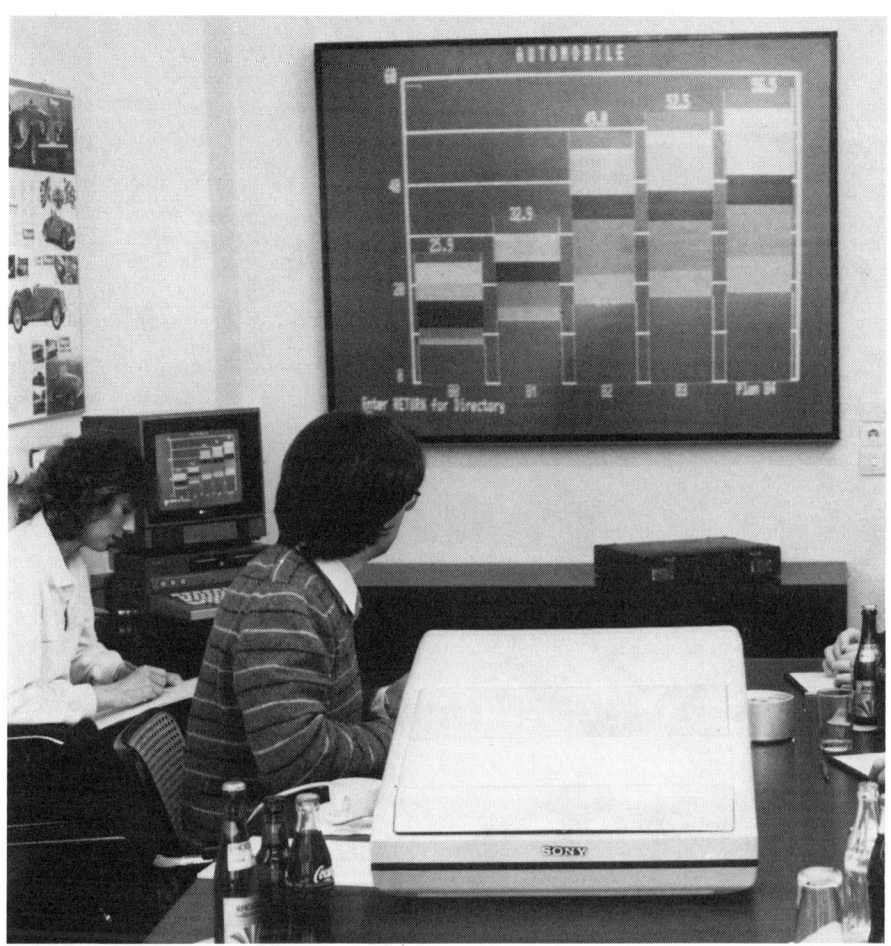

Bild 1.2 Video-Großbildprojektion

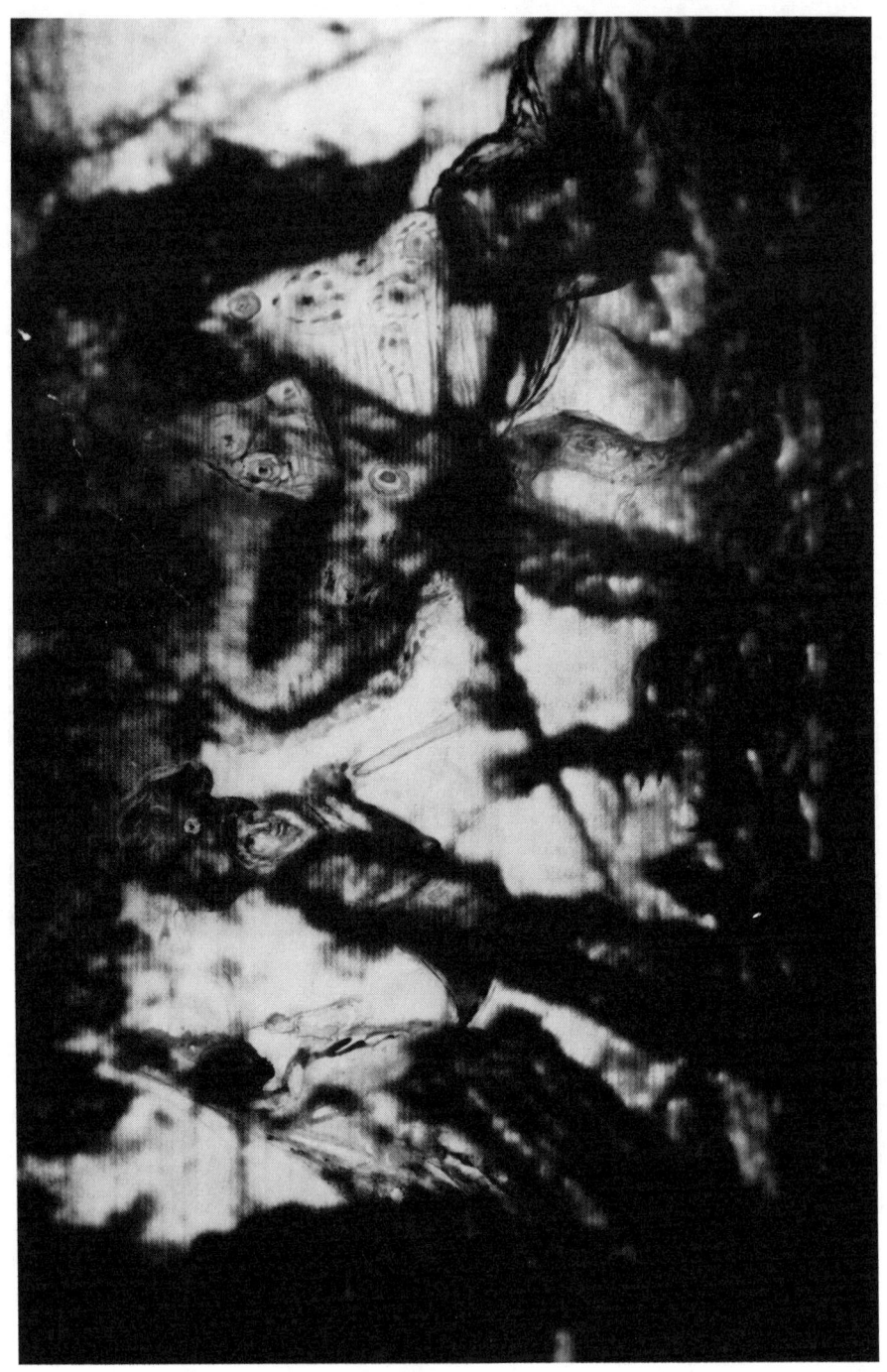

14

Auch in der Medizin gibt es viele Einsatzmöglichkeiten. Die Direktübertragung von schwierigen Operationen, z.B. in den Hörsaal, ist heute schon eine Selbstverständlichkeit. Video-Projektionsanlagen (Bild 1.2) erlauben dabei die Demonstration vor einem großen Forum. In Krankenhäusern wird die Überwachung der Intensivstation durch Video erleichtert und gleichzeitig optimiert. Ärzte wissen das neue Medium für die interne Weiterbildung zu schätzen. Für sie wurde eine Video-Medithek entwickelt. Sie bietet auf audiovisueller Basis praxisorientierte, von einer wissenschaftlichen Kommission zusammengestellte Information.

Im Grunde gibt es keinen Bereich des menschlichen Lebens, vor dem die Videotechnik halt macht. Sogar für die Kunst wurde die Audiovision als Kreativitätsinstrument entdeckt. Kein Geringerer als Salvador Dali sah darin eine Möglichkeit, seinen surrealistischen Horizont zu erweitern. Dabei hat er ein Kunstwerk geschaffen, das nur mit Hilfe der Videotechnik realisierbar war. Wie gewohnt, präsentiert sich Dali dabei als totalitärer Machthaber im Reich der Phantasie. Bild 1.3 zeigt einen Schirmausschnitt seiner Videografie. Sie wurde auf Videoband aufgenommen. Die feinen horizontalen Linien bilden die Zeilenstruktur des Fernsehbildes. Bei genauem Hinsehen entdeckt man in den Makrokompositionen Bilder und Figuren.

In Sachen Video und Kunst macht auch der Koreaner Nam June Paik von sich reden. Ihn interessieren nicht nur die technischen Möglichkeiten von Video als gestalterische Elemente. Er betrachtet die Videokamera und den Monitor auch selbst als Objekte, die künstlerisch manipuliert werden können. Im Foto Bild 1.4 wird das deutlich.

Man könnte die Betrachtungen über «Video im Einsatz» sicher noch erweitern. Darüber existieren ganze Bücher. Einige können Sie davon dem Literaturanhang entnehmen. Für den Servicetechniker ist die Anwendungsseite aber in der Regel nur von sekundärer Bedeutung. Für ihn ist die Gerätetechnik das Wesentliche, denn er steht vor der Aufgabe, sein fernsehtechnisch orientiertes Wissen auf die Videotechnik zu erweitern. Dabei kann er sich nicht nur auf die Technik der modernen Geräte konzentrieren. Gerade die etwas älteren Videorecorder machen ihm nicht selten Probleme. Aus diesem Grund befaßt sich das vorliegende Fachbuch besonders intensiv mit den videotechnischen Grundlagen. Unabhängig von der Aktualität helfen sie beim Verständnis der Zusammenhänge.

◄ Bild 1.3   Bildschirmausschnitt von Dalis Videografie (Foto: Sony)

Bild 1.4 Nam June Paik mit seinem «Fernsehdenker» (Foto: Sony)

2 Grundlagen der magnetischen Bildaufzeichnung

Genau definiert, versteht man unter Magnetaufzeichnung die Speicherung von magnetischen Feldänderungen, die einer elektrischen Größe proportional sind. Das magnetische Feld wird dabei in Form einer örtlich verteilten Remanenz auf ein bewegtes, magnetisierbares Band aufgebracht. Auf diese Weise können Impulse, NF-Signale oder auch Video-Informationen aufgezeichnet und beliebig oft wiedergegeben werden.

2.1 Das Magnetband

«Am Anfang war der Stahldraht», so muß man heute sagen, denn schon 1898 gelang es dem Dänen Paulsen, einen Stahldraht so zu magnetisieren, daß darauf Töne gespeichert werden konnten. Die Magnetisierung änderte sich dabei im Rhythmus der NF-Spannung. Mit der Stahldrahtmethode konnte dieser Tonbandpionier schon damals Tonsignale nicht nur aufnehmen, sondern auch wiedergeben.

Moderne Magnetbänder setzen sich aus einem Kunststoff-Trägermaterial mit einer pulverartigen magnetischen Beschichtung zusammen. Das erste Magnetband dieser Art bestand aus einem mit Eisenpulver beschichteten Papierstreifen. Es wurde 1926 zum erstenmal benutzt. Einige Jahre später entwickelte man ein Magnetband auf Acetatbasis. Die Magnetschicht bestand aus pulverisiertem Carbonyleisen. Aber auch dieses Bandmaterial konnte noch weiter verbessert werden. Es folgten sehr bald Bänder mit Eisenoxidbeschichtung. 1947 war ein denkwürdiges Jahr in der Geschichte der Magnetbandentwicklung. M. Camras entwickelte ein damals neuartiges Verfahren, mit dem nadelförmige γ-Ferritoxide in einem statischen Magnetfeld durch ein Klebemittel mit dem Basismaterial verbunden wurden.

Auch das Trägermaterial wurde im Laufe der Jahre immer weiter verbessert. Über verschiedene Kunststoffmaterialien führte die Entwicklung zu Polyester und PVC. Diese Kunststoffe haben ausgezeichnete mechanische Eigenschaften. Auch die heute üblichen geringen Banddicken der Videobänder von 20 µm und weniger sind auf dieser Kunststoffbasis mit der notwendigen Dehnungsfestigkeit realisierbar. In der Regel können Videobänder für Heimanwendung mit einem Zugmoment von etwa 2 kg bis 2,5 kg belastet werden, ohne daß eine nennenswerte

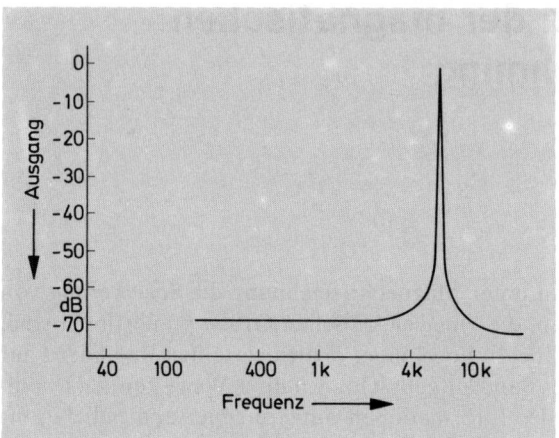

Bild 2.1
Modulationsrauschen eines Doppelschicht-Kassettenbandes (FeCr) für Tonaufzeichnungen

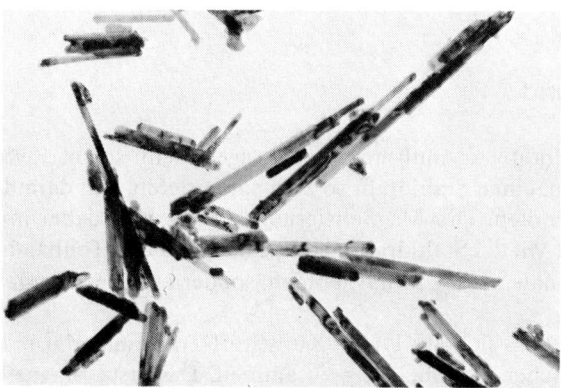

Bild 2.2
Chromdioxid-Magnetpartikel, aufgenommen mit dem Raster-Elektronenmikroskop (30 000fache Vergrößerung) (Foto: Agfa-Gevaert)

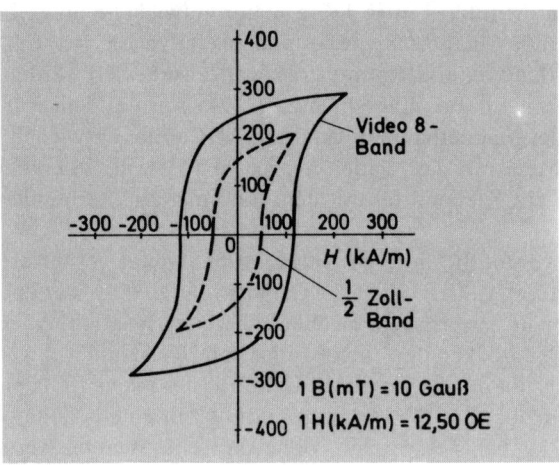

Bild 2.3
Beispiele von Hysteresiskurven für Magnetbänder der Heim-Videorecorder

Banddehnung zurückbleibt. Dabei ist eine Bandbreite von 12,65 mm zugrunde gelegt. Mit dieser Bandbreite arbeiten übrigens die Videosysteme VHS, Betamax, VIDEO 2000, VCR und SVR. Das Trägermaterial weist z.b. bei Betamax eine Dicke von 16 µm auf. Die magnetisch wirksame Beschichtung ist 4 µm dick.

Moderne Magnetbänder haben eine sehr glatte Beschichtungsoberfläche, so daß ein optimaler Kontakt zwischen Band und Kopf gewährleistet ist.

Dies kann unter anderem durch hitzeerhärtete Klebeverbindungen erreicht werden. Ungleichmäßige Bandbeschichtung hätte zur Folge, daß das Band vor dem Kopfspalt vibriert. Auf diese Weise werden dem Nutzsignal Störanteile überlagert. Man bezeichnet sie als Modulationsrauschen. Restanteile dieser Störung sind unvermeidlich und lassen sich nicht ganz beseitigen. Bild 2.1 zeigt das Modulationsrauschen eines modernen Doppelschicht-Kassettenbandes. Bei Videobändern sind Oberflächenschwankungen der Beschichtung nicht größer als 0,1 µm; entsprechend gering ist das Modulationsrauschen.

Natürlich ist man bemüht, das Bandmaterial so zu gestalten, daß möglichst hohe Frequenzen aufgezeichnet werden können. Kurze Wellenlängen erfordern eine hohe Aufzeichnungsdichte. Dies wiederum ist nur mit einer entsprechend großen Koerzitivkraft möglich. Bei Videobändern wird deshalb die Länge der magnetisierbaren stäbchenförmigen Magnetpartikel auf weniger als 1 µm verkleinert. In Bild 2.2 wurde durch Vergrößerung die Struktur dieser Magnetsubstanz sichtbar gemacht. Für den professionellen Einsatz kann man damit Videobänder produzieren, die eine Koerzitivkraft von über 120 kA/m aufweisen. Moderne Heimvideorecorder weisen ähnliche oder sogar höhere Werte auf. Unterschieden werden muß zwischen den Magnetbändern der ½-Zoll-Systeme und dem Video-8-System. Das nur 8 mm breite Video-8-Band muß bessere Werte aufweisen als ein ½-Zoll-Band. Nur dann kommt eine vergleichbare Aufnahmequalität zustande.

Die Hysteresiskurve in Bild 2.3 zeigt eine vergleichende Darstellung. Daraus geht hervor, daß ½-Zoll-Bänder, im Vergleich zum Video-8-Band, geringere Koerzitiv- und Remanenzwerte aufweisen. Die besseren Werte des 8-mm-Bandes werden durch Metallbeschichtung erreicht.

2.2 Aufnahme und Wiedergabe

Will man die Möglichkeiten moderner Magnetbänder voll ausnutzen, müssen auch hohe Anforderungen an den Ton- bzw. Videokopf gestellt werden. Neben dem Löschkopf unterscheidet man bei der Tonaufzeichnung zwischen Aufnahme- und Wiedergabeköpfen. Die Videoköpfe des Fernsehrecorders sind grundsätzlich Kombiköpfe, die sowohl zur Aufnahme als auch für die Wiedergabe benutzt werden.

Alle Kopfarten sind auf der Basis des Ringkerns aufgebaut. In ihm wird durch eine Spule ein magnetischer Fluß erzeugt, der dem anliegenden elektrischen Signal proportional ist (Bild 2.4). Der Ringkern ist mit einem Luftspalt versehen, an dem magnetische Felder austreten, die zur Magnetisierung des Ton- bzw. Videobandes

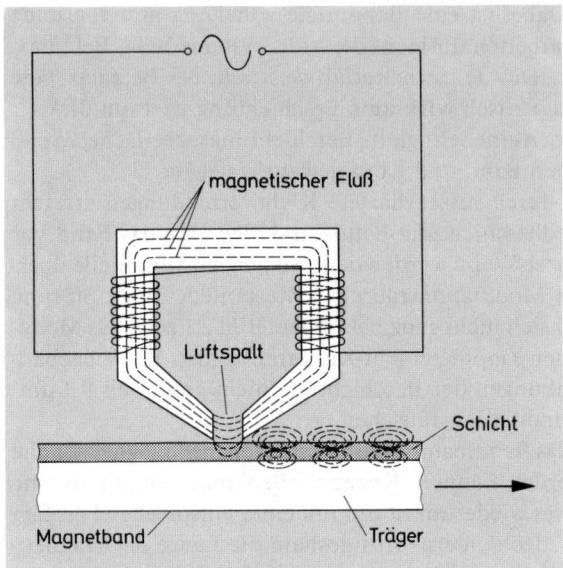

Bild 2.4
Das magnetische Feld tritt bei der Aufnahme aus dem Luftspalt

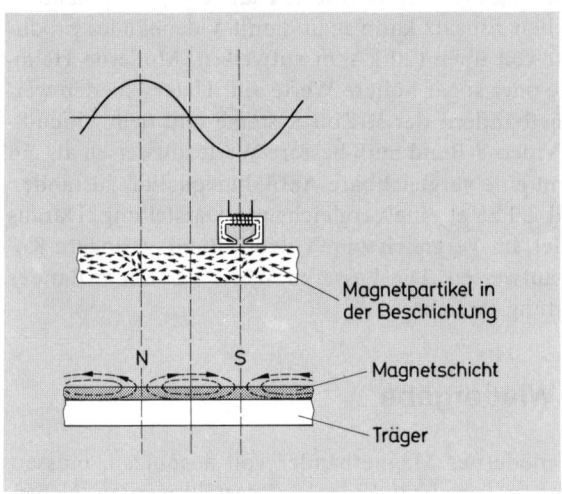

Bild 2.5
Bei der Magnetisierung entstehen magnetische Nord- und Südpole in der Bandbeschichtung

benutzt werden. Während der Magnetisierung wird das Band am Luftspalt vorbeibewegt. Es erfolgt eine signalabhängige Ausrichtung der winzigen Magnetpartikel in der Bandbeschichtung. Wie in Bild 2.5 dargestellt, entstehen dabei auf dem Band magnetische Nord- und Südpole.

Auch für die Wiedergabe muß das Band mit konstanter Geschwindigkeit am Kopfspalt vorbeigeführt werden. Die aus dem Band austretenden magnetischen Felder streuen in den Kopf hinein und induzieren in der Wicklung des Wieder-

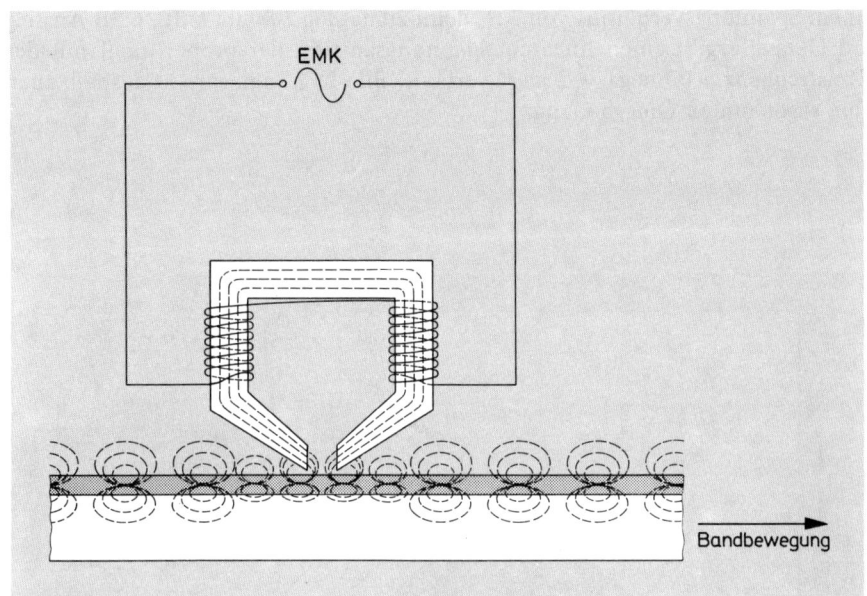

Bild 2.6
Die magnetischen Felder auf dem Band induzieren bei der Wiedergabe in der Kopfwicklung eine Spannung

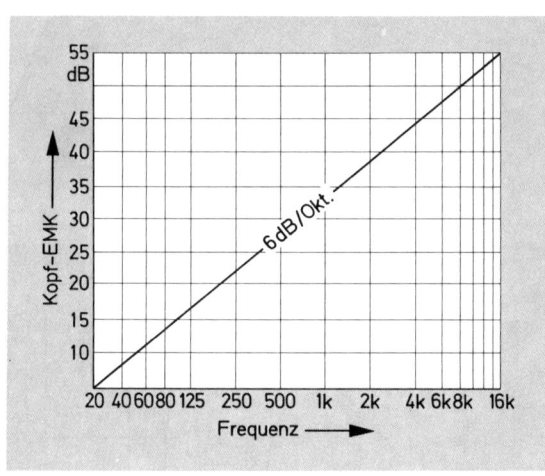

Bild 2.7
Der Omega-Gang

gabekopfes eine Spannung (Bild 2.6). Nach dem Induktionsgesetz ist die Höhe dieser Spannung frequenzabhängig.

Die zunehmende Frequenz hat einen proportionalen Anstieg der induzierten Kopf-EMK zur Folge. Durch Verdopplung der Frequenz entsteht also auch eine Verdopplung der Induktionsspannung. Genauer gesagt, steigt die Kopf-EMK um 6 dB pro Oktave bzw. um 20 dB je Dekade an. Dazu einige Überlegungen: Ein Frequenzverhältnis von 1:2 wird als eine Oktave bezeichnet. 6 dB entsprechen einem Spannungsverhältnis von 2 : 1, denn 20mal log 2 ergibt 6 dB. 6 dB Anstieg pro Oktave ergibt einen linearen Spannungsanstieg, der proportional mit der Kreisfrequenz ω (Omega = $2\pi \cdot f$) verläuft (Bild 2.7). Man spricht deshalb auch vom sogenannten Omega-Gang.

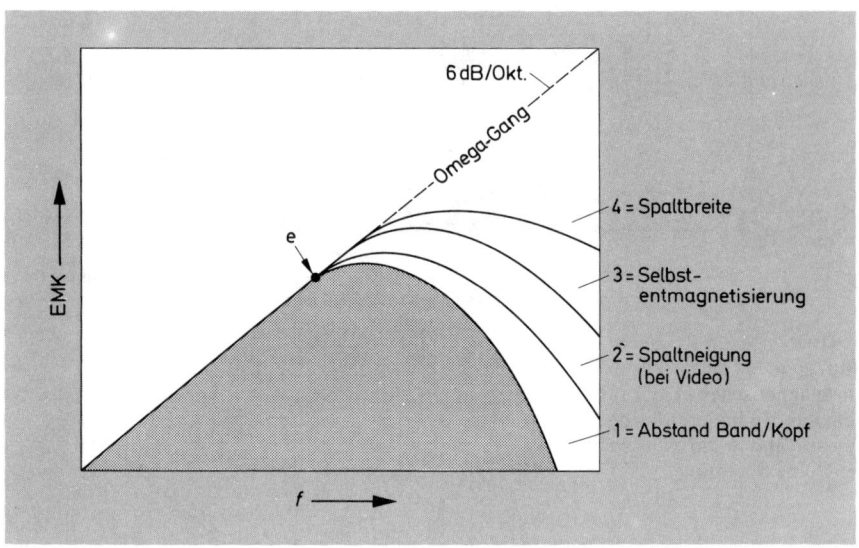

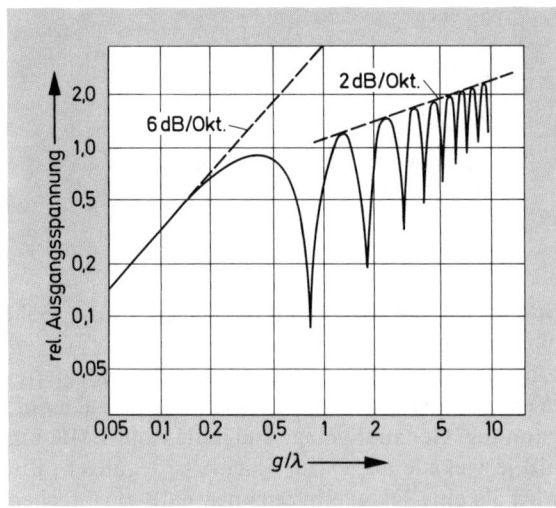

Bild 2.8a
Verschiedene Verlustfaktoren sorgen dafür, daß der Omega-Gang nur theoretischen Charakter hat

Bild 2.8b
Ausgangsspannung des Videokopfes in Abhängigkeit vom Verhältnis der Spaltbreite (g) zur Aufzeichnungswellenlänge (λ)

2.3 Die Verlustfaktoren

Der lineare Anstieg, wie er in Bild 2.7 zum Ausdruck kommt, hat aber nur theoretischen Charakter. In Wirklichkeit sorgt ein Zusammenwirken von verschiedenen Verlustfaktoren dafür, daß die Kurve in der Praxis einen anderen Verlauf nimmt (Bild 2.8a und 2.8b). Verluste, die sich aus dem unvermeidlichen Abstand zwischen Kopfspiegel und Band ergeben (1), fallen besonders stark ins Gewicht. Selbst Minimalabstände von 0,1 µm und weniger haben spürbare Verluste zur Folge. Bei Videorecordern für Heimanwendung arbeitet man mit geneigtem Kopfspalt. Je nach System beträgt der Azimut-Winkel 6° bis 15°. Im Abschnitt 2.9 wird das Wie und Warum erklärt. Auf jeden Fall entstehen Verluste, die sich auf diese Kopfspaltneigung gründen (2).

Bild 2.9
Die Kopfspaltbreite muß klein gegenüber der Bandwellenlänge sein

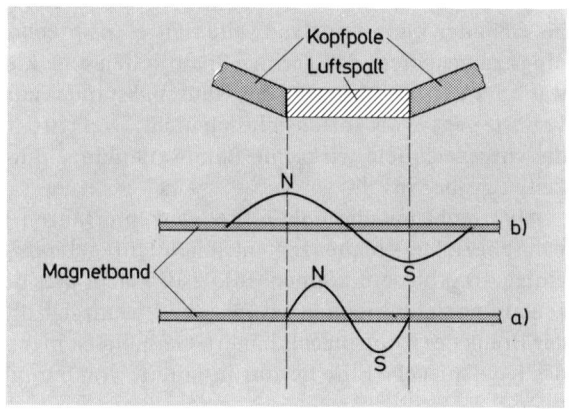

Bei kurzen Wellenlängen und langsamen Bandgeschwindigkeiten tritt der Selbstentmagnetisierungseffekt (3) in Erscheinung. Nord- und Südpole der Bandmagnetisierung rücken dabei näher aneinander. Ein Teil des magnetischen Flusses wird deshalb schon innerhalb der Magnetbeschichtung kurzgeschlossen und steht für die Erzeugung der Kopfinduktionsspannung nicht mehr zur Verfügung. Die wirksame EMK verringert sich dadurch. Verluste durch Selbstentmagnetisierung werden auch als Bandflußdämpfung bezeichnet.

Bei sehr hohen Frequenzen machen sich auch auf die Spaltbreite bezogene Verluste besonders unangenehm bemerkbar (4). Die wirksame Spaltbreite muß klein sein gegenüber der Bandwellenlänge des aufgezeichneten Signals.

Unter Bandwellenlänge versteht man den Abstand zwischen den Nord- und Südpolen, die z.B. bei der Aufzeichnung einer Sinusschwingung in der magnetisierbaren Schicht entstehen (siehe Bild 2.5). Die Länge dieser kleinen magnetischen Dipole ist nicht nur von der Wellenlänge des aufzunehmenden Signals abhängig, sondern auch von der Bandtransportgeschwindigkeit. Aus diesem

Grund muß bei der Betrachtung von Luftspaltkriterien die Bandgeschwindigkeit mit einbezogen werden. Die Bandwellenlänge ist also nicht zu verwechseln mit der Wellenlänge des aufgezeichneten Signals. Sie errechnet sich nach der Formel:

$$\lambda = \frac{v}{f}$$

λ = Bandwellenlänge
v = Bandgeschwindigkeit
f = Signalfrequenz

Zunehmende Annäherung der Bandwellenlänge an die Kopfspaltbreite hat eine Erhöhung der Wiedergabeverluste zur Folge. Wenn beide gleich groß sind, wird in der Kopfwicklung keine Spannung mehr induziert; die EMK erreicht den Wert 0 (Bild 2.9a). Um die Magnetisierung auch der kleinsten Wellenlänge bei der Wiedergabe exakt abtasten zu können, sollte die Breite des Kopfspaltes nur etwa 50% bis 60% der kleinsten Bandwellenlänge entsprechen (Bild 2.9b). Dabei ist allerdings zu beachten, daß geringe Spaltbreiten eine kleinere EMK zur Folge haben, was eine Verschlechterung des Rauschabstandes zur Folge hat. Ganz ohne Spaltverluste geht es also offensichtlich nicht. Dies trifft auch dann noch zu, wenn man die aufgezeichnete wirksame Bandwellenlänge durch höhere Bandgeschwindigkeiten größer macht.

Aber nicht nur die hohen Frequenzen erfahren Verluste. Bei der Wiedergabe von sehr tiefen Frequenzen entstehen Unregelmäßigkeiten im Frequenzgang, die einige dB groß sein können. Bild 2.10 macht dies deutlich. Verluste bei der Aufzeichnung tiefer Frequenzen entstehen, wenn sich die aufgezeichnete Wellenlänge der Breite des Kopfspiegels nähert. Gemeint ist hier der vom Band berührte Anteil des Kopfspiegels. Eine Berührungsbreite von 6 mm ergibt z.B. folgende Verhältnisse:

Die gestörte Frequenz errechnet sich nach:

$$f = \frac{v}{\lambda_B} \qquad \lambda_B = \text{Berührungsbreite}$$

Legt man eine Bandgeschwindigkeit von 19 cm/s zugrunde, so erhält man bei der Frequenz 19 cm/6 mm = 32 Hz eine Anhebung (Bild 2.10). Bei der doppelten Frequenz, also bei 64 Hz, entsteht eine weniger intensive Absenkung. Man bezeichnet diese Unregelmäßigkeiten im Bereich der tiefen Frequenzen als «Spiegelresonanzen». Kleine Bandgeschwindigkeiten lassen diesen Effekt weniger unangenehm in Erscheinung treten, weil die Störungen außerhalb des Übertragungsbereiches wirksam werden. Bei der geringen Bandgeschwindigkeit (4,75 cm/s) eines Kassettenrecorders ist die Spiegelresonanz z.B. kleiner als 10 Hz (4,75 cm/6 mm = 8 Hz). Durch entsprechende Formgebung des Kopfspiegels kann man die niederfrequenten Verluste auch bei großen Bandgeschwindigkeiten gering halten. Insofern sind die Unregelmäßigkeiten in Bild 2.10 übertrieben dargestellt. Die gestrichelte Linie entspricht der Realität. Dominierend sind auf jeden Fall die Verluste der hohen Frequenzen.

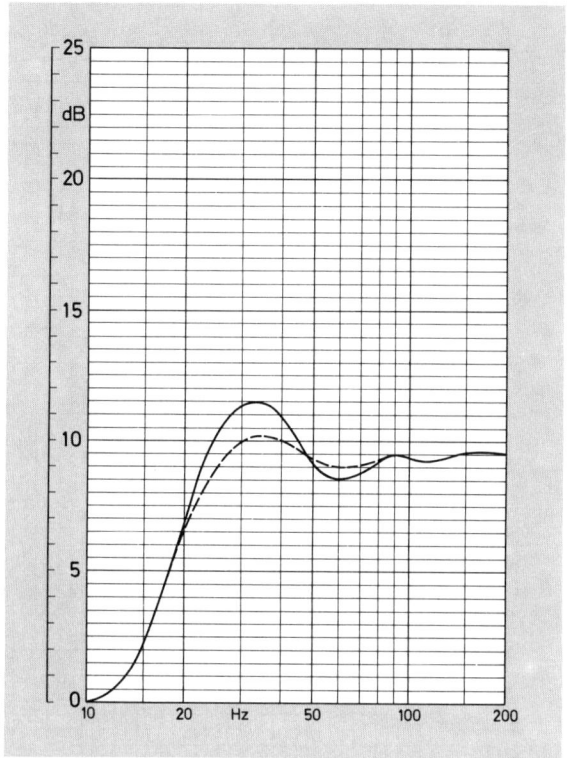

Bild 2.10
Durch Spiegelresonanzen entstehen im niederfrequenten Bereich Unregelmäßigkeiten des Frequenzganges

Eine abschließende Betrachtung von Bild 2.8a läßt erkennen, daß die EMK bis zum Punkt e nach dem Induktionsgesetz verläuft. Erst danach treten die verschiedenen Verlustfaktoren immer stärker in Erscheinung, so daß sich bei konstantem Aufnahmestrom ein resultierender EMK-Verlauf ergibt, der in etwa der Kurve entspricht, die das schraffierte Feld in Bild 2.8a umrandet.

2.4 Entzerrungsmöglichkeiten

Jeder Entwicklungsingenieur träumt von einem Audio-Frequenzgang, wie er in Bild 2.11 (gestrichelte Linie) dargestellt ist. Leider ist dieser idealisierte Verlauf in der Praxis nicht zu erreichen. Die durchgezogene Linie von Bild 2.11 zeigt den realen Pegelverlauf einer HiFi-Tonbandmaschine. Relativ aufwendige Entzerrungsmaßnahmen sind dazu erforderlich. Ein gleichmäßiger frequenzproportionaler Anstieg (Bild 2.7) nach dem Omega-Gang würde die Entzerrungsmaßnahmen vereinfachen. Die schon angesprochenen Kopf- und Bandverluste machen aber bei der Aufnahme und der Wiedergabe aufwendige Kompensationsmaßnahmen

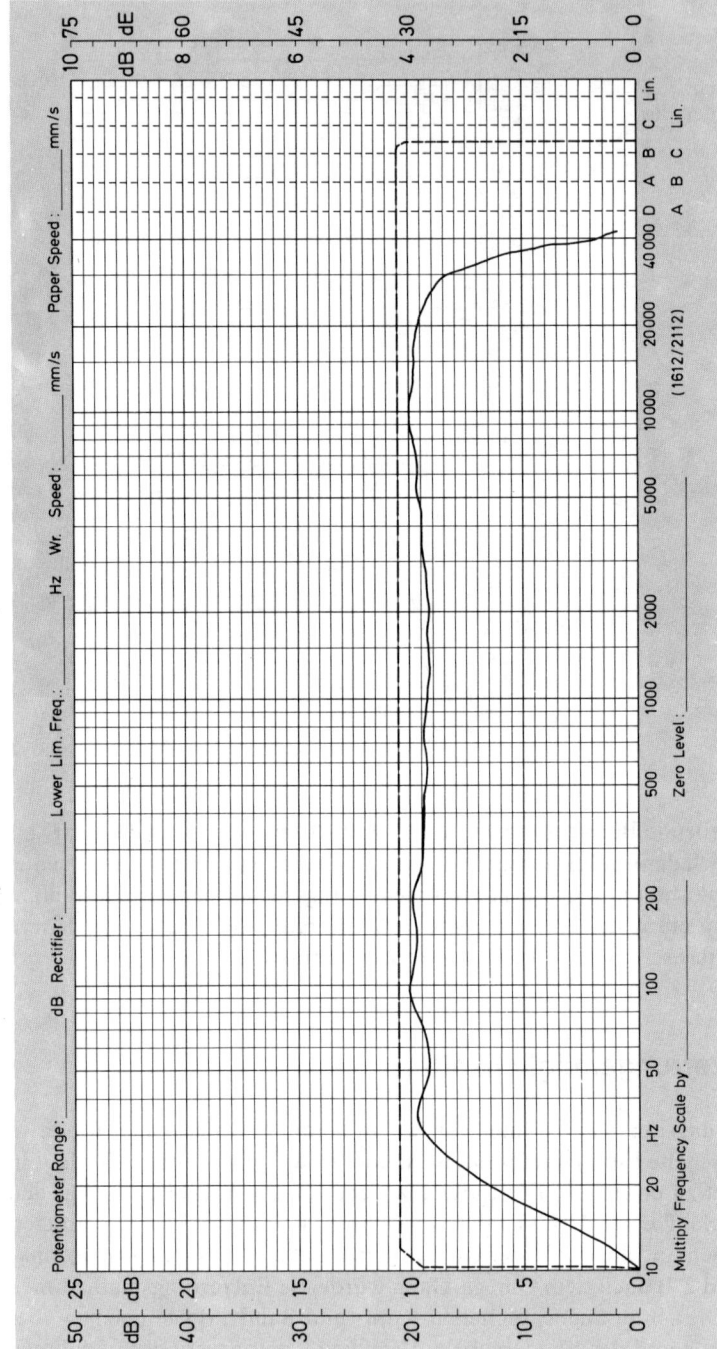

Bild 2.11 Idealisierter, in der Praxis nicht erreichbarer Frequenzgang (gestrichelte Linie). Die durchgezogene Linie entspricht dem Frequenzgang einer HiFi-Tonbandmaschine

Bild 2.12a
Ohne Vormagnetisierung
entstehen nichtlineare
Verzerrungen

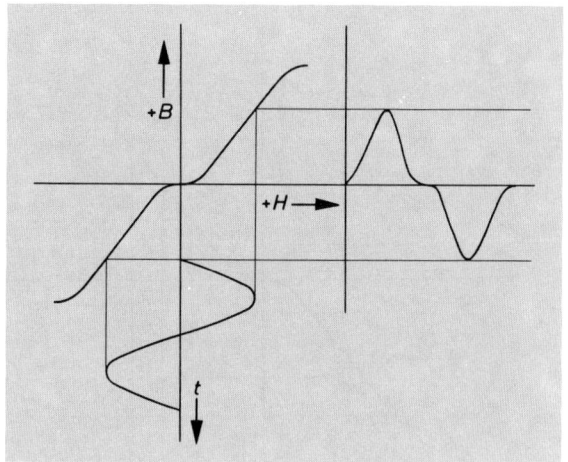

erforderlich. Sie unterscheiden sich von denen des Videorecorders. Trotzdem sollen sie in kurzer Form angesprochen werden, weil sie für das Gesamtverständnis von Bedeutung sind. Die Entzerrungseigenarten eines Videorecorders kommen im 3., 5. und 6. Kapitel zur Sprache.

Bisher wurde davon ausgegangen, daß das aufzunehmende Signal bei der Aufnahme über die Kopfwicklung direkt den magnetischen Fluß im Ringkern des Kopfes erzeugt. In der Praxis hätte dies aufgrund der nichtlinearen Aussteuerungskennlinie Verzerrungen zur Folge. Tonbandgeräte arbeiten deshalb mit Hochfrequenz-Vormagnetisierung. Dabei wird aufnahmeseitig der durch die Kopfwicklung fließende NF-Strom einem hochfrequenten Vormagnetisierungsstrom überlagert. Die Frequenz der Vormagnetisierung muß drei- bis viermal so hoch sein wie die oberste Frequenz des Übertragungsbereiches, sonst entstehen Differenzsignale, die in den Hörbereich fallen. Die Überlagerung hat den Vorteil, daß sie durch lineare Filtereinrichtungen wieder rückgängig gemacht werden kann, im Gegensatz zur modulierten Frequenz, die eine Demodulation erforderlich macht.

Der HF-Pegel ist etwa acht- bis zehnmal so groß wie der Signalpegel. Auf diese Weise wird eine volle Durchmagnetisierung der Magnetschicht erreicht, und die Verluste werden entsprechend klein gehalten.

Die Vermeidung von nichtlinearen Verzerrungen durch die HF-Vormagnetisierung wird in den Bildern 2.12a/b verdeutlicht. Die Kennlinie ist dabei idealisiert. Direktaufzeichnung ohne Vormagnetisierung hat Verzerrungen wie im Bild 2.12a zur Folge. Durch Vormagnetisierung kann der Arbeitspunkt in den linearen Teil der Magnetisierungskennlinie verlegt werden, so daß keine Signalverzerrungen entstehen (Bild 2.12b).

Außer der Vormagnetisierung werden die Frequenzgänge der Aufnahme- und Wiedergabeverstärker spiegelbildlich zu den entstehenden Verlusten korrigiert. Die vereinfachten Diagramme von Bild 2.13 zeigen die Zusammenhänge.

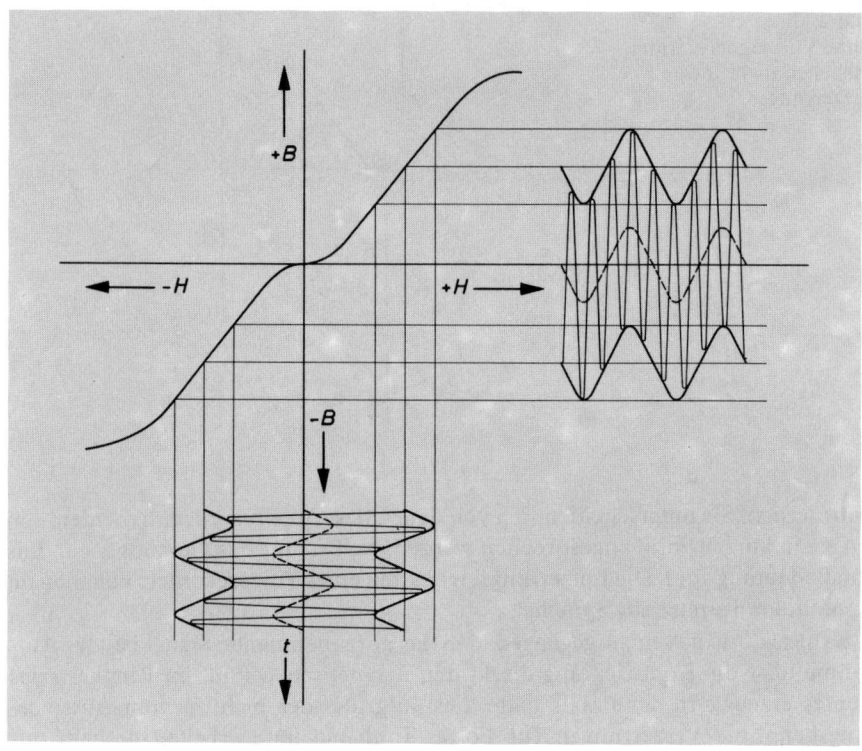

Bild 2.12b Durch die HF-Vormagnetisierung kann der lineare Teil der (idealisierten) Kennlinie genutzt werden

Bild 2.13 Vereinfachte Darstellung der Entzerrungsmaßnahmen bei der Tonaufzeichnung ▶

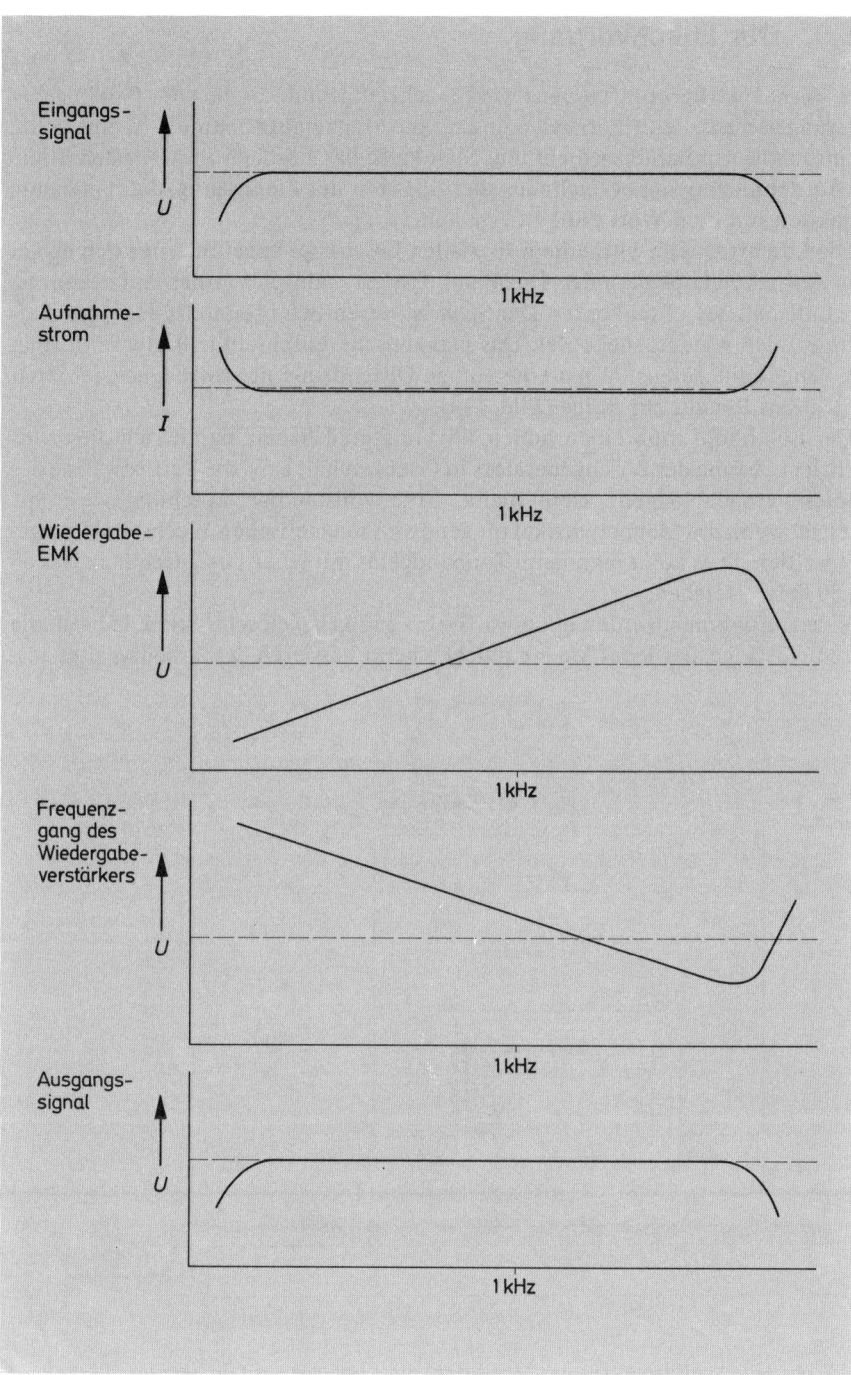

2.5 Der Löschvorgang

Die Vormagnetisierungsfrequenz wird gleichzeitig zum Löschen der Bandmagnetisierung benutzt, denn Voraussetzung für die Magnetaufzeichnung ist eine völlig entmagnetisierte Bandbeschichtung. Man kann das Löschen im weitesten Sinne als Aufnahmevorgang bezeichnen, allerdings mit der Zielsetzung, die remanente Induktion mit dem Wert Null zu erhalten.

Die Löschfrequenz wird einem speziellen Löschkopf zugeführt, der sich neben dem Aufnahmekopf befindet. Das Band passiert dadurch vor der Aufzeichnung den Luftspalt des Löschkopfes. Der Spalt ist wesentlich breiter als der eines Aufnahme- oder Wiedergabekopfes. Das magnetische Löschfeld tritt glockenförmig aus. Seine hohe Intensität hat eine völlige Durchdringung der magnetisierbaren Schicht des Bandes zur Folge (Bild 2.14).

Der Löschkopf muß einen hohen Wirkungsgrad haben, damit sich die erforderliche Leistung des Löschgenerators in Grenzen hält bzw. die Verlustwärme des Kopfes vernachlässigbar klein bleibt. Eine vollständige Löschung wird nur erreicht, wenn die Magnetpartikel oft genug im magnetischen Wechselfeld umgepolt werden. Dies kann man beim Tonbandgerät mit einer Löschfrequenz von 60 bis 80 kHz erreichen.

Videoaufnahmen werden mit etwa 100 bis 150 kHz gelöscht. Bild 2.15a teilt die Löschfeldstärke, der jedes Magnetteilchen beim Passieren des Arbeitsspaltes aus-

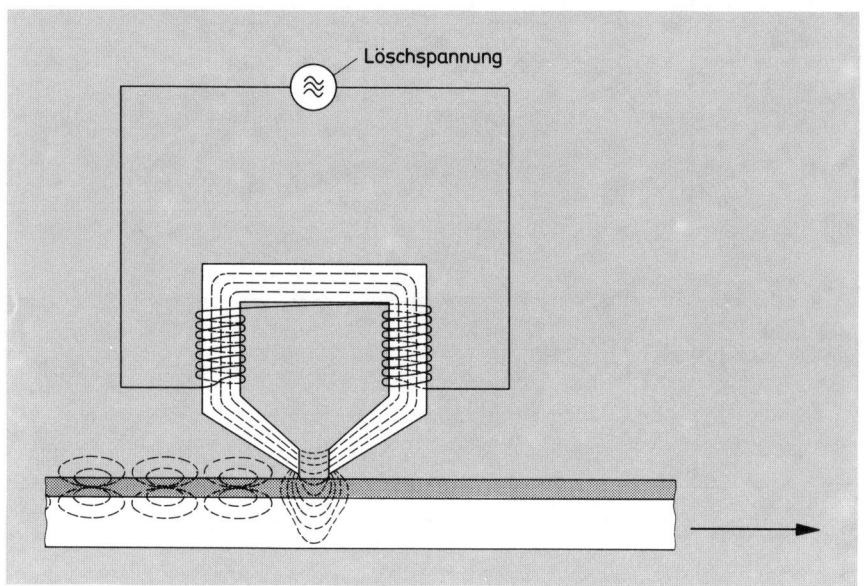

Bild 2.14   Glockenförmig tritt das Magnetfeld am Luftspalt des Löschkopfes aus

Bild 2.15a
Beim Passieren des Arbeitsspalts ergibt sich für jeden Magnetpartikel eine auf- und abschwellende Löschfeldstärke

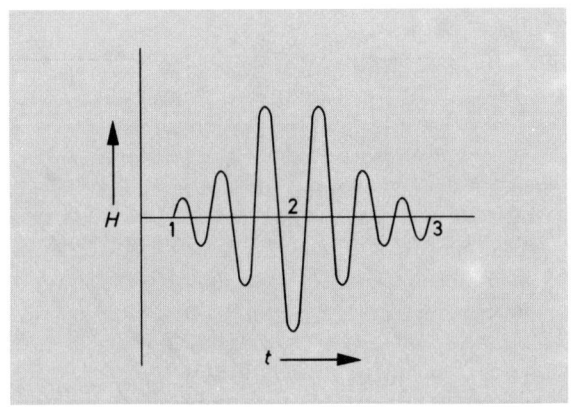

gesetzt ist, in drei Hauptabschnitte auf. Zum Zeitpunkt 1 tritt es in das Magnetfeld ein. Maximale, bis zur Sättigung reichende Ummagnetisierungswirkung ergibt sich in der Spaltmitte (Zeitpunkt 2). Bis zum Zeitpunkt 3 erfahren die Magnetpartikel eine immer geringer werdende Ummagnetisierungsintensität, die schließlich nach dem Verlassen der Spaltzone eine absolute Löschung der gespeicherten Information zur Folge hat. Zur Sättigung (im Zeitpunkt 2) sind Feldstärken von über 100 kA/m erforderlich.

Die Ummagnetisierungsarbeit beim Löschvorgang ist in Bild 2.15b mit Hilfe der Hysteresiskurve grafisch dargestellt. Ein Maß für die Wirksamkeit des Löschprozesses ist die Löschdämpfung. Moderne Aufzeichnungsgeräte erreichen hier bei einer Signalfrequenz von 1 kHz Werte von 60 dB und mehr.

2.6 Tonkopf und Videokopf im Vergleich

Grundsätzlich handelt es sich bei Bild- und Tonaufzeichnungen um den gleichen physikalischen Vorgang. In beiden Fällen wird ein Wandler benötigt, der aus elektrischen Signalen magnetische Informationen macht und bei der Wiedergabe eine Rückverwandlung durchführt. Dies geschieht mit dem Ton- bzw. Videokopf. Obwohl beide Kopfarten die gleiche Funktion haben, gibt es konstruktive Unterschiede. Sie gründen sich auf den unterschiedlichen Frequenzumfang, der von ihnen zu verarbeiten ist.

Um die frequenzabhängigen Verluste (Wirbelströme, Ummagnetisierung) klein zu halten, bestehen die Kerne der Tonköpfe häufig aus lamellierten, magnetischen Legierungen wie z.B. Permalloy. Dieser relativ weiche Stoff ist allerdings ziemlich verschleißanfällig. Deshalb bemühen sich die Hersteller, ihre Tonköpfe aus härteren Materialien herzustellen. Generell sind an das Kernmaterial eines Ton- oder Videokopfes drei Anforderungen zu stellen:

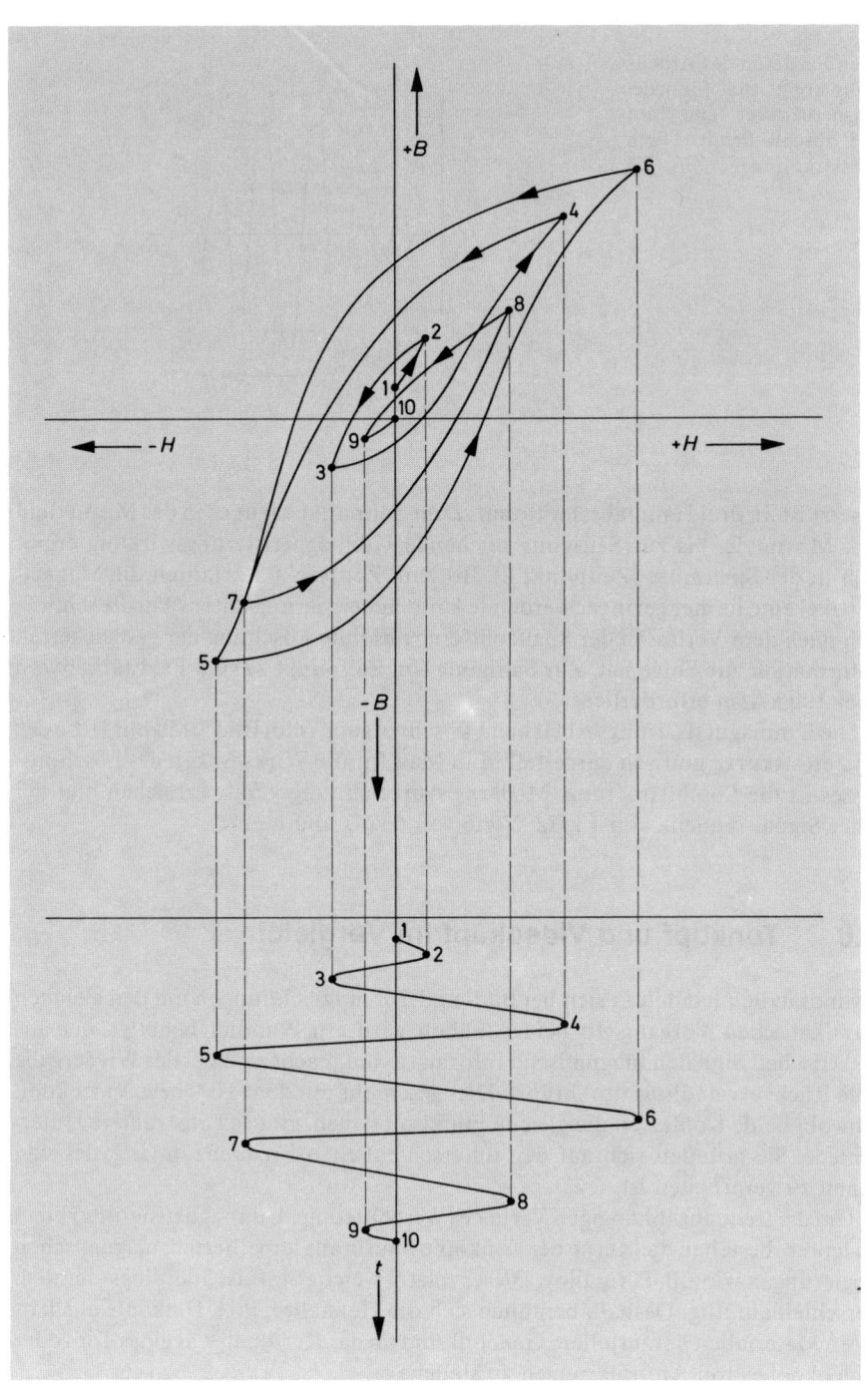

Bild 2.15b Hysteresiskurve des Löschvorganges

1. Hohe Verschleißfestigkeit
2. Großer elektrischer Widerstand
3. Geringer magnetischer Widerstand

Ferrit z.B. ist ein nahezu ideales Material, das diesen Forderungen gerecht wird. Ferrite sind elektrische Nichtleiter mit einer hohen Permeabilität. Der große ohmsche Widerstand verhindert das Entstehen von Wirbelströmen.

Die Ausgangsstoffe der Ferritsubstanz werden sehr fein gemahlen und bei einer Temperatur von 1500 °C gesintert. Das Ferrit wird dadurch sehr hart und fest. Aufgrund dieser Festigkeit wird nicht nur ein geringer Verschleiß, sondern auch eine sehr genaue mechanische Bearbeitung ermöglicht. Der Erfolg sind glatte Spaltkanten, die für minimale Phasenverzerrungen von Bedeutung sind. Die Tonköpfe moderner HiFi-Tonbandgeräte sind deshalb oft aus Ferrit oder Materialien mit ähnlich positivem Verhalten hergestellt.

Aufgrund ihrer ausgezeichneten elektrischen und magnetischen Eigenschaften eignen sich Ferrite auch als Kernmaterial für Videoköpfe. Hier kommen sowohl heißgepreßte Ausführungen als auch Einkristallferrite (Mn-Zn) zur Anwendung. Beide haben die gleiche Dichte. Ferritkerne sind allerdings nur in Verbindung mit Videobändern zu empfehlen, die eine Koerzitivkraft von höchstens 48 kA/m aufweisen. Bänder mit darüber hinausgehenden Werten können von Videoköpfen auf Ferritbasis nicht voll durchmagnetisiert werden.

Sogenannte «Sendust»-Legierungen sind, was die magnetische Sättigung betrifft, den Ferritstoffen überlegen. Sendust setzt sich aus Eisen (ca. 80%), Silizium und Aluminium zusammen. Es wurde bereits in den frühen dreißiger Jahren in natürlicher Form von dem japanischen Metallurgen Professor Masumoto in der Nähe des Ortes «Sen» entdeckt. Daraus leitet sich auch die Bezeichnung Sendust (Sen-Staub) ab. Bis vor einiger Zeit konnten die hervorragenden magnetischen Eigenschaften der Sen-Legierung nicht genutzt werden, weil das Material sehr spröde und brüchig war. Durch Zugabe von Stoffen wie Titan oder Zirkonium verbesserte man die mechanischen Eigenschaften.

Bezüglich des Kernmaterials sind die Unterschiede zwischen Video- und Tonköpfen also weniger gravierend. Auffallender sind Unterschiede der äußeren Abmessungen, der Kopfwicklungen und vor allem der Spaltbreiten.

Bild 2.16a zeigt den Aufbau eines Tonkopfes. Deutlich sind im oberen und unteren Teil die Ringkerne zu erkennen, die im vorderen spitz zulaufenden Teil den Luftspalt aufweisen. Die Kopfwicklung ist in zwei symmetrische Spulen aufgeteilt. Von außen in diese Wicklungen induzierte Störspannungen heben sich dadurch auf. Das Foto (Bild 2.16b) zeigt die Lage der Kopfwicklungen an einem Tonkopf, dessen Gehäuse abgenommen ist.

Die Spaltbreite eines Ton-Aufnahmekopfes beträgt etwa 3 µm bis 8 µm. Der Wiedergabekopf weist einen etwas breiteren Luftspalt auf. Löschköpfe dagegen haben Luftspalte von bis zu 200 µm. Aufgrund der kurzen Wellenlängen, die vom Videokopf zu verarbeiten sind, ist hier der Arbeitsspalt kleiner als 1 µm. Teilweise werden Werte erreicht, die bei 0,6 µm liegen. Der Spalt ist mit einem Material ausgefüllt (z.B. Glas), das den gleichen Ausdehnungskoeffizienten wie der Kern

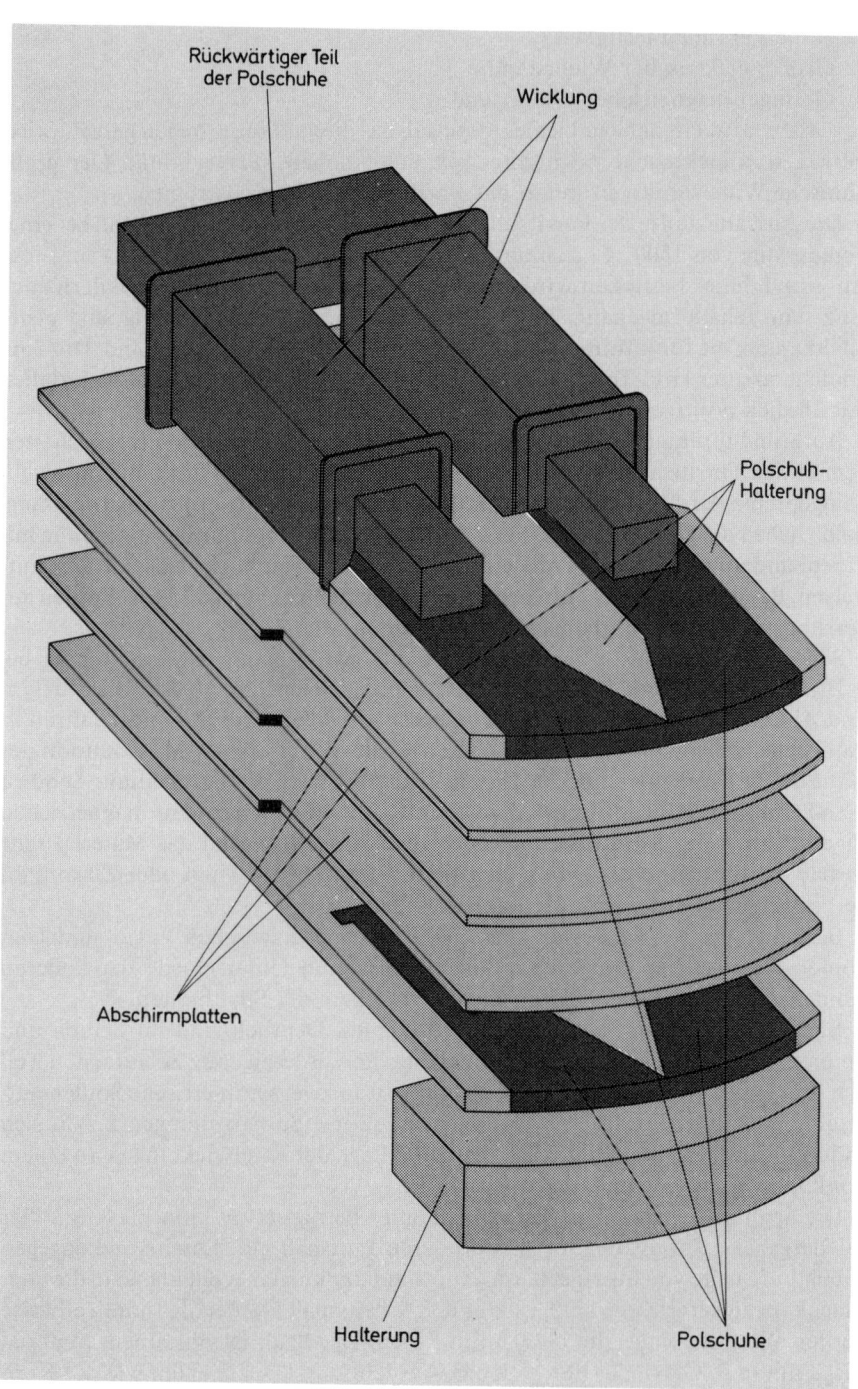

Bild 2.16b
Aufbau eines Tonkopfs

Bild 2.17a
So ist ein Videokopf aufgebaut. Der gestrichelte Kreis umrandet den wirksamen Teil des Videokopfs

Bild 2.17b
Der eigentliche Videokopf befindet sich im vorderen Teil der Kopfhalterung (Sony)

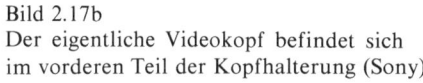

Bild 2.16a
◀ Tonkopf mit Ferritkern

hat. Zusätzlich wird der Video-Kopfspiegel mit einem harten, nichtmagnetischen Stoff versiegelt. So aufgebaute Videoköpfe können eine Lebensdauer von etwa 1500 Stunden erreichen.

    Ein Vergleich der Bilder 2.16b und 2.17a macht die Unterschiede zwischen Tonkopf und Videokopf deutlich. Elektrisch und magnetisch wirksam ist nur der gestrichelt umrandete Teil in Bild 2.17a. Der Rest ist nur als Kopfhalterung wirksam. Um den eigentlichen Videokopf sichtbar zu machen, ist eine Detailvergrößerung (Bild 2.17b) von der Unterseite des Bildes 2.17a erforderlich. Das winzige, mit einem Tropfen durchsichtigem Kleber fixierte Plättchen bildet den Kern des Videokopfes. Deutlich ist zu erkennen, daß die Kopfwicklung nur aus 8 bis 10

Windungen besteht im Gegensatz zum Tonkopf, der 150 bis 200 Windungen aufweist. Der winzige Luftspalt (unter 1 µm) ist in Bild 2.17b nicht zu erkennen.

Es ist leicht einzusehen, daß bei der Reinigung dieser dünnen Kopfzunge weit mehr Vorsicht geboten ist als bei einem großflächigen Tonkopfspiegel. Geringfügige mechanische Überbeanspruchung in vertikaler Richtung kann schon ein Abbrechen der Kopfspitze zur Folge haben.

Die im Vergleich zum Tonkopf sehr kleine Induktivität des Videokopfes ist notwendig, um die Impedanz bei den hohen Frequenzen, die zu verarbeiten sind, klein zu halten. Große Induktivitäten wie beim Tonkopf hätten einen hohen Blindwiderstand X_L ($X_L = 2\pi \cdot f \cdot L$) zur Folge, der den Aufnahmestrom begrenzen würde. Videoköpfe mit 6 bis 8 Windungen weisen bei einer Frequenz von 3 MHz eine Impedanz von nur 30 Ω bis 35 Ω auf.

Um die magnetischen Verluste im Kern klein zu halten, ist die Spaltlänge, also der Teil des Kopfes, der die Spurbreite auf dem Videoband bestimmt, kleiner als der übrige Teil des Ringkerns. Beim VCR-Longplaysystem beträgt die Spurbreite z.B. 85 µm. VHS arbeitet mit 49 µm, und Betamax weist eine Spur von 32,8 µm Breite auf.

2.7 Die Videoköpfe rotieren

Es wurde schon angedeutet, daß bei der Ton- und Videoaufzeichnung physikalisch dasselbe geschieht. Trotzdem weisen Tonbandgeräte und Videorecorder Unterschiede in der Gerätetechnik auf. Ihre Notwendigkeit ergibt sich aus den Frequenzumfängen der aufzuzeichnenden Informationen. Einer Videosignalfrequenz von etwa 3 MHz steht eine maximale NF von 20 kHz gegenüber. Vorweggenommen sei erwähnt, daß das FBAS-Signal über den Umweg einer Frequenzmodulation aufgenommen wird. Je nach System (VHS, VIDEO 2000, Betamax) wird dabei mit unterschiedlichen Trägerfrequenzen gearbeitet. Dabei muß der Videorecorder Frequenzen von ca. 3,5 MHz bis 5 MHz einschließlich der entstehenden Seitenbänder verarbeiten. In Kapitel 3 wird davon genauer die Rede sein. Tatsache ist, daß die obere aufzuzeichnende Grenzfrequenz mehr als 250mal höher ist als die des Tonbandgeräts.

Kriterien für die Aufzeichnung hoher Frequenzen sind die Kopfspaltbreite und die Bandgeschwindigkeit. Der Spaltbreitenverringerung sind mechanische und elektrische Grenzen gesetzt. Extrem schmale Arbeitsspalte verbessern die Fähigkeit, kurze Wellenlängen aufzuzeichnen. Sie haben aber bei der Wiedergabe nur eine geringe, im Kopf induzierte EMK zur Folge. Man kommt deshalb an der Realisierung einer der hohen Videofrequenz gerecht werdenden Bandgeschwindigkeit nicht vorbei.

Bild 2.18 zeigt noch einmal die Zusammenhänge zwischen der kleinsten speicherbaren Bandwellenlänge (λ_g), der Signalfrequenz (f_g) sowie der Bandgeschwindigkeit (v). Legt man eine Signalfrequenz von 5 MHz (FM-Träger) und eine auf-

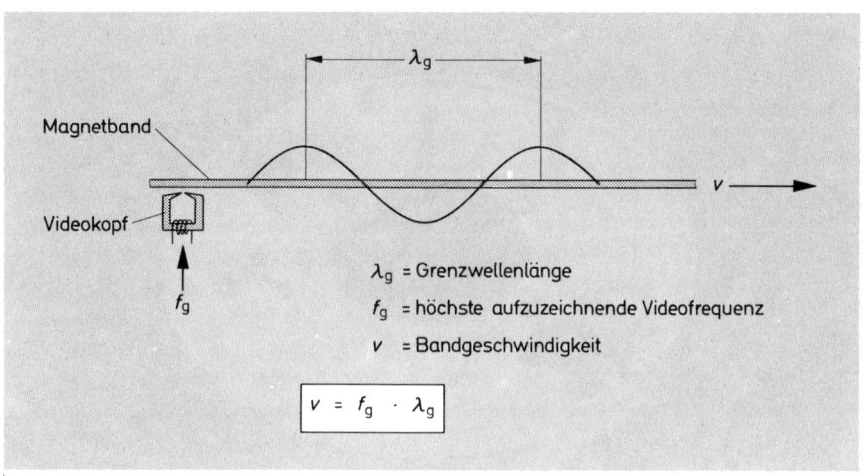

Bild 2.18 Zusammenhang zwischen v, f_g und λ_g

zeichenbare Bandwellenlänge von 1,5 µm zugrunde, so ergibt sich nach der Formel in Bild 2.18 eine Bandgeschwindigkeit von:

$v = f_g \cdot \lambda_g$

$v = 1{,}5 \cdot 10^{-6}\,\text{m} \cdot 5 \cdot 10^6 \dfrac{1}{\text{s}} = 7{,}5\,\dfrac{\text{m}}{\text{s}}$ (7,5 Meter in der Sekunde)

Der Arbeitsspalt muß dabei ca. 0,6 µm groß sein. Verkleinert man die Spaltbreite auf einen Minimalwert von 0,4 µm, so verringert sich die Grenzwellenlänge auf etwa 1 µm. Der Erfolg ist eine mögliche Reduzierung der Bandgeschwindigkeit auf ca. 5 m/s. Hierbei von einem Erfolg zu sprechen, wirkt zunächst wie eine starke Übertreibung, denn ein Bandverbrauch von 5 m/s ist immer noch ungewöhnlich hoch. Wollte man bei 7,5 m/s nur 1 Minute aufzeichnen, so wären dazu 450 m Magnetband notwendig. 30 Minuten Speicherzeit würden über 13 km Bandmaterial erfordern. Hier wird deutlich: Ein großes Kriterium bei der Entwicklung von Videorecordern waren die Speicherzeiten. Diese Problematik konnte auf der Basis herkömmlicher Tonbandtechnologie nicht gelöst werden.

Beim Tonbandgerät wird mit feststehendem Kopf und bewegtem Band gearbeitet. Theoretisch wäre es auch denkbar, das Magnetband aufzuspannen und den Tonkopf bei Aufnahme und Wiedergabe daran entlangzubewegen. Wichtig ist nur, daß sich Kopf und Band relativ zueinander bewegen. Beim Videorecorder kommt eine Kombination von Band- und Kopfbewegung zur Anwendung.

Der Videokopf wird dazu auf einer Scheibe befestigt, die man in sehr schnelle Rotation versetzt. In der Praxis benutzt man zwei Videoköpfe, die um 180° versetzt auf der Kopfscheibe montiert sind. Bild 2.19a zeigt solch eine Videokopfanordnung. Das Videoband bewegt sich nur wenige cm in der Sekunde. Dabei um-

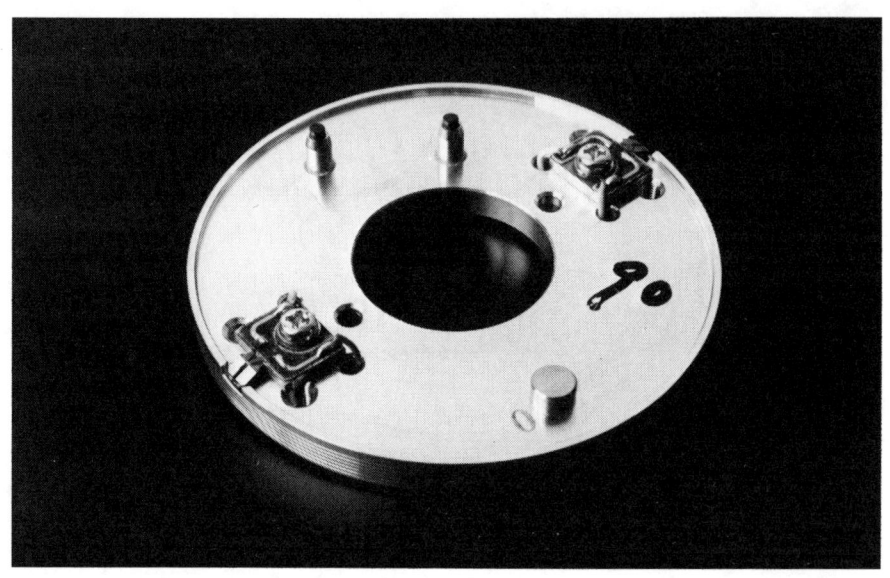

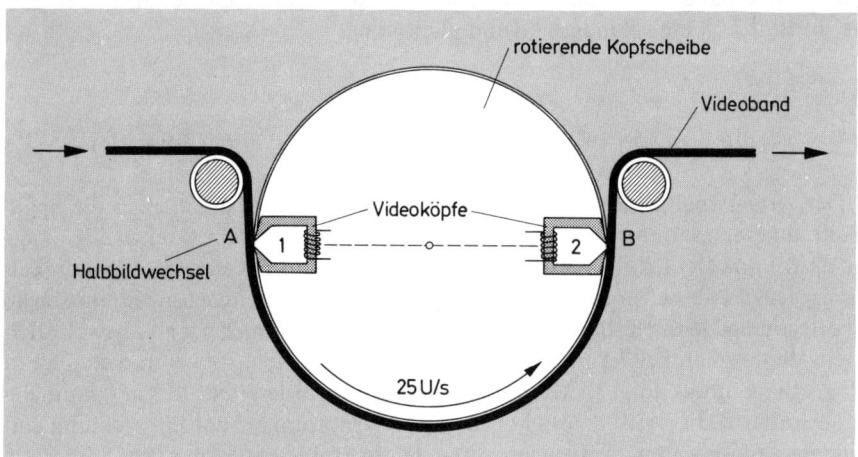

Bild 2.19a (oben)   Die Videoköpfe sind auf einer Scheibe montiert

Bild 2.19b (unten)   Das Videoband umschlingt die Kopfscheibe in Omega-Form

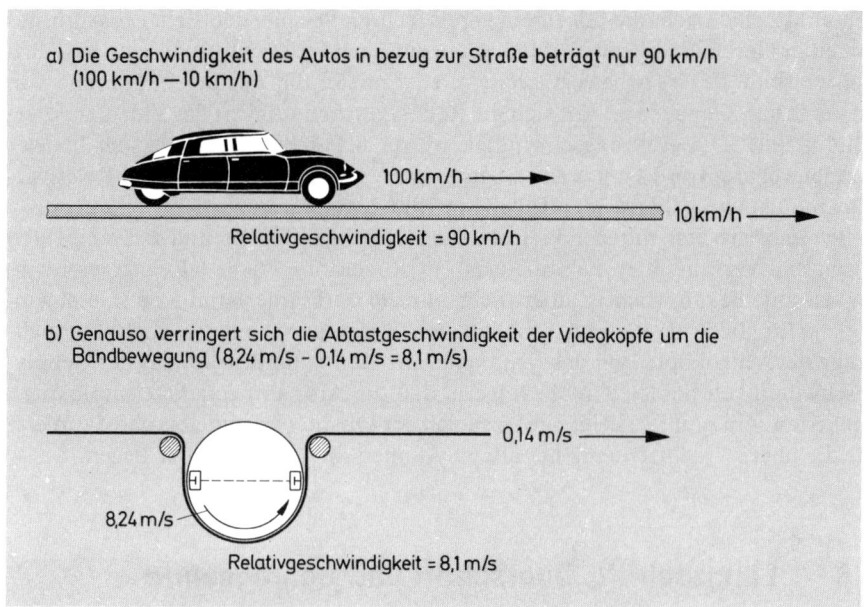

Bild 2.20 Beispiel für die Entstehung der Relativgeschwindigkeit

schlingt es die Kopfscheibe in Omega-Form (Ω) (Bild 2.19b). Jeder der beiden Videoköpfe schreibt ein Halbbild bei der Aufnahme und tastet die so entstandenen Spuren wiedergabeseitig wieder ab. Zur Aufnahme und Wiedergabe eines Vollbildes ist somit eine Umdrehung erforderlich.

Entsprechend der Vollbild-Wechselfrequenz von 25 Hz rotiert die Kopfscheibe mit 25 Umdrehungen in der Sekunde.

Immer wenn der Kopf 1 oder 2 mechanisch die Position A (Bild 2.19b) erreicht hat, erfolgt elektrisch der Halbbildwechsel. Zwischen den Punkten A und B wird also ein Halbbild aufgenommen. Die Abtastgeschwindigkeit ist abhängig vom Durchmesser der Kopftrommel bzw. der Kopfscheibe. Bei den VCR-Systemen beträgt er 105 mm, bei Betamax 74,5 mm, und das VHS-System weist einen Kopfdurchmesser von 62 mm auf. Multipliziert man den Umfang der Kopfscheibe mit der Rotationsgeschwindigkeit ($25\,\text{s}^{-1}$), so erhält man die Abtastgeschwindigkeit V_a

$$V_a = D \cdot \pi \cdot 25 \frac{1}{\text{s}}$$

Beim Betamax-System errechnet sich so eine Abtastgeschwindigkeit von 5,8487 m/s (74,5 mm · 3,14 · 25). Die VCR-Systeme arbeiten mit 8,243 m/s und VHS mit 4,867 m/s.

Die Abtastgeschwindigkeit der Videoköpfe verringert sich um die Bandgeschwindigkeit, weil Kopfrotation und Bandbewegung in dieselbe Richtung erfolgen. Bild 2.20a macht dies an einem vereinfachten Beispiel deutlich. Ein Auto, das mit einer Geschwindigkeit von 100 km/h auf einer Straße fährt, die sich in Fahrtrichtung mit 10 km/h bewegt, weist relativ zur Straße nur ein Fahrtempo von 90 km/h auf. Genauso erklärt sich die Relativgeschwindigkeit des Videorecorders (Bild 2.20b). Die Abtastgeschwindigkeit von 8,24 m/s verringert sich bei der Bandbewegung von 14 cm/s auf 8,1 m/s. Ein Vergleich der Band- und Relativgeschwindigkeiten geht aus der Tabelle in Bild 2.28 hervor.

Betamax arbeitet mit der kleinsten Bandgeschwindigkeit und hat somit den geringsten Verbrauch an Bandmaterial. VCR weist die höchste Relativgeschwindigkeit auf. Bekanntlich ist aber nicht nur die wirksame Band-Kopf-Geschwindigkeit für die Aufzeichnungsqualität von Bedeutung, sondern auch die Spaltbreite der Videoköpfe und das Bandmaterial. Man kann deshalb aus der Relativgeschwindigkeit bei VCR nicht folgern, daß die Aufnahmequalität automatisch am besten sein muß. So zeigt ein Vergleich der Qualitätsparameter, daß die Werte für die obere Videofrequenz bei allen Systemen dicht beieinander liegen.

2.8 Längsschrift, Querschrift und Schrägschrift

Tonsignale werden grundsätzlich in Längsschrift auf das Magnetband gebracht. Videoaufzeichnungen in Längsschrift mit rotierenden Köpfen hätten große ungenutzte Flächen auf dem Magnetband zur Folge. Wie Bild 2.21a zeigt, ergäben sich dabei nebeneinanderliegende, horizontale Magnetstreifen, die von den beiden Videoköpfen geschrieben würden. Jeder dieser Streifen enthält die Zeilen eines Halbbildes.

Zur besseren Ausnutzung der magnetisierbaren Schicht des Bandes kommt in professionellen Videomaschinen die Querschrift zur Anwendung (Bild 2.21b). Es wird ein 2 Zoll (50,8 mm) breites Band verwendet. Das Kopfrad setzt sich hier aus 4 Videoköpfen zusammen, die um 90° versetzt montiert sind. Die Anordnung vom Videoband und Kopfrad geht aus Bild 2.21b hervor. Die Köpfe rotieren senkrecht zur Bandkante und schreiben dabei die einzelnen Magnetspuren. Nach einem Kopfumlauf ergeben sich 4 Magnetspuren. 20 in Querschrift verlaufende Magnetstreifen enthalten den Inhalt eines Halbbildes. Dazu sind 5 Umläufe des Kopfrades erforderlich. Multipliziert man die 5 Kopfradumläufe mit der Halbbild-Wechselfrequenz von 50 Hz, so ergibt sich eine Kopfrotation von (5 · 50) = 250 Umdrehungen in der Sekunde. Ein konkaves Führungselement sorgt zusammen mit der Saugwirkung eines künstlich erzeugten Vakuums dafür, daß ein optimaler Kontakt zwischen Köpfen und Band gewährleistet ist (Bild 2.21c).

Die bei den 2-Zoll-MAZ-Maschinen übliche Querschrift ist für Heimgeräte viel zu aufwendig und vor allem zu teuer. VCR, VHS und Betamax-Videogeräte arbeiten deshalb mit einer gegen die Bandvorschubrichtung geneigten Spur. Daraus ergibt sich ein schräger Verlauf der einzelnen Video-Magnetspuren (Bild 2.21d). Die Videokopfscheibe rotiert dabei auf einer horizontalen Ebene, während das

Bild 2.21a
Videoaufzeichnungen in Längsschrift würden das Bandmaterial nicht optimal ausnützen

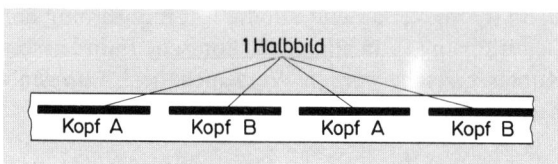

Bild 2.21b
Professionelle Geräte arbeiten mit Querschrift

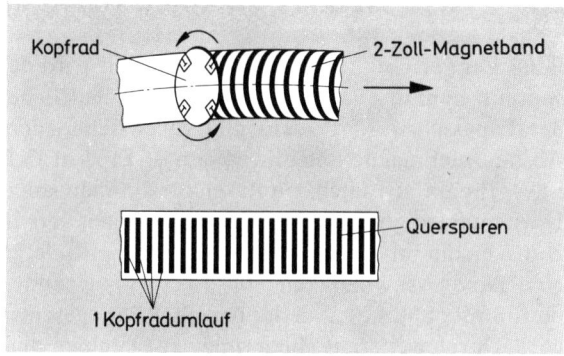

Bild 2.21c
Ein konkaves Führungselement sorgt bei den Studiogeräten für optimalen Band-Kopf-Kontakt (Seitenansicht)

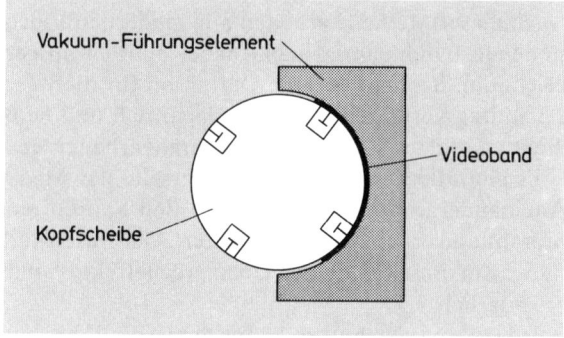

Bild 2.21d
Schrägspuraufzeichnung

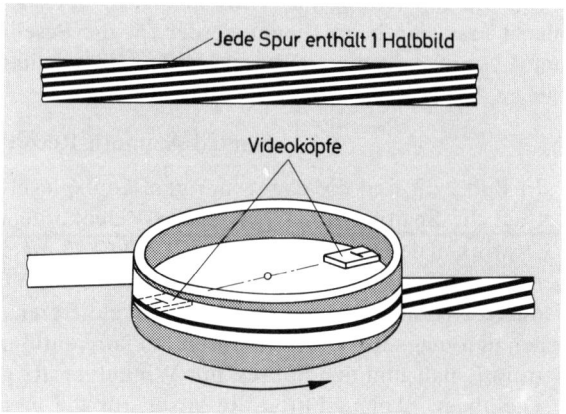

41

Band schräg verlaufend um die Kopfanordnung herumgeführt wird. Die schräge Bandführung kann z.B. durch konische Führungsbolzen am Ein- und Auslauf des Kopfes erreicht werden. Verschiedene Lösungsmöglichkeiten dafür werden in Kapitel 7, Abschnitt 7.3 besprochen.

2.9 Was ist das? «Slanted Azimuth Recording»

Beim Vergleich der Bilder 2.21a und 2.21d wird deutlich, wie durch die Schrägspuraufzeichnung das Bandmaterial wirtschaftlicher genutzt werden kann als bei der Längsschrift. Trotzdem gibt es zwischen den Spuren immer noch einen Abstand, der magnetisch unwirksam ist. Er wird als Rasen bezeichnet. Theoretisch ist es sehr einfach, auch den Rasen für die Videoaufzeichnung nutzbar zu machen. Dazu muß lediglich die Bandgeschwindigkeit verringert werden. Als Denkmodell zum Verständnis dieses Vorganges sind die Bilder 2.22a bis c geeignet. Legt man eine Bandgeschwindigkeit von 15 cm/s zugrunde (Bild 2.22a), ergibt sich ein bestimmter Spurabstand, der bei einer Bandgeschwindigkeit von 10 cm/s kleiner wird. Durch weitere Reduzierung der Geschwindigkeit wird schließlich ein Wert erreicht, bei dem die Magnetspuren unmittelbar aneinander grenzen (Bild 2.22c). Nach dieser Methode arbeiten alle modernen Videorecorder. Das zur Verfügung stehende Bandmaterial kann dabei optimal ausgenutzt werden. Die Systembezeichnung Betamax ist eine Definition für dieses sogenannte High-Density-Aufzeichnungsverfahren «Beta» ist japanisch und heißt soviel wie ganzflächig oder dicht an dicht. VCR- und VHS-Geräte arbeiten ebenfalls mit dieser Technik.

Es gibt allerdings auch eine Kehrseite der Medaille. Durch das unmittelbare Aneinandergrenzen tritt zwischen den Spuren ein Übersprechen auf, das den Störabstand erheblich verschlechtert. Der Rasen verhinderte bisher diese Erscheinung. Zur Beseitigung des Übersprecheffektes sind Kompensationsmaßnahmen erforderlich.

Jeder Servicetechniker kennt den Abfall der hohen Frequenzen, der auftritt, wenn die Einstellung des Tonkopfspaltes dejustiert ist. Diese Azimutverluste macht man sich beim Videorecorder für die Beseitigung der Übersprechproblematik zunutze. Zu diesem Zweck werden die Arbeitsspalte der Videoköpfe geneigt. Die englische Bezeichnung für diese Technik ist:

Slanted Azimuth Recording

In Bild 2.23 sind die dazugehörigen Kopfspiegel skizziert. Beim VHS-System beträgt die Spaltneigung 6°, Betamax-Videoköpfe weisen 7° Neigung auf, und VCR winkelt den Luftspalt um 15° ab. Bild 2.23 macht deutlich, daß die Spalte der beiden Köpfe gegeneinander geneigt sind. Bei VCR-Geräten z.B. ergibt sich dadurch zwischen den Spuren eine Winkeldifferenz von 30°. Ein Vergleich zwischen den magnetischen Strukturen bei konventioneller Aufzeichnung mit geradem Luftspalt und den Spuren mit Winkelversatz geht aus Bild 2.24a/b hervor.

Die abgewinkelten Luftspalte lassen für die geschriebenen und abgetasteten

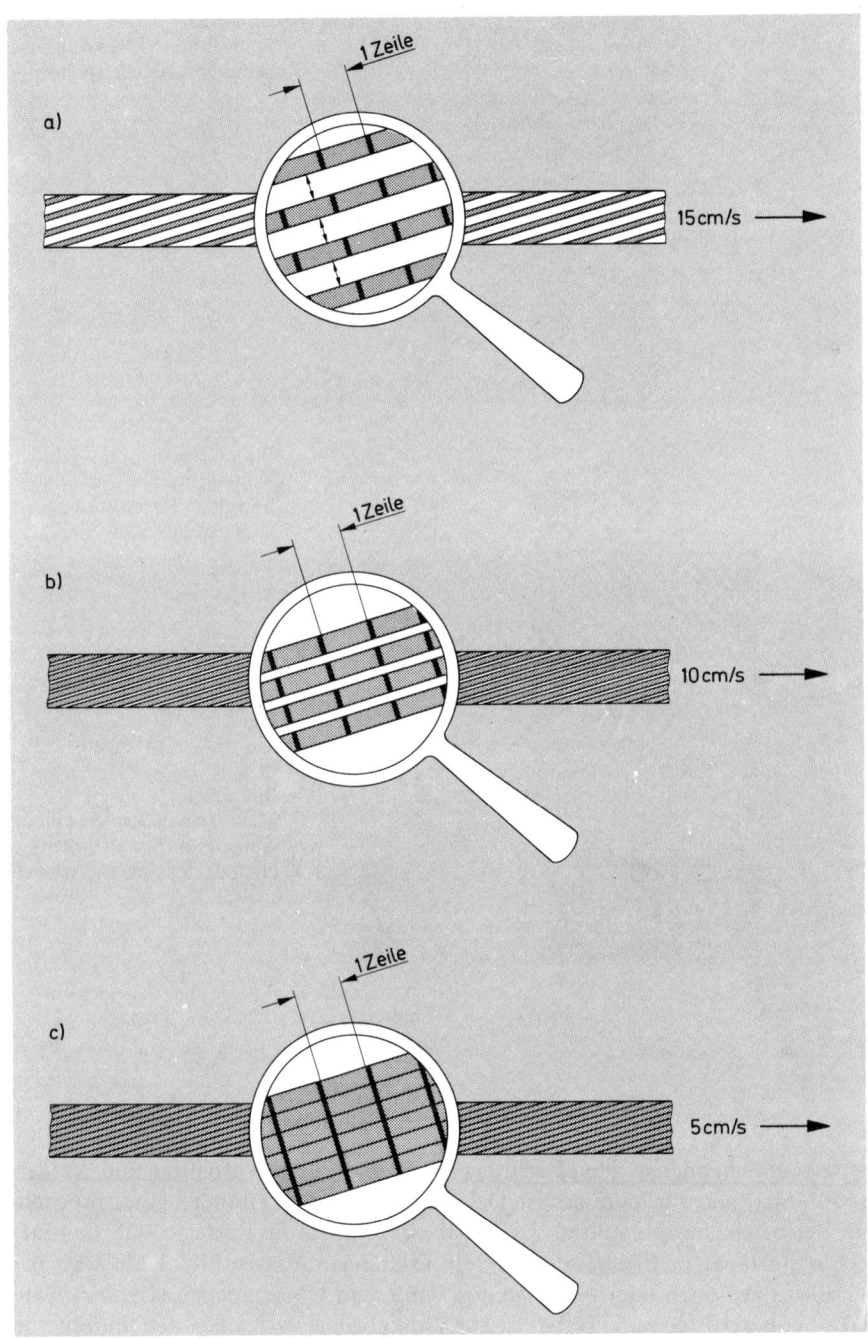

Bild 2.22 Durch Verringerung der Bandgeschwindigkeit rücken die Spuren enger zusammen

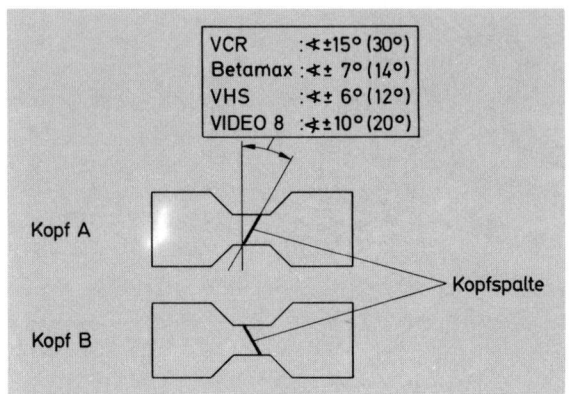

Bild 2.23
Spiegel der Videoköpfe mit geneigten Arbeitsspalten

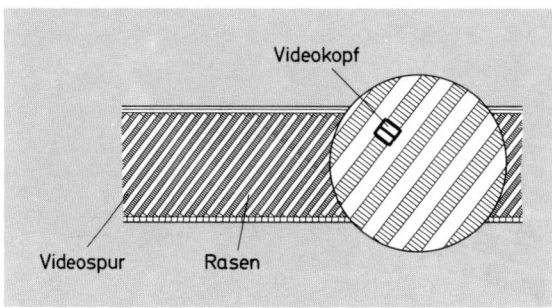

Bild 2.24a
Konventionelle Aufzeichnung mit Rasen und geradem Arbeitsspalt

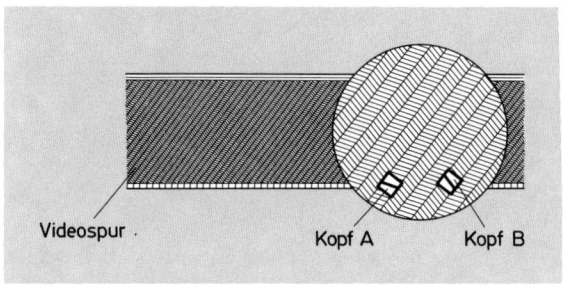

Bild 2.24b
Magnetische Struktur einer Aufzeichnung mit gegeneinander geneigten Arbeitsspalten

Spuren keine nennenswerten Verluste entstehen, weil bei Aufnahme und Wiedergabe die Spaltneigung identisch ist. Dagegen erleiden die störenden Übersprechanteile der benachbarten Spuren wiedergabeseitig so starke Verluste, daß sie praktisch nicht mehr in Erscheinung treten. Das Diagramm in Bild 2.24c zeigt das Verhältnis zwischen dem Nutzsignal (S) und dem Übersprechen (Ü) in Abhängigkeit von der Frequenz. Dabei ist ein Winkelversatz zwischen den Spuren von 14° (Betamax ±7°) zugrunde gelegt. Wie schon angedeutet, zeichnet man das

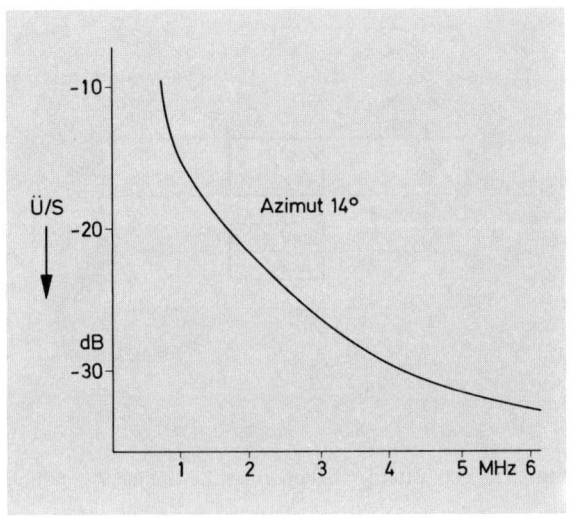

Bild 2.24c
Durch den Winkelversatz der Kopfspalte werden die Übersprechanteile (Ü) im Verhältnis zum Nutzsignal (S) stark unterdrückt

Videosignal oder – genauer gesagt – die Y-Anteile des FBAS-Signals in FM-Form auf. Bild 2.24c macht deutlich, daß der aufgezeichnete FM-Träger (ca. 3,5 MHz bis 5 MHz) der Nachbarspuren um -30 dB unterdrückt wird. Die Chroma-Übersprechanteile erfordern zusätzliche Maßnahmen, die im nächsten Kapitel besprochen werden.

Die EMK der Videoköpfe ist bei geneigtem Kopfspalt etwas geringer als bei senkrechtem Spalt, weil sich die effektive Geschwindigkeit zwischen Köpfen und Band um den cos-Betrag des Spaltwinkels verändert. Definiert man die Relativgeschwindigkeit mit V_0, so ergibt sich bei einem Spaltwinkel von 7° folgende Beziehung:

$$V = V_0 \cos 7°$$

Mit dem Wert von 0,992 54 für cos 7° ist der entstehende Verlust vernachlässigbar klein.

Auch die größte mechanische Präzision kann nicht verhindern, daß beim Slanted-Azimuth-Verfahren während der Wiedergabe ein kleiner Abtastfehler entsteht. In Bild 2.25 sind auszugsweise 3 Videospuren dargestellt. Kopf A tastet die Spur 1 exakt ab, während er bei Spur 3 einen Abtastfehler der Spur 2 produziert. Zum leichteren Verständnis ist diese Verschiebung etwas übertrieben dargestellt. Die Fehlabtastung hat einen Zeitfehler zur Folge, der sich auf dem Bildschirm als horizontales Zittern bemerkbar macht. Der Zeit- oder Dihedralfehler (T_J) ist von folgenden Faktoren abhängig:

V = Relativgeschwindigkeit
w = Abtastfehler
Θ = Spaltwinkeldifferenz

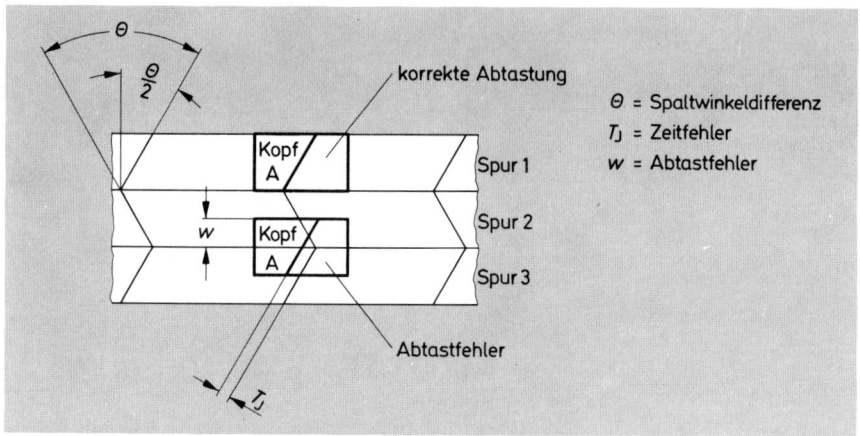

Bild 2.25 Abtastfehler haben einen Zeitfehler T_J zur Folge

Die Zusammenhänge werden in der Gleichung deutlich:

$$T_J = \frac{w \cdot 2 \tan \Theta/2}{V}$$

Je größer man die Spaltwinkeldifferenz (Θ) macht, um so unangenehmer macht sich der Zeitfehler (T_J) bemerkbar. Selbst kleine Abtastfehler erzeugen bei großem Azimutwinkel entsprechend große Dihedralfehler. Aus diesem Grund ist es sinnvoll, die Schrägneigung der Arbeitsspalte möglichst klein zu machen.

2.10 Spurlagenschema und Systemparameter

Die auf dem Markt befindlichen Videorecorder sind systemkompatibel; d.h., innerhalb der einzelnen Systeme (VIDEO 2000, Betamax usw.) garantieren die Hersteller die Austauschbarkeit bespielter Bänder. Bei der Ton-Kompaktkassette wird die Kompatibilität zwischen den Kassettenrecordern aller Hersteller als selbstverständlich empfunden. Dies ist bei Videorecordern nicht der Fall. Hier ist eine Austauschbarkeit der Kassetten zwischen den Systemen VIDEO 2000, VCR, VHS, SVR und Betamax nicht möglich. Daran sind nicht nur unterschiedliche Kassettenabmessungen, sondern auch die verschiedenen Systemparameter und Spurlagenschemen schuld.

Grundsätzlich muß der Videorecorder 3 Informationen aufzeichnen: Das FBAS-Signal (in Schrägschrift), die Toninformation dazu (in Längsschrift) sowie Bezugsimpulse, die von den vertikalen Synchronimpulsen des Videosignals abgeleitet werden. Auch die Bezugssignale nimmt man in Längsschrift auf. Die Lage

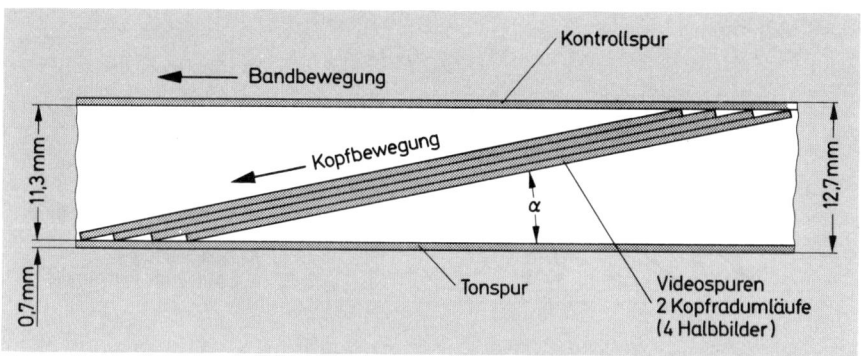

Bild 2.26a
Beispiel eines Spurlagenschemas

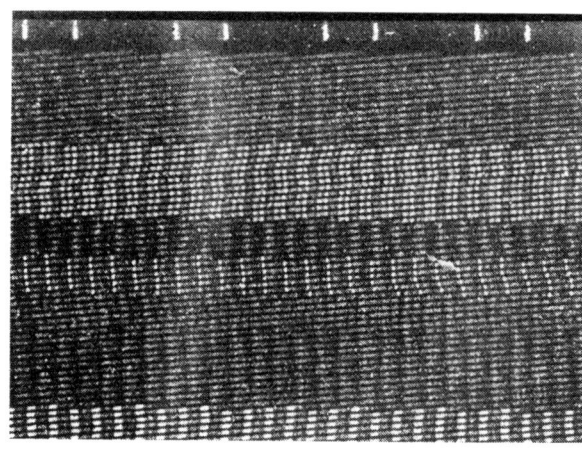

Bild 2.26b
Ausschnittvergrößerung eines bespielten Videobandes. Die Magnetisierung wurde mit Eisenoxidpulver sichtbar gemacht (Foto: Sony)

der schräg verlaufenden Bildspuren wurde in Bild 2.21d schon dargestellt. Die Ton- und Kontrollspur befindet sich am oberen oder unteren Rand des Magnetbandes (Bild 2.26a). Bei den Systemen VCR und VHS liegt die Tonspur am unteren und die Kontroll- bzw. die Synchronspur am oberen Rand. Bei Betamax und VHS ist es umgekehrt. Die Breite der Ton- und Synchronspuren bewegt sich, je nach System, zwischen 0,5 mm und 0,7 mm.

Bild 2.26b zeigt eine Ausschnittvergrößerung eines bespielten Videobandes. Deutlich sind die schrägen Videospuren und die Kontrollimpulse an der oberen Kante des Magnetbandes zu erkennen. Sie wurden mit Eisenoxidpulver sichtbar gemacht. Weiterhin ist auf dem Foto zu erkennen, daß zwischen den Spuren ein Rasen vorhanden ist. Es handelt sich also hierbei um keine High-Density-Aufzeichnung.

Allen Systemen gemeinsam ist eine Magnetbandbreite von 12,7 mm ($^1/_2$ Zoll). Die wesentlichen Unterschiede zwischen den Spurlagenschemen konzentrieren sich auf die Länge und Breite der Videospuren und den Spurneigungswinkel α

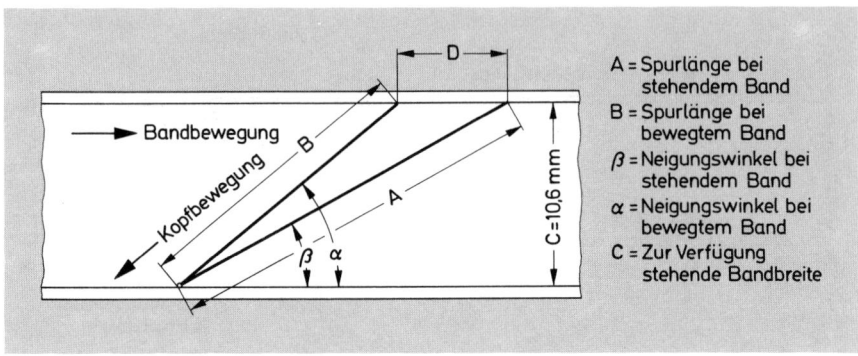

Bild 2.27 Spurlänge bei bewegtem (B) und bei stehendem (A) Band

(Bild 2.26a). Spurlänge und Neigungswinkel sind abhängig vom Durchmesser der Kopfscheibe, der Bandtransport- bzw. Relativgeschwindigkeit und der Breite des Magnetbandes. In Bild 2.27 sind die Zusammenhänge grafisch dargestellt. Die Strecke A entspricht der Spurlänge bei stehendem Band. Sie verkürzt sich bei laufendem Band auf das Maß der Strecke B. Parallel dazu ändern sich die Spurneigungswinkel α und β. Als für die Videospur wirksame Magnetbandbreite wurden 10,6 mm angenommen.

Die Spurlänge A entspricht dem halben Umfang der Kopfscheibe, wenn man eine Bandumschlingung von 180° voraussetzt (siehe Bild 2.19a):

$$A = \frac{D \cdot \pi}{2}$$

A = Spurlänge bei stehendem Band
D = Durchmesser der Kopfscheibe

Ein Kopfraddurchmesser von z.B. 74,5 mm (Betamax) ergibt eine Spurlänge (A) von:

$$\frac{74,5 \cdot 3,14}{2} = 117 \text{ mm}$$

Der Videokopf braucht 20 m/s ($^1/_{50}$ s), um diese Spurlänge zu schreiben. Der Spurneigungswinkel (β) ist von der Spurlänge (A) und der zur Verfügung stehenden Magnetbandbreite (C) abhängig (Bild 2.27):

$$\sin \beta = \frac{C}{A} = \frac{10,6 \text{ mm}}{117 \text{ mm}} = 0,090598$$

$$\beta = 5° 10'$$

In unserem Rechenbeispiel beträgt also der Spurneigungswinkel (β) 5° 10' und die Spurlänge (A) 11,7 cm. Die Werte beziehen sich nur auf den Betrieb mit stehendem Band. Sobald der Faktor der Bandbewegung dazukommt, wird der Spurneigungswinkel α stumpfer. Gleichzeitig verkürzt sich die Länge der Abtaststrecke (B). Über die Strecke D (Bild 2.27) kann die Spurlänge B und der Winkel α errechnet werden. Beim SVR-System z.B. ergibt sich bei normalem Betrieb eine Spurlänge von 16,4 cm mit einem Spurneigungswinkel von 3°42'09".

Einige Videorecorder haben die Möglichkeit der Standbildwiedergabe. Dazu wird der Bandtransport angehalten, während die Videoköpfe immer dieselben Halbbilder abtasten. Bei Betrachtung von Bild 2.27 ist leicht einzusehen, daß dabei durch die unterschiedlichen Abtastneigungswinkel Störzonen im Bild auftreten müssen.

Aus der Tabelle Bild 2.28 gehen die wichtigsten Systemparameter hervor. Beim ersten VCR-System wurde noch mit einem 57 µm breiten Rasen und geradem Kopfspalt gearbeitet. Alle anderen Systeme schreiben die Videospuren mit unterschiedlich geneigten Arbeitsspalten ohne Rasen. Parallel zu der geringen Bandgeschwindigkeit von 1,873 cm/s weist das Betamax-System mit 32,8 µm die geringste Spurweite auf. Ein menschliches Haar hat im Vergleich dazu einen Durchmesser von 80 µm. Hier wird deutlich, welch ungewöhnlich hohe mechanische Präzision beim Schreiben und Abtasten der Videospuren erforderlich ist.

	VCR Standard	SVR	VHS	Betamax	Video 2000	8-mm-Video
Bandbreite (mm)	12,7	12,7	12,7	12,7	12,7	8
Aufzeichnung	Schrägspur	Schrägspur	Schrägspur	Schrägspur	Schrägspur mit zwei Spurbereichen	Schrägspur
Relativgeschwindigkeit (m/s)	8,1	8,2	4,84	5,83	5,08	3,1
Bandgeschwindigkeit (cm/s)	14,29	3,95	2,34	1,873	2,44	2,051
Video-Spurbreite (µm)	130	51	49	32,8	22,6	34,4
Rasenbreite (µm)	57	0	0	0	0	0
Kopfspaltwinkel (°)	0	±15	±6	±7	±15	±10
Kopfraddurchmesser (mm)	105	105	62	74,5	65	40

Bild 2.28 Systemparameter

Das Spurlagenschema des Video-2000-Systems in Bild 2.29 weist eine Besonderheit auf. Das Videoband ist hier in zwei Spurbereiche aufgeteilt. Durch einfaches Umdrehen der Kassette erreicht man damit eine Verdopplung der Spielzeit. Bild

2.29 macht deutlich, daß die Audiospuren am oberen und unteren Rand liegen. Sie sind 0,65 mm breit. Bei Stereowiedergabe reduziert sich die Spurbreite auf 0,25 mm; jeweils für den rechten und linken Kanal.

Durch die Halbierung des $^1/_2$-Zoll-Videobandes bleiben für jeden Spurbereich 6,3 mm ($^1/_4$ Zoll) übrig. Die Breite der Videospuren beträgt 22,6 µm. Sie sind somit noch feiner als die 32,8 µm breiten Betamax-Spuren. Die mechanische Präzision der Abtastung durch die Videoköpfe muß sehr hoch sein, um die schmalen Spuren des Video-2000-Systems exakt zu treffen.

Aus diesem Grund arbeitet man mit nachsteuerbaren Videoköpfen. Sie sind auf einer Zunge aus piezokeramischem Material befestigt, die sich in Abhängigkeit vom Pegel des Kopfsignals mechanisch bewegt. Diese Technik wird mit «Dynamic-Track-Following» oder kurz DTF bezeichnet; sie ist im Abschnitt 7.5 genauer beschrieben.

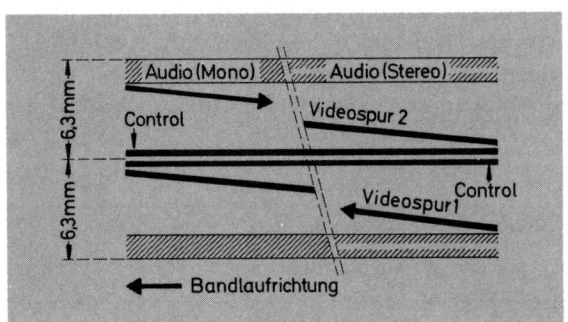

Bild 2.29
Spurlagenschema Video 2000

2.11 Hifi-Ton durch FM-Aufzeichnung

Auf der Berliner Funkausstellung 1983 wurde VIDEO-HIFI zum erstenmal vorgestellt. Damals war es noch ein Prototyp. Heute kann jeder, der mit seinem Ton zum Videobild nicht mehr zufrieden ist, VIDEO-HIFI-Geräte erwerben. Trotz einer Tonqualität, die Studiocharakter hat, sind diese Geräte kaum teurer als Videorecorder mit Normalton.

Die technischen Daten
Der VIDEO-HIFI-Recorder unterscheidet sich optisch nicht von einem normalen Videorecorder. Nur die Leuchtdiodenketten zur Tonaussteuerung signalisieren dem Kenner den Recorder mit HIFI-Sound.

Bevor wir uns mit technischen Einzelheiten befassen, sollen die Daten der FM-Tonaufzeichnung etwas genauer untersucht werden. Zum Frequenzgang, der von 20 Hz bis 20 kHz geht, ist nicht viel zu sagen. Hier sprechen die Zahlen für sich. Die Gleichlaufschwankungen eines Audio-Kassettenrecorders der absoluten Spitzenklasse betragen ca. 0,06%. Bei VIDEO-HIFI treten Gleichlaufschwankun-

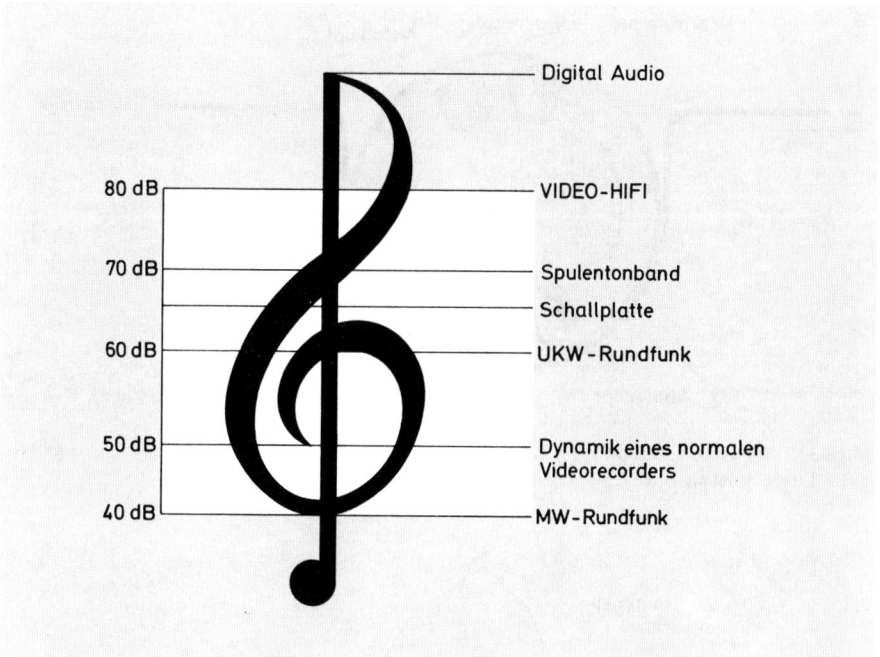

Bild 2.30 Die Tondynamik eines Hifi-Videorecorders im Vergleich

gen von nur 0,005% auf. Daß man solch eine geringe Abweichung nicht mehr hören kann, versteht sich von selbst. Dieser Wert liegt aber auch an der Grenze dessen, was meßtechnisch erfaßbar ist.

Das wirklich Frappierende ist aber die Dynamik, die mit einem HIFI-Videorecorder erreicht wird. Der Vergleich in Bild 2.30 macht das besonders deutlich: eine MW-Rundfunksendung können wir mit 40 dB empfangen. Die Tondynamik eines normalen Videorecorders liegt im günstigsten Fall bei etwa 48 dB. Mit dem UKW-Rundfunk sind immerhin schon bis zu 60 dB möglich. Bevor es digitale Audiogeräte auf CD- und PCM-Basis gab, war ein Studiotonbandgerät qualitativ das Maß aller Dinge. Mit ihm werden, wie Bild 2.30 zeigt, über 70 dB erreicht. VIDEO-HIFI liegt mit 80 dB noch 10 dB höher als ein Spulentonband. Diese gewaltige Dynamik hört auch ein Ohr, das für HIFI-Klang nicht sensibel ist.

Video- und Audioköpfe rotieren zusammen
Bekanntlich sind auf der rotierenden Kopfscheibe 2 Videoköpfe montiert. Bild 2.31 läßt erkennen, daß diese Kopftrommel vom Videoband umschlungen ist. Die Kopftrommel und somit auch die Videoköpfe erreichen bei ihrer Rotation eine Abtastgeschwindigkeit von 5,85 m (BETA) pro Sekunde. Das Band bewegt sich mit nur 1,87 cm/s (BETA). Die wirksame Abtastgeschwindigkeit beträgt 5,83

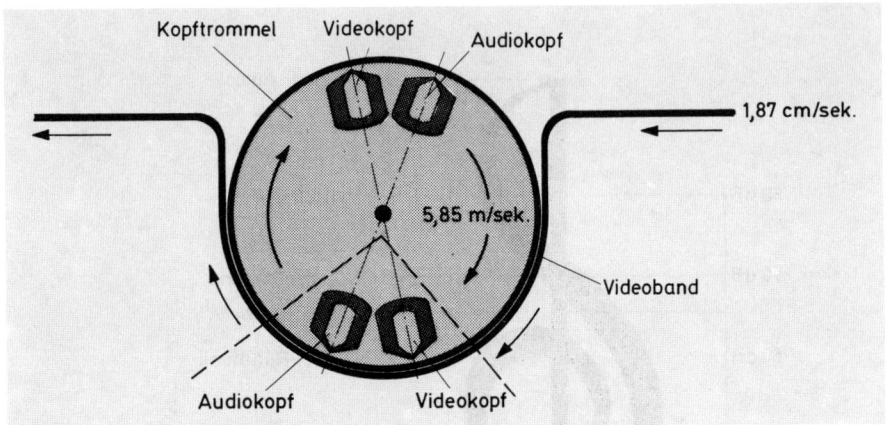

Bild 2.31 So wirken Videoköpfe, Audioköpfe und das Magnetband zusammen. Das gestrichelte Dreieck ist in Bild 2.32 vergrößert dargestellt.

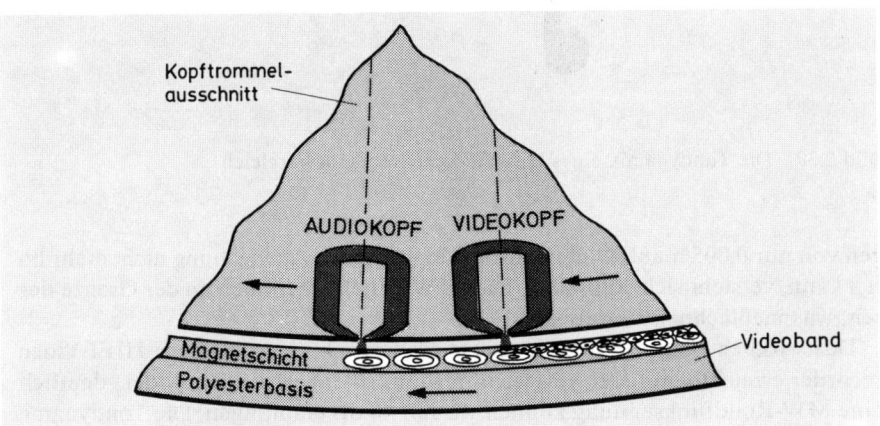

Bild 2.32 Die Ausschnittvergrößerung des Bildes 2.31 verdeutlicht den Aufnahmeprozeß bei VIDEO-HIFI

m/s. Die hohe Relativgeschwindigkeit ist der Schlüssel zum Verständnis des VIDEO-HIFI-Prinzips.

Aus Bild 2.31 geht hervor, daß sich unmittelbar neben den Videoköpfen die Audioköpfe befinden. Auch die Audioköpfe erreichen die hohe Relativgeschwindigkeit.

Ein HIFI-Kassettenrecorder transportiert das Band mit 4,75 cm/s relativ zum feststehenden Tonkopf. Bei BETA-HIFI stehen nicht nur für die Videoaufzeichnung, sondern auch für die Tonspeicherung 5,83 m/s zur Verfügung. Ein Wert also, der 123mal höher ist als beim HIFI-Kassettendeck. Daraus erklären sich übrigens auch die geringeren Gleichlaufschwankungen von nur 0,005%. Ähnlich günstige Werte ergeben sich auch bei VHS-HIFI. Vereinfacht kann man die Tonaufzeichnung eines VIDEO-HIFI-Recorders mit einem Tonband vergleichen, das eine Bandgeschwindigkeit von mehreren m/s hat. Für ein normales Tonbandgerät ist das natürlich utopisch. Davon konnte ein Tonband-Geräteentwickler bisher nur träumen.

Audio- und Videosignale auf derselben Spur
Der technische Trick des HIFI-Videorecorders besteht darin, daß Video- und Tonsignale auf dieselbe Schrägspur aufgezeichnet werden. In Bild 2.32 ist der gestrichelte Abschnitt des Bildes 2.31 vergrößert dargestellt.

Das Videoband besteht aus einer Polyesterbasis, auf der sich eine magnetische Beschichtung befindet. Bild 2.32 läßt erkennen, daß die Magnetfelder des Audiokopfes die Magnetschicht fast vollständig durchdringen. Die kleinen Magnetfelder des Videokopfes erreichen dagegen nur das obere Drittel der Magnetschicht. Die hohe Durchdringung der Audiosignale hat zur Folge, daß sich kleine Kratzer auf der Beschichtung für den Ton nicht negativ auswirken. Bei den Videosignalen sieht das anders aus. Hier entstehen, auch bei winzigen Beschädigungen der Magnetschicht, Bildaussetzer, die sich auf dem Fernsehschirm als kleine Lichtblitze zeigen. Schuld daran ist das geringe Eindringen der magnetischen Videosignale in die Bandbeschichtung. Diese Aussetzer können mit der Dropout-Kompensation weitgehend unterdrückt werden.

Der Rundfunk stand Pate
Bevor die Tonsignale mit Hilfe des Audiokopfes auf dem Band gespeichert werden, erfahren sie noch eine elektrische Codierung; sie werden frequenzmoduliert. Mit der gleichen Technik arbeitet bekanntlich auch der UKW-Rundfunk. Es gibt nur einen, aber sehr wichtigen Unterschied zwischen dem Rundfunk und VIDEO-HIFI. Er bezieht sich auf den sogenannten Frequenzhub. Mit dem Frequenzhub kann die Dynamikqualität des Tones beeinflußt werden. Der UKW-Rundfunk arbeitet mit einem Frequenzhub von maximal ± 75 kHz, während bei VIDEO-HIFI etwa ± 200 kHz zur Verfügung stehen. Dieser hohe Frequenzhub ist eine wichtige Voraussetzung für die Traumdynamik, die mit VIDEO-HIFI erzielt wird.

Der Trick mit dem Luftspalt
Es wurde schon erwähnt, daß die Ton- und Bildsignale auf denselben Spuren des Videobandes liegen. Normalerweise ist dabei unvermeidbar, daß eine gegenseitige Beeinflussung auftritt. Im Klartext heißt das: Die Tonqualität wird durch die Videosignale gestört, und das Videobild wird durch die Toninformation verschlechtert. Um dies zu vermeiden, ließen sich die Ingenieure einen wirkungsvollen Trick einfallen.

Aus Bild 2.32 geht hervor, daß die Magnetfelder an der Vorderseite des Audio- bzw. Videokopfes austreten und in das Band eindringen.

Normalerweise verläuft der Luftspalt exakt senkrecht. Wird er im Wiedergabebetrieb nur um wenige Grad abgewinkelt, so entstehen starke Qualitätsverluste. Bei einem Tonband z. B. hört sich dann der Ton unangenehm dumpf an. Techniker sprechen in diesem Zusammenhang von Azimutverlusten. Keine Qualitätsabstriche muß man in Kauf nehmen, wenn bei Aufnahme und Wiedergabe der Winkelversatz des Luftspaltes genau gleich ist. Diese Tatsache macht man sich bei VIDEO-HIFI zunutze.

Bild 2.33 zeigt eine vereinfachte Darstellung der Audio- und Videoköpfe. Sie dienen sowohl der Aufnahme als auch der Wiedergabe. Für die Spuren A und B ist jeweils ein separates Kopfpaar wirksam (siehe auch Bild 2.31). Für die Spur A ist der Luftspalt des Audiokopfes um +30° abgewinkelt und der des Videokopfes um −7°. Beim Kopfpaar für die Spur B sind es −30° und +7°. Diese Beispiele gelten für BETA-HIFI. Die Spaltwinkeldifferenz zwischen Audio- und Videokopf beträgt somit für jede Spur insgesamt 37°. Der Erfolg dieser Azimutunterschiede ist ein sauberes, vom Ton ungestörtes Videobild mit dem VIDEO-HIFI-Sound. Der Grund dafür ist nun leicht verständlich: Der um +30° versetzte Spalt des

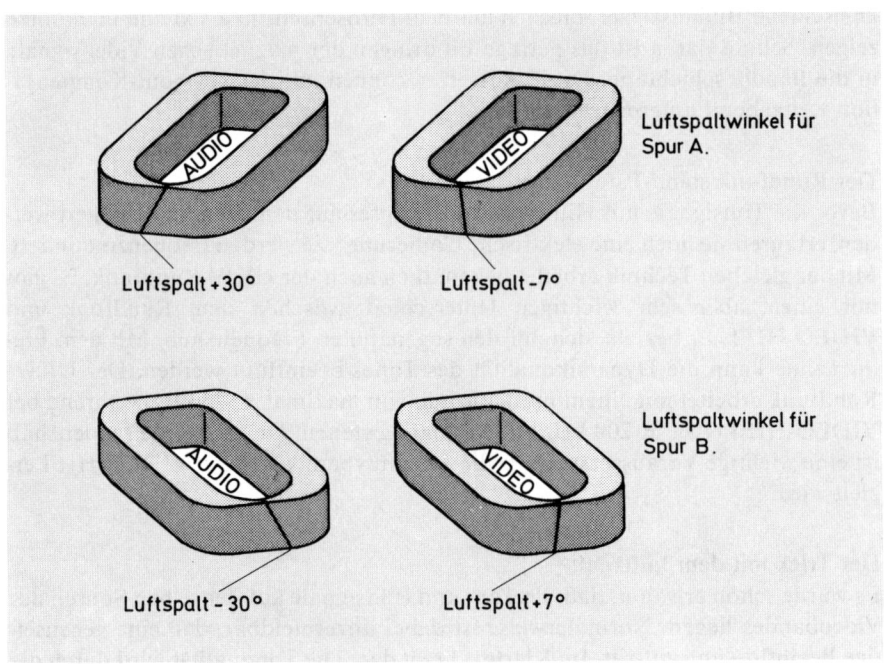

Bild 2.33 Der Luftspalt der Videoköpfe ist mit ± 7° abgewinkelt, während der Spalt in den Audioköpfen mit +30° und −30° versetzt ist.
Die Zahlenbeispiele gelten für BETA-HIFI.

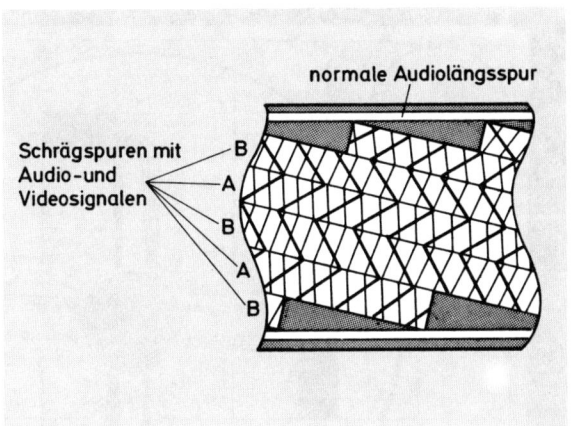

Bild 2.34
Dieser Bandausschnitt zeigt das Spurlagenschema von BETA-HIFI. Audiosignale (dick) und Videosignale (dünn) werden in Form eines gegeneinander versetzten Zickzackmusters aufgenommen.

Audiokopfes ist nicht in der Lage, die mit $-7°$ versetzten Videosignale zu erfassen. Umgekehrt gilt das gleiche für den Videokopf.

Der Bandausschnitt in Bild 2.34 verdeutlicht das entsprechende Spurlagenschema. Auf der linken Seite sind die Schrägspurausschnitte mit A oder B bezeichnet. Das dünn dargestellte Zick-Zack-Muster symbolisiert die mit 7° versetzt aufgenommenen Videosignale, während die etwas dicker linierte Winkelstruktur die 30°-Versetzung der Audiosignale kennzeichnet.

VIDEO-HIFI ist kein neues System
Bei technischen Verbesserungen an einem Videorecorder muß natürlich die Systemkompatibilität gewährleistet bleiben. Aus diesem Grund zeichnet man den Ton, parallel zu VIDEO-HIFI, zusätzlich in Normalqualität auf. Diese normale, in Bild 2.34 ebenfalls dargestellt Tonspur befindet sich an der oberen oder unteren Bandkante. Ein VIDEO-HIFI-Recorder ist dadurch in der Lage, sowohl mit normalem Ton bespielte Kassetten wiederzugeben als auch Kassetten mit HIFI-Ton. Das gilt sowohl für BETA als auch für VHS. Ein nicht mit HIFI ausgestatteter Videorecorder gibt nur den Ton der Normalspur wieder.

Erwähnt sei noch, daß auch Video-8-Recorder mit einem FM-Audioton arbeiten. Dies ist ein Bestandteil des festgelegten V-8-Standards.

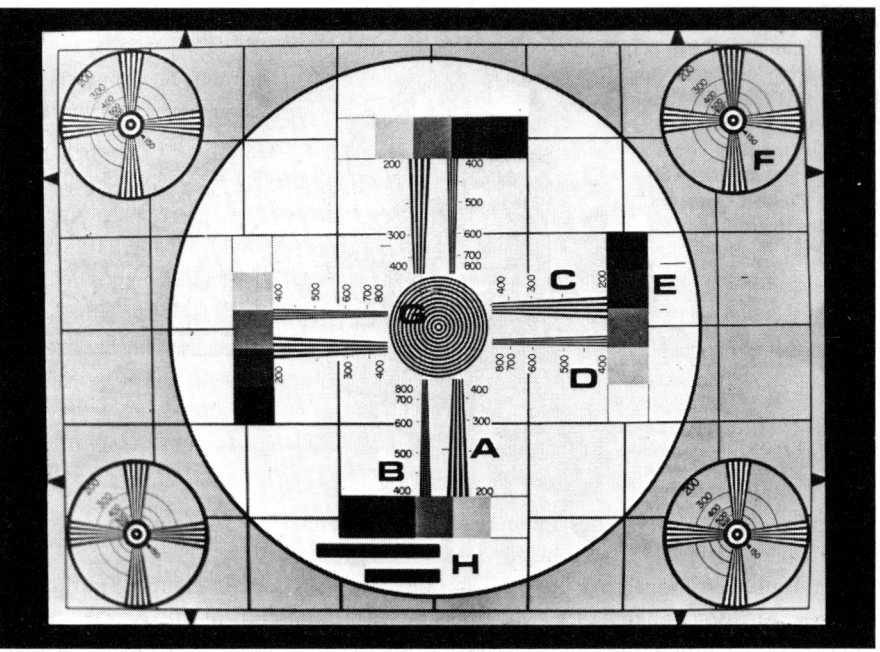

Mit Hilfe eines Testbildes auf der Videokamera können normgerechte Videosignale oszillografiert werden.

3 Video-Signalverarbeitung bei Aufnahme und Wiedergabe

3.1 Das FBAS-Signal

Bevor die Aufbereitung des Videosignals zur Sprache kommt, soll es noch einmal genau definiert werden. Dabei wird die CCIR-Norm zugrunde gelegt.

Die vom Videorecorder zu verarbeitende Information enthält neben dem Bildinhalt noch Synchronimpulse für die horizontale und vertikale Strahlablenkung. In Bild 3.1a ist ein BAS-Signal mit Grautreppe dargestellt. Die Abkürzung BAS hat folgende Bedeutung:

$$\begin{array}{ccc} B & A & S \\ \downarrow & \downarrow & \downarrow \\ \text{Bild} & \text{Austast} & \text{Synchronsignal} \end{array}$$

Mit Austastung ist die Phase während der Synchronimpulse und kurze Zeit davor gemeint. Der Elektronenstrahl in der Bildröhre wird dabei dunkel gesteuert bzw. das Bild wird «ausgetastet». Der Austastpegel liegt bei 75%, also 2% über dem Schwarzpegel. Ein Vollbild enthält 625 Zeilen. Demnach werden in einer Sekunde 625 Zeilen mal 25 Vollbilder = 15 625 Zeilen geschrieben. Die Dauer einer Zeile beträgt somit einschließlich Synchronimpuls 64 µs (1/15 625). Der Bildinhalt nimmt davon etwa 52 µs in Anspruch. Links neben dem Zeilenimpuls liegt die vordere Schwarzschulter, rechts daneben die hintere. Die beiden Schwarzschultern und der horizontale Synchronimpuls machen etwa $^1/_5$ der Zeilendauer

Bild 3.1a
BAS-Signal

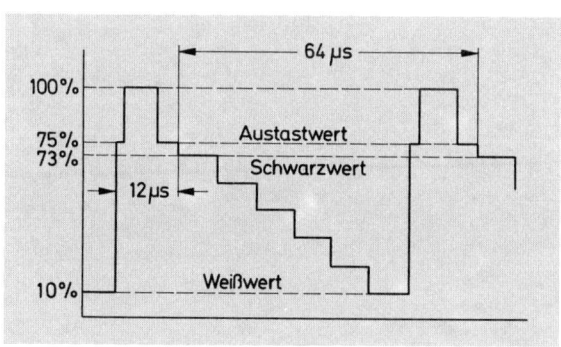

aus. In dieser Zeit findet der Strahlenrücklauf zum Anfang der nächsten Zeile statt.

Der Weißpegel wurde auf 10% der Gesamtamplitude festgelegt. Dieser Minimalwert darf bei der Übertragung zwischen Sender und Empfänger nicht unterschritten werden, weil beim Intercarrier-Verfahren zur Bildung der 5,5-MHz-Ton-Zwischenfrequenz neben dem Tonträger auch ein ausreichend großer Anteil des Bildträgers benötigt wird.

Neben der BAS-Information hat ein Videorecorder auch die Chromaanteile des Videosignals zu verarbeiten. Die Farbsignale sind durch den Buchstaben F gekennzeichnet. Daraus setzt sich die Gesamtbezeichnung:

FBAS-Signal

zusammen. Während in Bild 3.1a nur die Schwarzweißanteile in Form einer Grautreppe berücksichtigt werden, enthält Bild 3.1b auch die Farbinformation. Der Burst ist auf der hinteren Schwarzschulter positioniert. Er enthält 12 bis 14 Schwingungszüge des 4,43-MHz-Farbträgers. Mit ihm wird der Farbhilfsträger im Fernsehempfänger synchronisiert. Der Bildinhalt in Bild 3.1b besteht aus einer Farbbalkenfolge.

Neben den H-Impulsen enthält das FBAS-Signal vertikale Synchronimpulse, die den Halbbildwechsel auslösen. Genauer gesagt, handelt es sich dabei um eine Impulsfolge von 15 Einzelimpulsen. Dies wird in Bild 3.1c deutlich. Nach 5 sogenannten Vortrabanten folgen 5 Hauptimpulse, die durch 5 Nachtrabanten abgelöst werden. «Trabant» ist tschechisch und heißt soviel wie Begleiter. Die Vor- und Nachtrabanten und die Impulspausen der 5 Hauptimpulse haben Halbzeilenabstand. Dadurch wird der Zeilengenerator des Fernsehgeräts auch während des Halbbildwechsels weiter synchronisiert.

Nach den vertikalen Synchronimpulsen wird das Bild noch etwa 15 Zeilen lang ausgetastet. In diesem unsichtbaren Bereich sind zwei Prüfzeilen untergebracht (Bild 3.1c).

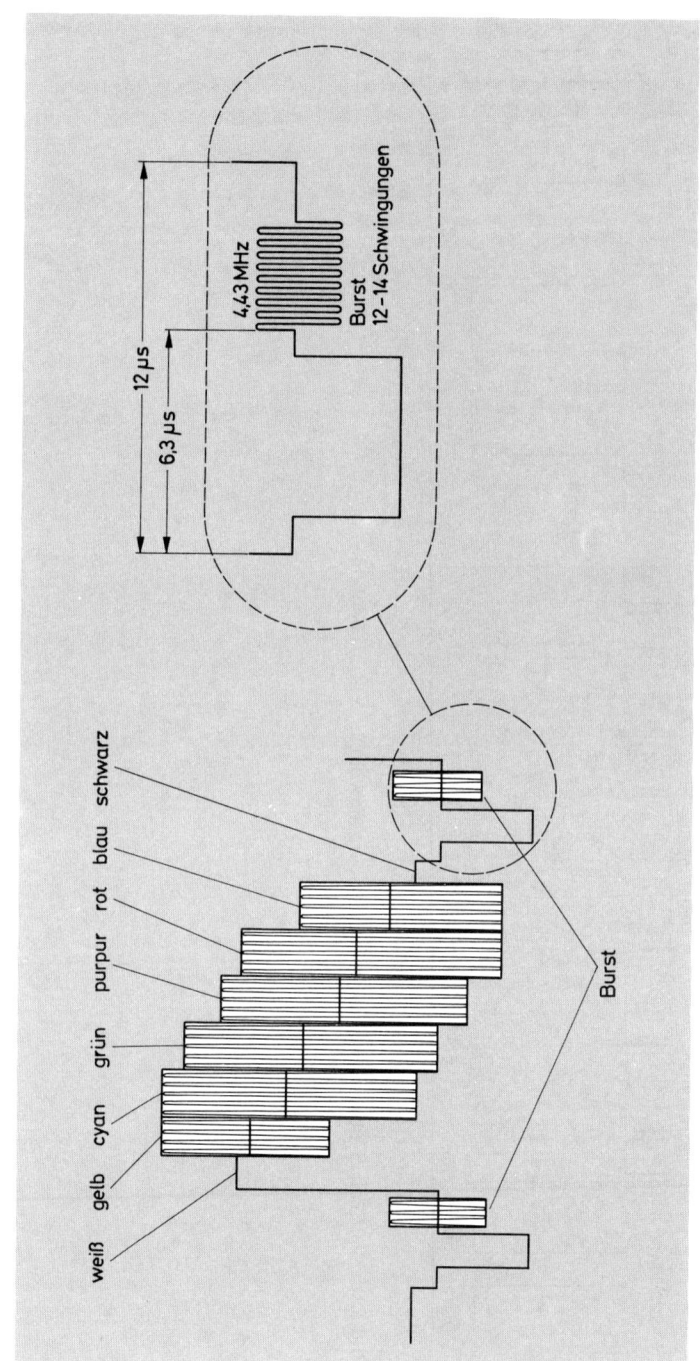

Bild 3.1b FBAS-Signal mit 100% gesättigten Farben

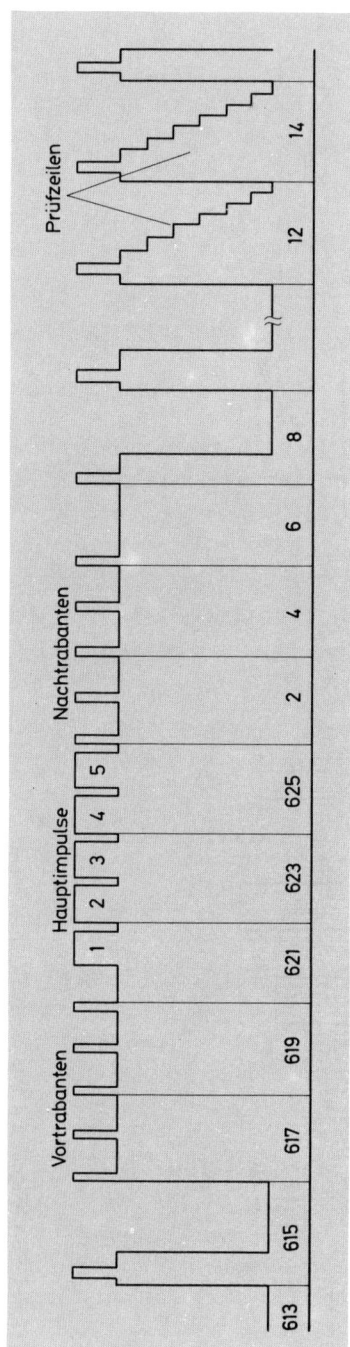

Bild 3.1c Vertikale Synchronimpulsfolge beim Übergang vom 1. zum 2. Halbbild

3.2 Direktaufzeichnung und FM-Aufzeichnung

Videorecorder für Heimanwendung nehmen nicht die volle Bandbreite (5 MHz) des BAS-Signals auf. Man kann davon ausgehen, daß eine obere Grenzfrequenz von 3 MHz bis 3,2 MHz zur Erzeugung einer guten Bildqualität vollkommen ausreichend ist. Bei der Aufzeichnung des FBAS-Signals werden Y- und Chromaanteile auf verschiedene Weise aufbereitet. Wir wollen uns zunächst mit dem BAS-Signal befassen.

Grundsätzlich können Videosignale, ähnlich wie beim Tonbandgerät, direkt aufgezeichnet werden. Die Video-Direktaufzeichnung hat allerdings Nachteile, die sich besonders bei den sehr tiefen Signalfrequenzen bemerkbar machen. Die geringe Induktivität der Videoköpfe und der schmale Arbeitsspalt haben zur Folge, daß große Wellenlängen nur eine kleine EMK in der Kopfwicklung erzeugen. Der Störabstand ist dadurch bei tiefen Videofrequenzen schlechter als bei den hochfrequenten Signalanteilen. Das erhöhte Rauschen macht sich auf dem Bildschirm besonders unangenehm bemerkbar, weil die tiefen Videofrequenzen den großflächigen Bildanteilen entsprechen.

Bild 3.2 zeigt den Frequenzgang, der durch das Zusammenwirken von Kopf- und Bandcharakteristiken entsteht. Die sich daraus ergebenden notwendigen Entzer-

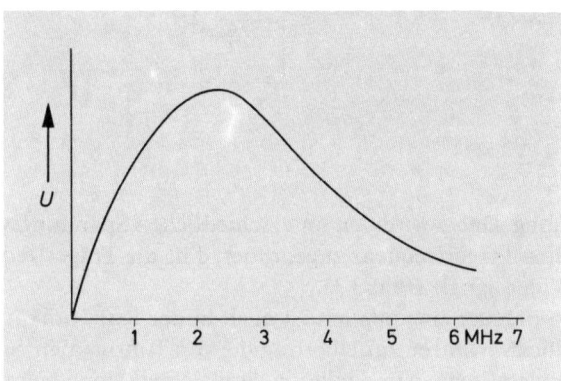

Bild 3.2
Kopf-Band-Frequenzgang

rungsmaßnahmen gestalten sich im Video-Übertragungsbereich (bis zu 3 MHz) besonders schwierig. Auch dies ist ein Nachteil der Direktaufzeichnung.

Schließlich ergeben sich bei der Umschlingung des Videokopfrades (Bild 2.19b) auf der Strecke zwischen dem Kopfein- und -auslauf unterschiedliche Werte für die Intensität des Band-Kopf-Kontaktes. Daraus resultieren Amplitudenschwankungen des Videosignals, die man bei der Direktaufzeichnung nicht durch Amplitudenbegrenzung beseitigen kann.

Alle aufgezeigten Nachteile verlieren an Bedeutung, wenn man anstelle der Direktaufzeichnung mit Frequenzmodulation arbeitet. Aus diesem Grund kommt auch bei allen Videosystemen für das Y-Signal die FM-Aufzeichnung zur Anwen-

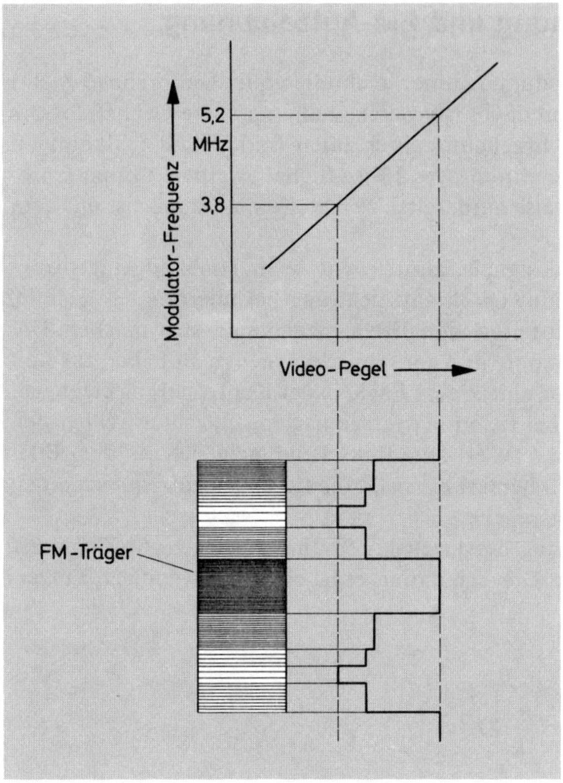

Bild 3.3
FM-Modulationskennlinie

dung. Dabei wird den unterschiedlichen Spannungswerten der Videoinformation eine Trägerfrequenz zugeordnet; d.h., die Trägerfrequenz ändert sich im Takt des Videosignals (Bild 3.3).

Frequenzmodulation ist auch in der Rundfunk- und Fernsehtechnik ein übliches Verfahren zur Übertragung von Tonsignalen. Sie ist aber nur bedingt mit der Video-Frequenzmodulation vergleichbar, denn beim Videorecorder ist die Trägerfrequenz im Verhältnis zur Signalfrequenz wesentlich geringer als sonst in der Nachrichtentechnik üblich. Einer NF-Signalfrequenz von maximal 10 bis 15 kHz stehen z.B. im UKW-Bereich Trägerfrequenzen von 87,5 MHz bis 108 MHz gegenüber. Die unterste FM-Trägerschwingung eines Videorecorders ist dagegen nur wenig höher als die größte zu übertragende Videofrequenz. Betamax benutzt z.B. einen FM-Trägerhub von 3,8 MHz bis 5,2 MHz. Das VCR-Longplay-System geht bei der Modulation bis auf 3,3 MHz herunter. SVR-Geräte arbeiten mit einem Modulatorhub von 3,6 MHz bis 5,1 MHz. Aus Bild 3.3 geht hervor, daß der Weißpegel des BAS-Signals den hochfrequenten Trägeranteilen entspricht. Die Dächer der im Ultraschwarz liegenden Synchronimpulse markieren die untere Hubfrequenz. Sie muß, unabhängig vom Videosignal, konstant bleiben, damit bei der Wiedergabe die Synchronspitzen immer das gleiche Spannungsniveau aufweisen. Die Modulationsaussteuerung erfolgt deshalb von der unteren Hubfrequenz ausgehend nur nach einer Seite. Aus diesem Grunde gibt man auch keine Mittenfrequenz an.

Durch die FM-Modulation werden Seitenbandschwingungen erzeugt. In ihnen steckt die aufmodulierte Videoinformation. Theoretisch müßten alle Seitenbandschwingungen innerhalb der Kopfkurve in Bild 3.2 liegen. Praktisch ist das aber nicht realisierbar.

Bei den tiefen Videofrequenzen ergibt sich ein entsprechend großer Modulationsindex mit vielen Seitenbandschwingungen, die aber kaum über den Hubbereich hinausgehen und somit innerhalb der Kopfkurve liegen. Mit zunehmender Videofrequenz nimmt die Anzahl der Seitenbandschwingungen ab. Sie erstrecken sich dafür aber weit über den Hubbereich hinaus, so daß die Begrenzung durch die Kopfkurve nur die Übertragung der Seitenbandschwingungen erster Ordnung zuläßt. Für die Ermittlung der Übertragungsbandbreite werden deshalb nur die Seitenbänder erster Ordnung zugrunde gelegt. Bei einer Bandbreite des Videosignals von 3 MHz und einem angenommenen Trägerhub von 3,8 MHz bis 5 MHz ergeben sich folgende Verhältnisse:

Untere Hubfrequenz minus höchste Videofrequenz = unteres Seitenband

3,8 MHz − 3 MHz = 0,8 MHz

Obere Hubfrequenz plus höchste Videofrequenz = oberes Seitenband

5 MHz + 3 MHz = 8 MHz

Der Übertragungsbereich muß somit eine Bandbreite von 0,8 MHz bis 8 MHz aufweisen, wenn die Seitenschwingungen erster Ordnung wirksam werden sollen. In der Praxis wird aber auch das obere Seitenband durch den Einfluß der Kopfkurve mehr oder weniger stark geschwächt. Hierbei ist der Hubbereich von entscheidender Bedeutung.

Bei der Festlegung des Hubbereichs sind verschiedene Kriterien zu beachten, die Kompromisse notwendig machen: Direkten Einfluß auf den Störabstand hat die Größe des Frequenzhubes. Aber nicht nur der Hub ist von Wichtigkeit, sondern auch seine absolute Lage. Die unterste Trägerfrequenz muß mindestens 10% bis 15% höher sein als die größte aufzuzeichnende Videofrequenz. Die bei der Demodulation durchzuführende Trennung von Trägerfrequenz und BAS-Frequenz ist sonst nur mit aufwendigen Filtereinrichtungen möglich. Aus Bild 3.4 geht hervor, daß die Lage des Hubes und der Hub selbst vom Verlauf der Kopfkurve abhängig gemacht werden muß. Ungünstige Positionierung erhöht den Störabstand und den Anteil der nichtlinearen Verzerrungen. Dies gilt besonders für die hohen Videofrequenzen. Man muß daher einen Kompromiß schließen, der folgende Fakten berücksichtigt:

1. Erweiterung des Frequenzhubes verbessert den Störabstand.
2. Der Abfall der Kopfkurve hat, wenn der Hub zu groß gemacht wird, eine Verschlechterung des Störabstandes zur Folge.

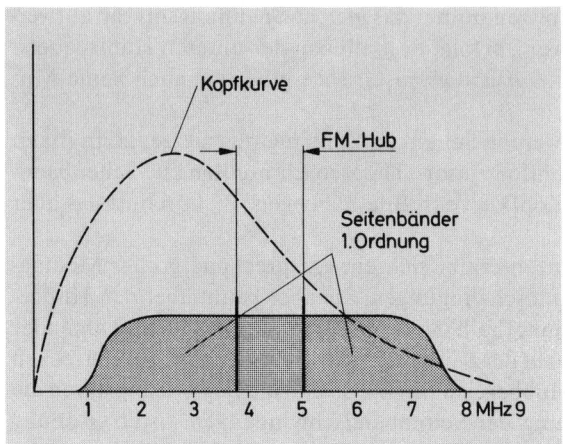

Bild 3.4
FM-Hubbereich und Seitenbänder

Bei der FM-Tonübertragung im UKW-Bereich wird zur Verbesserung des Störabstandes senderseitig eine Anhebung der hochfrequenten Signalanteile durchgeführt. Sie wird als Pre-Emphasis bezeichnet. Empfängerseitig korrigiert man diese Vorverzerrung nach der Demodulation durch entsprechende Absenkung (De-Emphasis). Abgesenkt werden dabei dann auch die Störanteile.

Pre-Emphasis und De-Emphasis kommt auch bei der FM-Signalverarbeitung im Videorecorder zur Anwendung. Dabei wird zwischen FM- und Video-Pre-Emphasis unterschieden. Unter FM-Pre-Emphasis versteht man die Anhebung der FM-Seitenbänder vor der Aufnahme; sie ist nur mit verhältnismäßig hohem Aufwand realisierbar. Entzerrungsmaßnahmen, die sich auf das Videosignal konzentrieren, können mit Hilfe einfacher RC-Kombinationen durchgeführt werden. Die hochfrequenten BAS-Signalanteile werden dabei vor der FM-Modulation angehoben. Bei beiden Entzerrungsarten muß natürlich wiedergabeseitig eine entsprechende De-Emphasis erfolgen.

3.3 Der Farbträger wird heruntergesetzt

Für die Farbkomponente des FBAS-Signals ist die FM-Aufzeichnung nicht geeignet. Dafür gibt es verschiedene Gründe: Die Begrenzung der Video-Bandbreite auf 3,2 MHz läßt die Aufzeichnung der 4,43-MHz-Frequenz des Farbhilfsträgers nicht zu. Eine Direktaufzeichnung des Chromaträgers parallel zur Y-FM-Aufnahme ist nicht möglich, weil die 4,43 MHz im Hubbereich des Modulators (Bild 3.3) liegen und sich dadurch störende Interferenzen ausbilden können.

Ein wichtiger Punkt bei den Kriterien der Farbaufzeichnung ist auch der Gleichlauf des Videorecorders. Gleichlauffehler haben z.B. bei guten Tonbandgeräten eine Größenordnung von etwa ±0,1%. Das hätte bei der Direktaufzeichnung des Farbträgers Abweichungen von ±4,4 kHz zur Folge. Diese Toleranz geht weit über den Fangbereich des Farbhilfsträger-Oszillators hinaus. Eine einwandfreie Wiedergabe des Farbsignals ist nur bis zu einer Frequenzabweichung von etwa 44 Hz möglich. Der Gleichlauffehler dürfte dabei höchstens 0,001% betragen. Dies ist bei Heimvideorecordern nicht realisierbar.

Die Gleichlauffehler eines Tonbandgeräts sind nicht ohne weiteres mit denen des Videorecorders vergleichbar. Zu den Bandlaufschwankungen addieren sich hier die Rotationstoleranzen des Kopfrades. Die Summe der im Videorecorder auftretenden Gleichlauffehler bezeichnet man als «Zeitfehler». Er ist größer als der Gleichlauffehler eines Tonbandgeräts.

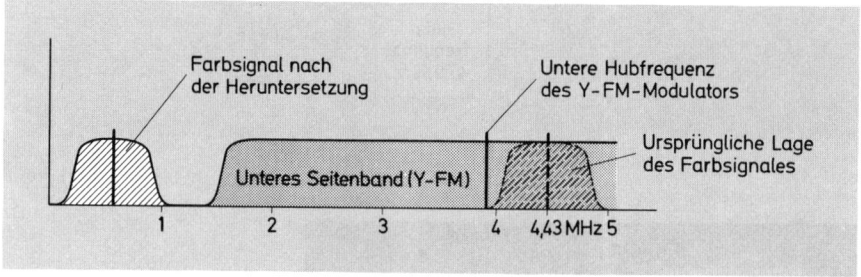

Bild 3.5   Heruntersetzen des Farbträgers

Die Probleme bei der Chromaaufzeichnung können aber auf relativ leichte Weise beseitigt werden. Man braucht den Farbträger nur auf eine Frequenz herunterzusetzen, die nicht im Bereich des unteren Y-FM-Seitenbandes liegt. Die Verhältnisse werden in Bild 3.5 deutlich, wenn man die ursprüngliche Lage der Farbinformation (gestrichelte Darstellung) mit der Position nach der Heruntersetzung vergleicht. Alle Systeme arbeiten dabei mit unterschiedlich konvertiertem Träger. Bei VHS hat der Hilfsträger eine Frequenz von 626,9 kHz, während die VCR-Systeme das Farbsignal auf 562,5 kHz heruntersetzen. Dieser Wert entspricht genau der 36fachen Zeilenfrequenz (36 · 15 625 = 562,5). Komplizierter und aufwendiger ist die Chroma-Konvertierung der Betamax-Videorecorder. Hier kommen für jedes Halbbild bzw. für jede Schrägspur unterschiedliche Farbträgerfrequenzen zur Anwendung. Die Spur A weist eine Chromafrequenz von 685,546 kHz auf, während die Spur B mit 689,453 kHz arbeitet. Durch die unterschiedlichen Trägerfrequenzen ist eine exakte Trennung zwischen den Nutzsignalen und den Übersprechanteilen der benachbarten Spuren möglich. Auch die beiden Betamax-Farbträger sind mit der Zeilenfrequenz (f_H) verkoppelt:

$$\text{Spur } A : \left(44 - \frac{1}{8}\right) f_H = \left(44 - \frac{1}{8}\right) \cdot 15\,625 = 685{,}546 \text{ kHz}$$

$$\text{Spur } B : \left(44 + \frac{1}{8}\right) f_H = \left(44 + \frac{1}{8}\right) \cdot 15\,625 = 689{,}453 \text{ kHz}$$

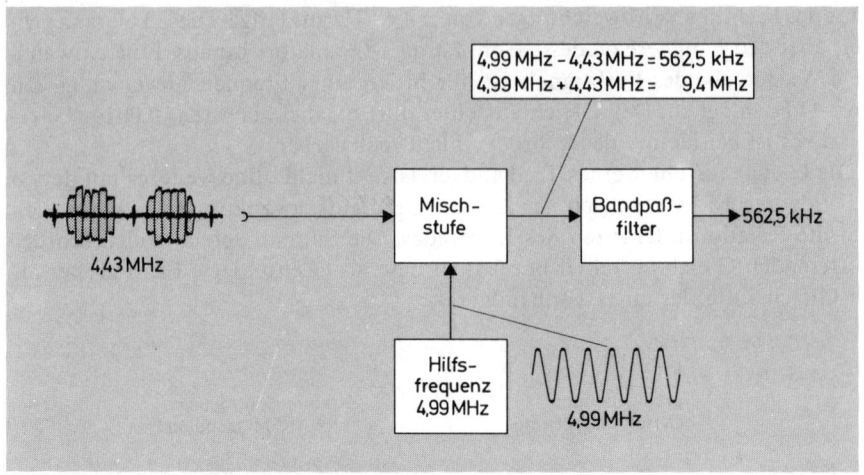

Bild 3.6

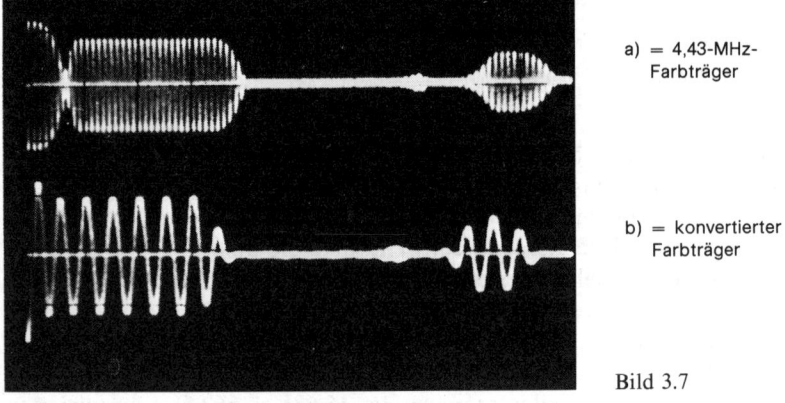

a) = 4,43-MHz-Farbträger

b) = konvertierter Farbträger

Bild 3.7

Bild 3.6 Konvertierung des Farbsignals mit einer Hilfsfrequenz

Bild 3.7 Oszillogramme zur Chroma-Konvertierung (rechter Schwingungszug = Burst)

Bei der Umwandlung des 4,43-MHz-Farbträgers dürfen die Seitenbänder nicht verändert werden, weil darin die Farbinformation steckt. Eine Umwandlung durch Frequenzteilung ist daher nicht möglich, weil dabei auch die Seitenbänder beeinflußt würden. Aus diesem Grund gewinnt man den heruntergesetzten Farbträger durch Mischung mit einer Hilfsfrequenz (Bild 3.6). Um z.B. 562,5 kHz zu erreichen, wird eine Hilfsfrequenz von 4,99 MHz benötigt. Durch Differenzbildung mit dem 4,43-MHz-Träger erhält man 562,5 kHz (4,99 MHz − 4,43 MHz = 562,5 kHz). Neben der Subtraktion entsteht am Ausgang der Mischstufe auch die Addition der beiden Frequenzen (4,99 MHz + 4,43 MHz = 9,4 MHz). Durch eine entsprechende Bandpaßschaltung muß daher die 562,5-kHz-Frequenz, also das Nutzsignal, ausgefiltert werden. Ähnlich funktioniert auch die Chroma-Konvertierung bei VHS und Betamax. Bild 3.7 zeigt Ausschnittsoszillogramme der Farbinformation vor (a) und nach (b) der Heruntersetzung. Deutlich ist zu erkennen, daß der Burst des konvertierten Chromasignals nur etwa 3 Perioden aufweist.

3.4 Das aufgezeichnete Spektrum

Sowohl die Y-Anteile als auch die Chroma-Komponenten werden also nicht in ihrer ursprünglichen Form aufgezeichnet. Frequenzmodulation für das Schwarzweißsignal und die Chroma-Konvertierung kommen übrigens auch bei professionellen Videorecordern zur Anwendung.

Im Wiedergabebetrieb tasten die rotierenden Videoköpfe die unmittelbar nebeneinanderliegenden Schrägspuren ab. In den Kopfwicklungen wird dabei eine EMK induziert, die, entsprechend der Signalaufbereitung während der Aufnahme, ein besonderes Spektrum aufweist. In Bild 3.8a sind die Luminanz- und Farbanteile des FBAS-Signals vor der Aufbereitung dargestellt. Rechts daneben (Bild 3.8b) ist das Beispiel eines FBAS-Spektrums nach der Aufnahmecodierung zu erkennen. Damit wurde das Videoband bei der Aufnahme magnetisiert. Die in ihrer Amplitude konstante Y-FM-Information hatte dabei die Funktion einer Vormagnetisierungsspannung für das heruntergesetzte Farbsignal.

Das komplette Aufnahmespektrum des Video-8-Formates geht aus Bild 3.8c hervor. Die FM-Trägerfrequenz für das Luminanzsignal bewegt sich zwischen 4,2 MHz und 5,4 MHz. Das gesamte Y-FM-Spektrum erstreckt sich, einschließlich der Seitenbänder, von 2,5 MHz bis 7 MHz. Das Chromasignal wird genau auf 732,4 KHz ± 500 KHz heruntergesetzt.

Keinen direkten Bezug zur Bildaufzeichnung haben zwei Zusatzinformationen, die im Aufnahme-Frequenzspektrum verschachtelt sind. Vier sogenannte ATF-Frequenzen (f_1-f_4) sorgen dafür, daß die aufgezeichneten Spuren bei der Wiedergabe exakt durch die Videoköpfe abgetastet werden. Die Abkürzung ATF steht für: AUTOMATIC TRACK FOLLOWING. Die 4 Frequenzen haben Impulscharakter. Ihre Bandbreite beträgt nur 200 Hz.

Zusätzlich zu der mit einem Festkopf aufgezeichneten Longitudinalspur wird der Ton in frequenzmodulierter Form aufgenommen. Mit einem vergleichbaren Aufzeichnungsverfahren arbeiten auch die BETA- und VHS-HIFI-Recorder.

Bei Video 8 beträgt die Grundfrequenz 1,5 MHz. Sie wird durch die Toninformation mit einem Hub von ± 100 KHz moduliert. Daraus resultiert eine Tondynamik von über 85 dB.

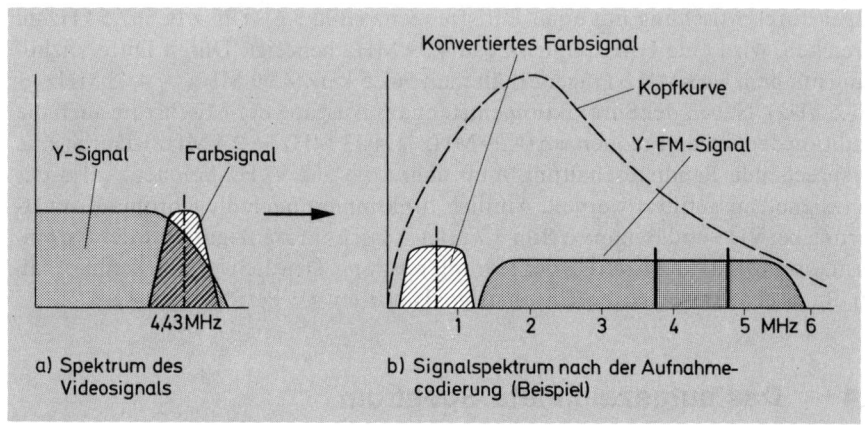

Bild 3.8 a/b   Aufbereitung des FBAS-Signals für die Aufnahme

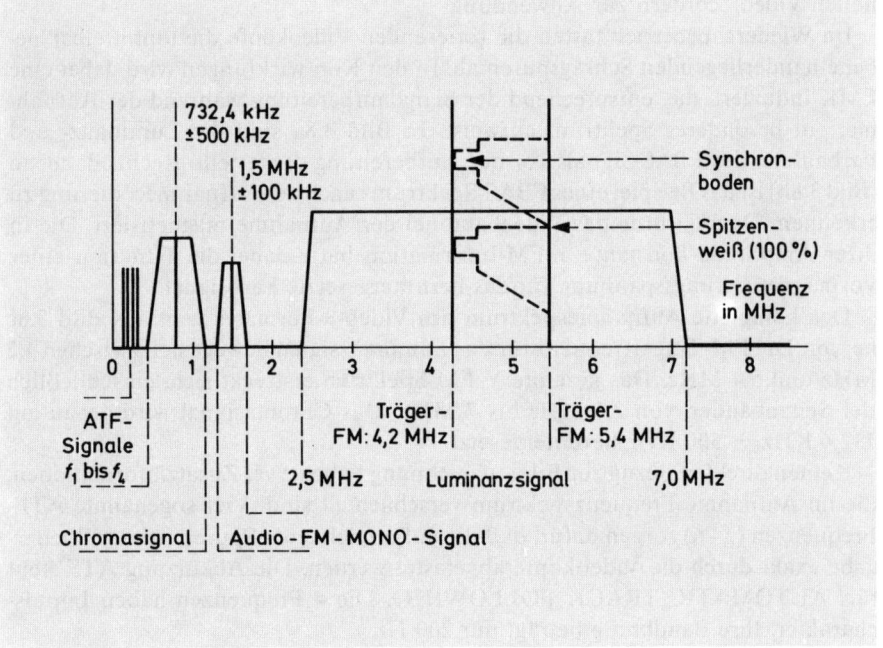

Bild 3.8c   Video-8-Aufnahmespektrum

ATF-Signale: $f_1 = 101{,}024\,\text{kHz} \pm 100\,\text{Hz}$
$f_2 = 117{,}188\,\text{kHz} \pm 100\,\text{Hz}$
$f_3 = 162{,}760\,\text{kHz} \pm 100\,\text{Hz}$
$f_4 = 146{,}484\,\text{kHz} \pm 100\,\text{Hz}$

3.5 Beseitigung von Chroma-Übersprechproblemen

Bevor wir uns mit der Rückgewinnung der ursprünglichen Signalanteile aus der Kopf-EMK befassen, muß das Problem des Übersprechens zwischen den nebeneinanderliegenden Spuren noch einmal angesprochen werden. Dabei ist grundsätzlich zwischen dem FM- und dem Farbübersprechen zu unterscheiden. Würden die Zeilen einer Halbbildspur nach Bild 3.9a positioniert, so hätte das einen störenden Einfluß der horizontalen Synchronimpulse auf den Inhalt der benachbarten Zeilen zur Folge. Aus diesem Grund werden die Zeilen jedes Halbbildes so geschrieben, daß sich die Synchronimpulse direkt gegenüberliegen (Bild 3.9b). In der Praxis arbeitet man zusätzlich mit alternierendem Zeilenversatz.

Dies kann realisiert werden durch einen Winkelversatz zwischen den Köpfen A und B. Bild 3.10 macht die Verhältnisse deutlich: Beim VCR-System sind z.B. die auf der Kopftrommel montierten Videoköpfe nicht um 180°, sondern um 179°25′45″ versetzt. Das Spurlagenschema Bild 3.9c läßt erkennen, daß sich daraus ein alternierender Zeilenversatz ergibt, der einmal 1,5 Zeilen und beim nächsten Halbbild 3,5 Zeilen beträgt. Daraus resultiert ein mittlerer Zeilenversatz von 2,5 Zeilen.

Durch die Neigung der Kopfspaltwinkel von 30° ($\pm 15°$) gegeneinander kann bei VCR eine Übersprechdämpfung von etwa 30 dB für das Y-FM-Signal erreicht werden. Für die niederfrequenteren Farbanteile ist die Dämpfung wesentlich geringer. Mit dem alternierenden Zeilenversatz werden Probleme des Farbübersprechens auf ein vernachlässigbar kleines Minimum reduziert.

Dazu einige Überlegungen. Würde der Zeilenversatz nicht alternieren und konstant 2,5 Zeilen betragen (Bild 3.9b), so hätte das Farbstörungen zur Folge, weil dann den gradzahligen Zeilen des ersten Halbbildes jeweils die ungradzahligen Zeilen des zweiten Halbbildes gegenüberliegen. Die Störungen gründen sich auf den alternierenden Burst bzw. die F_v-Komponente des Farbsignals. Beide werden von Zeile zu Zeile um 180° geschaltet.

Gehen wir davon aus, daß die ungeraden Zeilen eines Vollbildes bezüglich des Bursts und der F_v-Komponente positive Phasenlagen aufweisen, so sind die Chromaanteile (Burst, F_v) der geradzahligen Zeilen negativ gerichtet. Im darauf folgenden Vollbild kehren sich die Verhältnisse um. Bei einem konstanten Zeilenversatz nach Bild 3.9b liegen der 1. Zeile die 316. Zeile, der 2. Zeile die 317. Zeile usw. gegenüber. Somit liegen sich Zeilen mit entgegengesetzt gerichteten Burst- und F_v-Phasenlagen gegenüber, die sich gegenseitig beeinflussen.

Durch den wechselnden Zeilenversatz von 3,5 und 1,5 Zeilen kann dieser Nachteil vermieden werden. In Bild 3.9c ist zu erkennen, daß die Burstphasen der sich gegenüberliegenden Zeilen gleiche Lagen aufweisen.

Betamax und VHS arbeiten mit Spaltneigungswinkeln von 7° und 6°. Hier sind die Azimutverluste so gering, daß nur die Übersprechanteile des Y-FM-Signals unterdrückt werden. Das störende Chroma-Übersprechen des konvertierten Farbträgers erfordert daher besondere Maßnahmen.

Es wurde schon erwähnt, daß Betamax mit zwei verschiedenen Farbträgerfre-

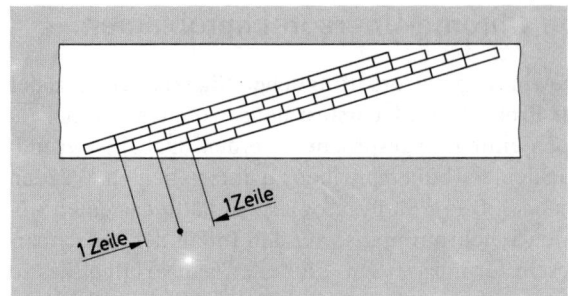

Bild 3.9a
Hier fallen die horizontalen Synchronimpulse mit dem Bildinhalt der Nachbarspuren zusammen

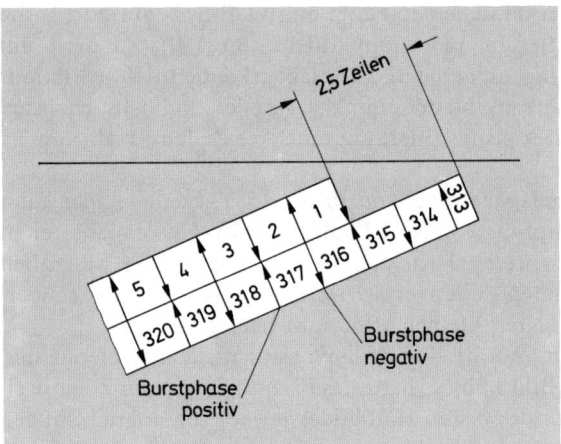

Bild 3.9b
Konstanter Zeilenversatz

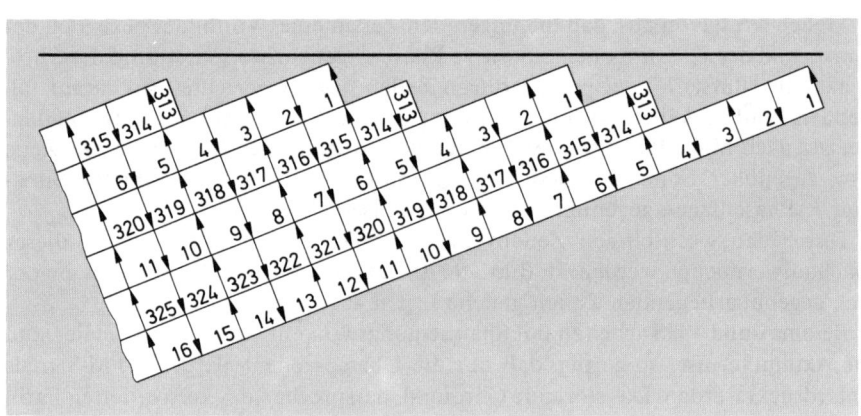

Bild 3.9c   Alternierender Zeilenversatz

Bild 3.10 Beispiel einer Kopfanordnung für den alternierenden Zeilenversatz

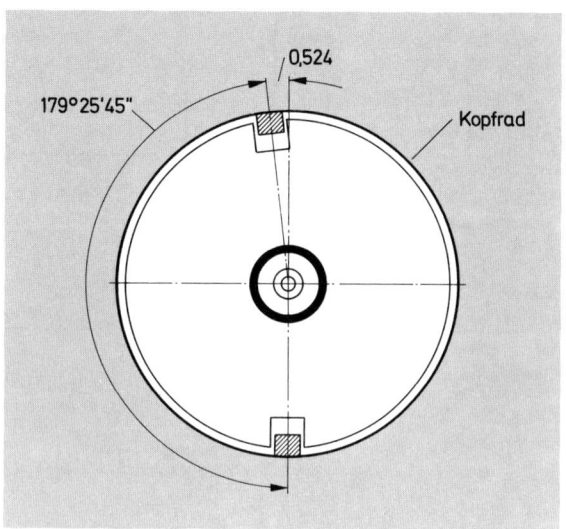

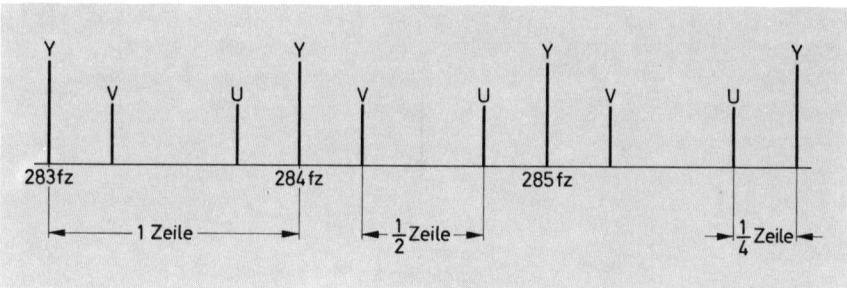

Bild 3.11 Y-V- und U-Anteile des PAL-Spektrums ($^1/_4$ und $^3/_4$ Line Offset)

quenzen arbeitet (685,546 kHz und 689,453 kHz). Jede Halbbildspur weist dadurch gegenüber den Nachbarspuren einen anderen Chromaträger auf. Die Trennung von Übersprechanteilen und dem Nutzsignal wird dadurch erleichtert und optimiert.

Bild 3.11 zeigt das PAL-Spektrum, bestehend aus den Y-Anteilen sowie der V- und U-Komponente des Farbsignals. Für die Betrachtung der Übersprechproblematik genügt die Darstellung der V/U-Anteile. In Bild 3.12a sind die konvertierten Farbanteile des ersten Halbbildes bzw. der Spur 1 dargestellt. Die Farbträgerfrequenz beträgt 685,546 kHz. Die Farbanteile der 2. Spur oder des 2. Halbbildes gehen aus Bild 3.12b hervor. Hier hat der Chromaträger eine Frequenz von 689,453 kHz. Er liegt somit um 3,907 kHz höher als beim 1. Halbbild. Dieser Wert entspricht $^1/_4$ der Zeilenfrequenz (15 625/4 = 3,906). Der Versatz zwischen den

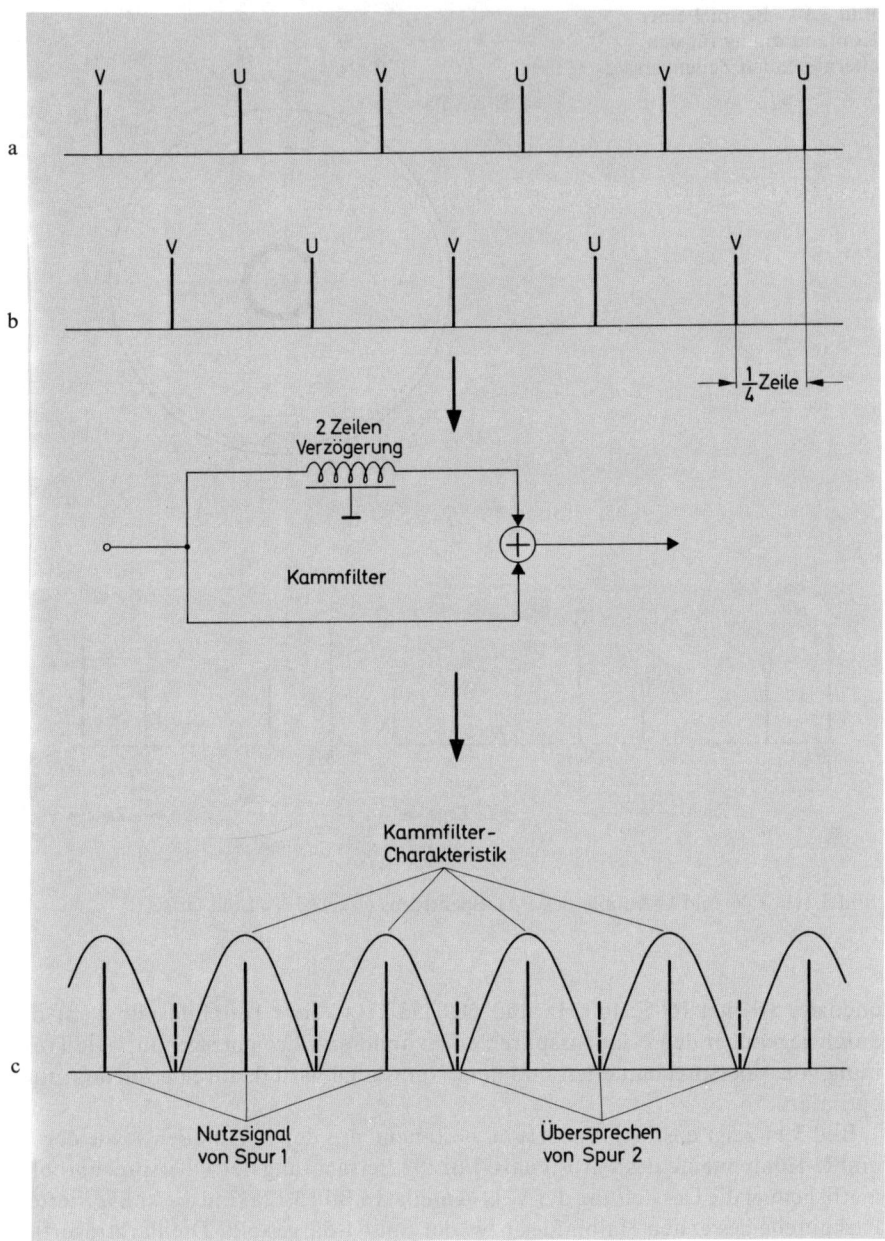

Bild 3.12a Chromasignal Spur 1
Bild 3.12b Chromasignal Spur 2
Bild 3.12c Wiedergabe von Spur 1

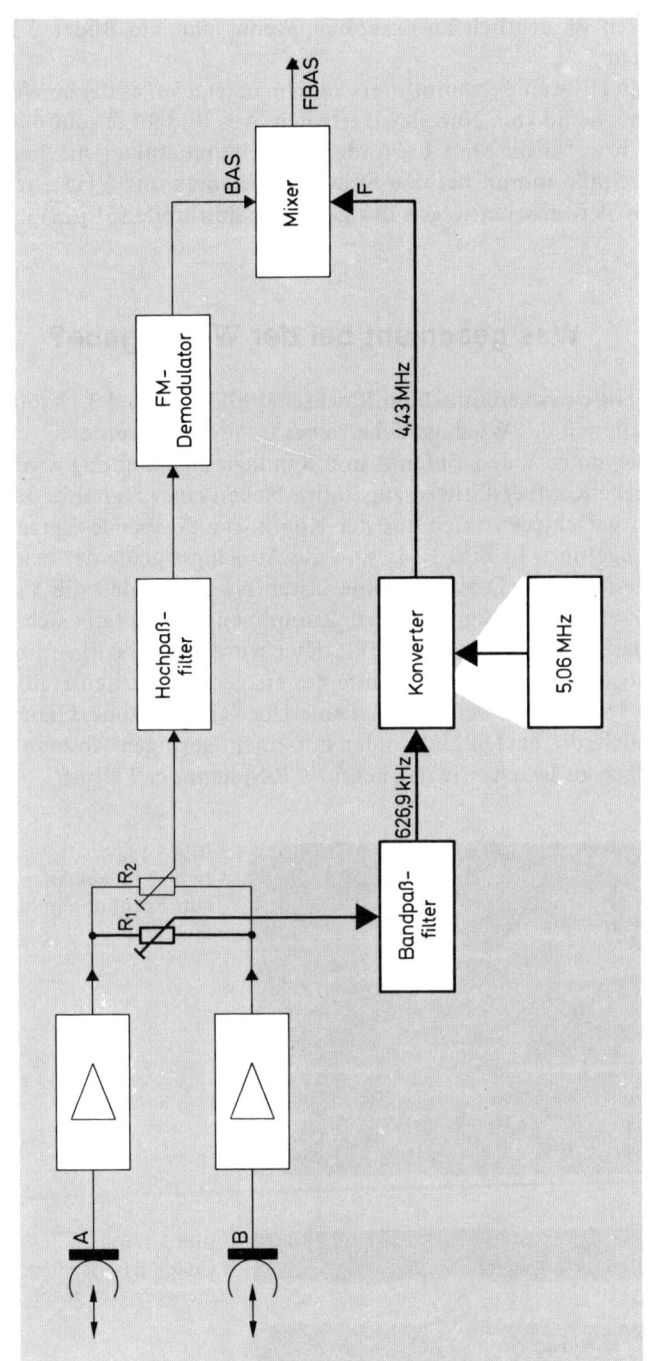

Bild 3.13 Grundfunktionen der Wiedergabe

Spuren ist deutlich zu erkennen, wenn man die Bilder 3.12a und 3.12b vergleicht.

Mit Hilfe eines Kammfilters kann man jetzt auf einfache Weise die Übersprechkomponente vom Nutzsignal trennen. Aus Bild 3.12c geht die für das erste Halbbild bzw. für die Spur 1 erforderliche Filtercharakteristik hervor. Die Kammfiltertechnik kommt bei den Systemen Betamax und VHS zur Anwendung. Aber auch SVR arbeitet wegen der geringen Spurbreite (51 µm) mit einem Kammfilter.

3.6 Was geschieht bei der Wiedergabe?

Mit Hilfe des vereinfachten Blockschaltbildes in Bild 3.13 sollen nun die Grundfunktionen des Wiedergabebetriebes besprochen werden.

Die in den Videoköpfen A und B induzierte Spannung wird zunächst den Wiedergabe-Kopfverstärkern zugeführt. Neben einer Signalverstärkung werden hier auch verschiedene sich aus der Kopfkurve ergebende Entzerrungsmaßnahmen durchgeführt. In Bild 3.14a sind die Ausgangssignale der beiden Kopfverstärker dargestellt. Die Oszillogramme lassen erkennen, daß die Videoköpfe A und B wechselseitig ein Signal liefern. Zusammengesetzt ergibt sich daraus ein resultierender Verlauf nach Bild 3.14b. Hier wurde das Oszillogramm gedehnt, so daß rechts und links Teilausschnitte des ersten und zweiten Halbbildes zu erkennen sind. In der Mitte befindet sich eine Überlappungszone. Genauso ist es aber auch möglich, die beiden Halbbilder mit einem geringen Abstand (Gap) aneinandergrenzen zu lassen, wie das beim VCR-System der Fall ist.

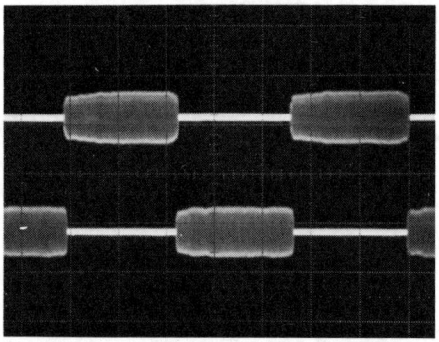

Bild 3.14a
In den Videoköpfen wird wechselseitig eine Spannung induziert

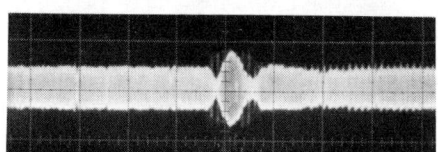

Bild 3.14b
Gedehntes Oszillogramm der zusammengesetzten Kopfsignale

Die Zusammensetzung der beiden Halbbildinformationen erfolgt hinter den Kopfverstärkern über R_1 bzw. R_2. An den Schleifern dieser Balanceeinsteller steht das komplette Signalspektrum, wie in Bild 3.8b dargestellt, zur Verfügung.

Aus dem codierten Signalspektrum muß nun das ursprüngliche FBAS-Signal zurückgewonnen werden. Die Farb- und Schwarzweißanteile sind unterschiedlich codiert und erfordern daher auch voneinander abweichende Decodierungen. Aus diesem Grund ist es notwendig, zunächst die Y-FM-Anteile von dem konvertierten Farbträger zu trennen. Dazu werden spezielle Filtereinrichtungen benötigt.

Die höherfrequenten FM-Anteile können durch ein Hochpaßfilter ausgesiebt und anschließend dem Y-FM-Demodulator zugeführt werden. Die Balanceeinstellung zwischen den Kopfsignalen A und B ermöglicht der Einsteller R_2. Für die Chromabalance ist R_1 zuständig.

Die niederfrequenten Farbanteile werden mit einem Bandpaß ausgefiltert. Am Ausgang des Bandpaßfilters steht der heruntergesetzte Farbträger zur Verfügung. Die 4,43-MHz-Rückverwandlung geschieht ähnlich wie bei der aufnahmeseitigen Codierung mit einer Hilfsfrequenz und einem Konverter.

Setzt man einen aufgezeichneten Farbträger von 626,9 kHz (VHS) voraus, so ist eine Hilfsfrequenz von 5,06 MHz erforderlich. Durch Differenzbildung (5,06 − 0,6269) im Konverter wird damit die ursprüngliche 4,43-MHz-Farbinformation zurückgewonnen. Das VCR-System benötigt einen Hilfsträger mit einer Frequenz von 4,99 MHz, um aus dem 562,5-kHz-Träger das ursprüngliche Farbartsignal zu gewinnen.

Bei Betamax sind sogar zwei Hilfsträgerfrequenzen notwendig, weil der konvertierte Farbträger seine Frequenz von Spur zu Spur ändert.

Das BAS-Signal und das Farbartsignal (F) führt man in einem Mixer zusammen. Am Ausgang der Schaltung kann so das vollständige FBAS-Signal abgenommen werden.

4 Steuerung der rotierenden Videoköpfe

4.1 Grundsätzliches zur Servoregeltechnik

Wörtlich übersetzt bedeutet Servosystem: Hilfssystem. Servomechanismen kennt man sowohl in der Mechanik in Verbindung mit hydraulisch oder pneumatisch wirkenden Kraftverstärkern, z.B. bei der Servolenkung im Kraftfahrzeug, als auch in der Regeltechnik zur Kontrolle bzw. Regelung von mechanischen Rotationsabläufen in Abhängigkeit von vorgegebenen Sollwerten.

Drehbewegungen konstant zu halten ist relativ einfach. Schwieriger ist es, wenn zusätzlich die Position einer rotierenden Anordnung kontrolliert werden muß. Bild 4.1 gibt dafür ein Beispiel. Will man Position und Rotation der Scheibe steuern bzw. regeln, so muß zunächst einmal der jeweilige Ist-Zustand erfaßt werden. Dazu ist ein Meßfühler erforderlich, der mindestens einmal pro Umdrehung die Position der Scheibe registriert. Der so ermittelte Istwert kann in einer Phasenvergleichsschaltung mit dem vorgegebenen Sollwert (Bild 4.1) verglichen werden. Daraus resultiert eine Regelspannung, die über ein Stellglied die Rotation so lange beeinflußt, bis der aufgenommene Istwert dem Sollwert entspricht. Das Stellglied kann z.B. eine Wirbelstrombremse sein, die auf die Rotationsachse wirkt. Der Meßfühler kann als Induktionsaufnehmer oder als Fotosensor ausgebildet sein.

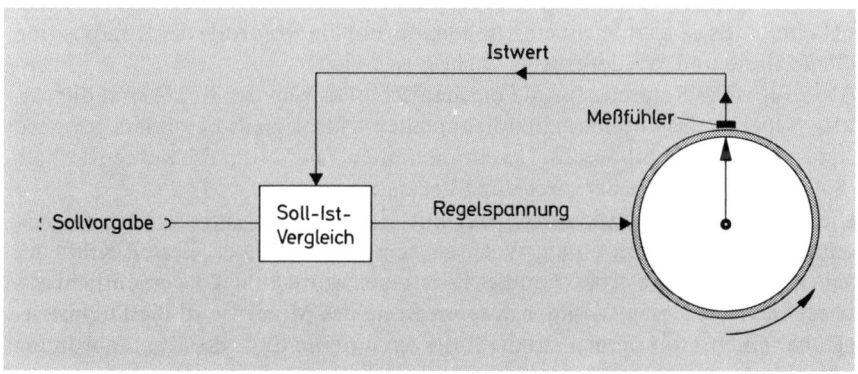

Bild 4.1   Prinzipdarstellung einer Servoregelung

An Regelanordnungen dieser Art werden ganz bestimmte Anforderungen gestellt. Die Güte der Regelschaltung wird durch ihr Verhalten bei Belastungsänderungen der Scheibe und Änderungen der Soll-Vorgabe bestimmt. Ein weiteres Kriterium ist die Hochlaufzeit vom Start der Drehbewegung bis zum Erreichen des Sollwertes. Gute Ergebnisse werden nur erreicht, wenn die Regelsteilheit groß genug ist. Durch sie wird die Zeitdauer bestimmt, die erforderlich ist, um z.B. bei Istwert-Änderungen wieder den Sollwert zu erreichen. Zu große Regelsteilheit kann aber auch unerwünschte Regelschwingungen zur Folge haben.

Die Masse der rotierenden Scheibe in Bild 4.1 ist für das Regelverhalten von Bedeutung. Eine große Schwungmasse sorgt für gute Gleichlaufkonstanz. Dem steht aber eine Verkleinerung des Fangbereichs gegenüber, weil das höhere Trägheitsmoment den Regeleinfluß verzögert. Ein weiterer Nachteil großer Rotationsmassen sind entsprechend lange Hochlaufzeiten. Dies kann nur durch größere Antriebsenergie kompensiert werden.

4.2 Aufgabenstellung der Servoregelung eines Videorecorders

Das Servosystem eines Videorecorders sorgt dafür, daß bei der Wiedergabe die Schrägspuren von den Videoköpfen exakt abgetastet bzw. getroffen werden. Dies geschieht durch:

1. Konstanthaltung der Kopfradrotation (25 s^{-1}),
2. Kontrolle der Kopfpositionen.

Die Kontrolle der Kopfposition ist dabei von besonderer Bedeutung. Wichtig ist, daß sowohl bei der Aufnahme als auch bei der Wiedergabe der Halbbildwechsel an der gleichen Stelle erfolgt. Es ist natürlich sinnvoll, daß dies unmittelbar dann geschieht, wenn Kopf A oder B Kontakt mit dem Magnetband bekommt. In Bild 4.2 ist diese Stelle mit 1 markiert. Der Kopfauslauf ist mit 2 bezeichnet; hier endet das Halbbild. Es ist jetzt leicht einzusehen, warum die Kontrolle der Kopfposition bei Aufnahme und Wiedergabe so wichtig ist.

Als elektrische Referenz für die mechanische Position der Köpfe sind die vertikalen Synchronimpulse des aufzunehmenden Videosignals besonders geeignet, weil sie mit dem Halbbildwechsel zusammenfallen. Die V-Impulse werden deshalb als Soll-Vorgabe für die Servoregelung herangezogen.

Die Kopfradbewegung kann sowohl mit einem direkt antreibenden Gleichstrommotor als auch mit einem Wechselstrommotor erfolgen, dessen Kraft mit einem Riemen auf die Kopftrommel übertragen wird. Bild 4.3 verdeutlicht ein solches Antriebsprinzip. Von der unteren Rolle des Motors wird die Drehbewegung über einen Treibriemen auf die Rolle am unteren Ende der Kopfanordnung übertragen. Das Übersetzungsverhältnis ist so dimensioniert, daß sich eine Leerlaufgeschwindigkeit von etwa 26 bis 28 Umdrehungen in der Sekunde ergibt. Mit

Bild 4.2
Der Halbbildwechsel erfolgt unmittelbar, nachdem der Videokopf das Band berührt (Position 1)

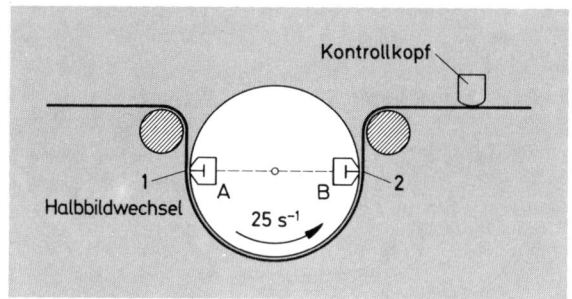

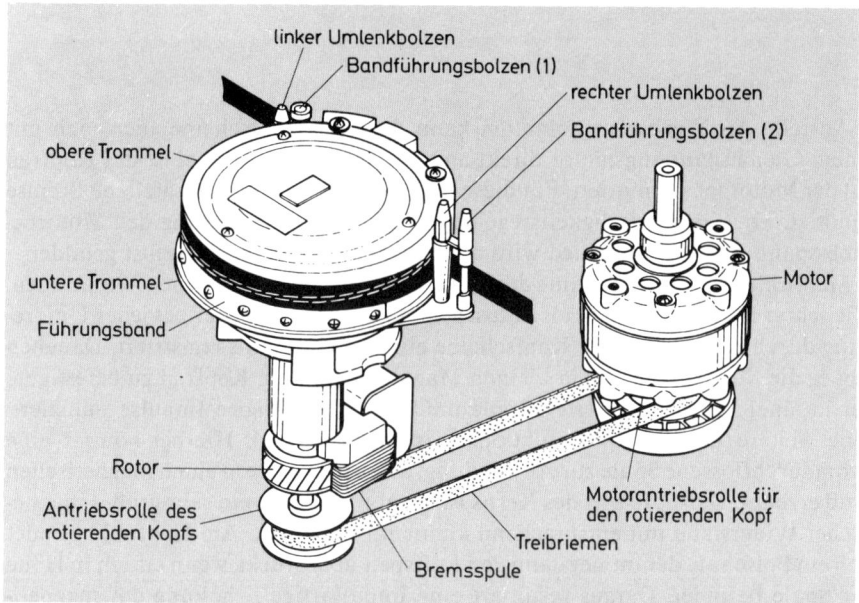

Bild 4.3 Antriebs- und Bremssystem des Kopfrades (Prinzipdarstellung)

Hilfe einer Wirbelstrombremse, die sich auf der Achse unterhalb der Kopftrommel (Bild 4.3) befindet, wird die Rotation auf den Sollwert von $25 \, s^{-1}$ oder $1500 \, min^{-1}$ herabgesetzt. Sie ist das Stellglied der Regelschaltung. Die Wirbelstrombremse übt eine ständige Wirkung auf die Rotationsachse des Kopfrades aus. Lediglich die Intensität der Bremswirkung wird beim Regelvorgang verändert. Auf diese Weise wird ein guter Wirkungsgrad bzw. ein schnelles Ansprechen der Servo-Regelanordnung erreicht. Die für den Regelvorgang notwendige Änderung der Bremswirkung wird durch Verkleinerung oder Vergrößerung des Bremsspulenstromes erreicht.

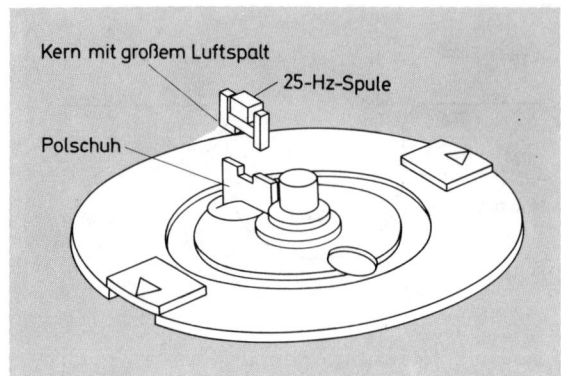

Bild 4.4
Mechanischer Impulsgenerator als Meßfühler für den Ist-Zustand

Anstelle des Wechselstrommotors kann die Videokopfscheibe aber auch mit einem Gleichspannungsmotor direkt angetrieben werden. Dabei ist das Kopfrad auf der Motorachse montiert. Für diese Antriebsart wird keine zusätzliche Bremse benötigt. Die Geschwindigkeitsregelung erfolgt durch Änderung der Motorbetriebsspannung. Das Stellglied wird also hier durch den Motor selbst gebildet.

Meßfühler für die Aufnahme des Istwerts gibt es in verschiedenen Variationen. Wie schon erwähnt, kann er als Fotosensor ausgebildet sein, der bei jeder Umdrehung durch ein Loch in der Kopfscheibe einen Lichtimpuls registriert. Daneben gibt es die Möglichkeit, einen kleinen Magneten auf dem Kopfrad zu befestigen, der in einer fest positionierten Spule umdrehungsabhängige Impulse induziert. Eine weitere Lösung auf Induktionsbasis zeigt Bild 4.4. Hierbei kommt eine stromdurchflossene Spule zur Anwendung, die in einem Kern einen magnetischen Fluß erzeugt. Der Luftspalt des Kerns ist so groß, daß sich ein sehr großer magnetischer Widerstand mit entsprechend kleinem Fluß ergibt. Am Kopfrad befindet sich ein Polschuh, der immer dann den Luftspalt überbrückt, wenn er sich in Höhe der Spule befindet. Daraus resultiert eine impulsartige Erhöhung des magnetischen Flusses im Kern, die einen Induktions-Spannungsimpuls zur Folge hat, der den Ist-Zustand der Kopfrotation anzeigt. Entsprechend der Umdrehung von $25\,s^{-1}$ beträgt die entstehende Impulsfrequenz genau wie bei anderen Istwert-Aufnehmern 25 Hz.

Das Zusammenwirken aller Funktionsblöcke der Servoregelung eines Videorecorders wird in Bild 4.5a deutlich. Die dazugehörigen Impulsverläufe gehen aus Bild 4.5b hervor. Mit Hilfe dieser Abbildungen sollen nun die Grundfunktionen erklärt werden.

Bild 4.5a Servo-Blockschaltbild (Prinzip) ▶

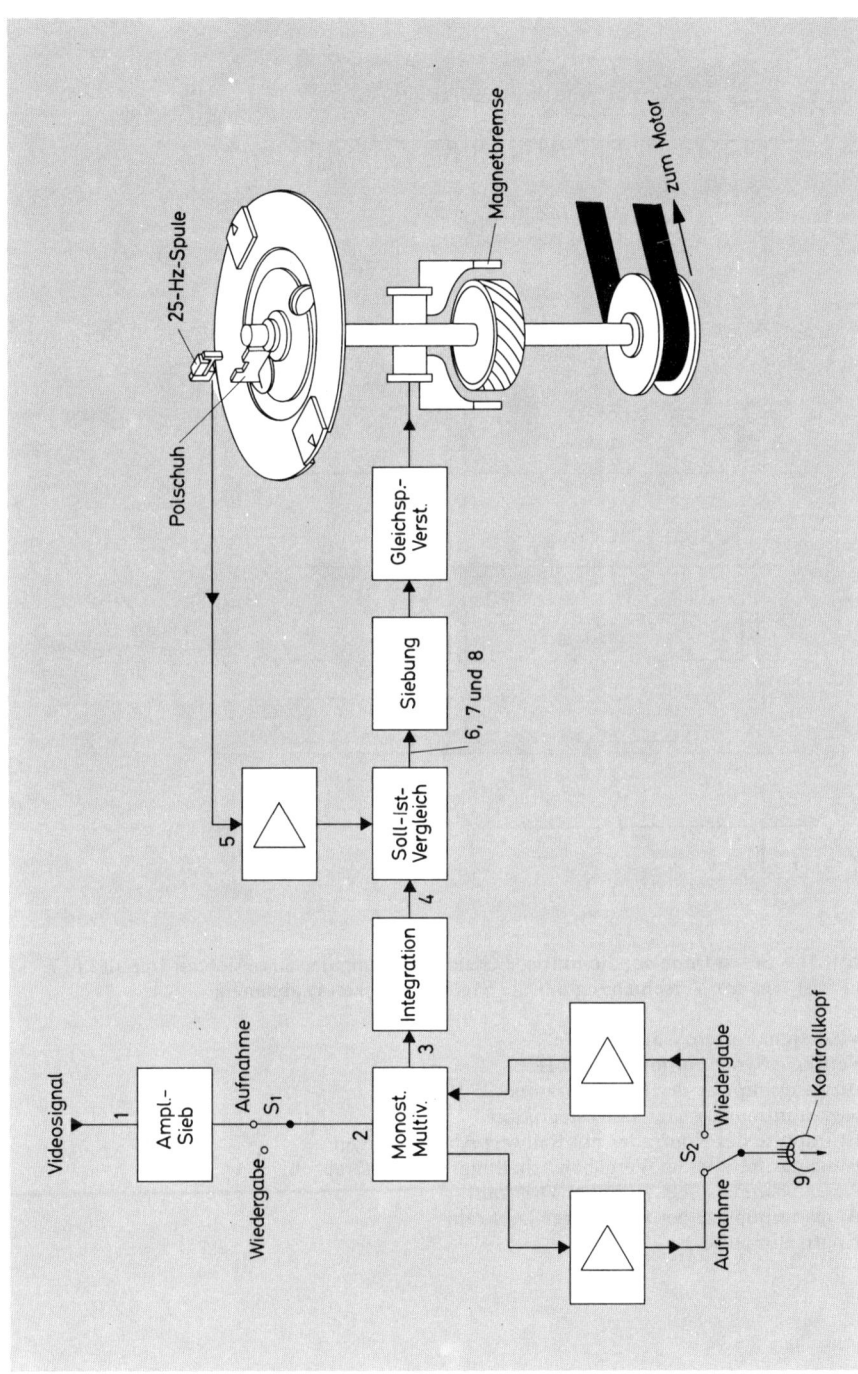

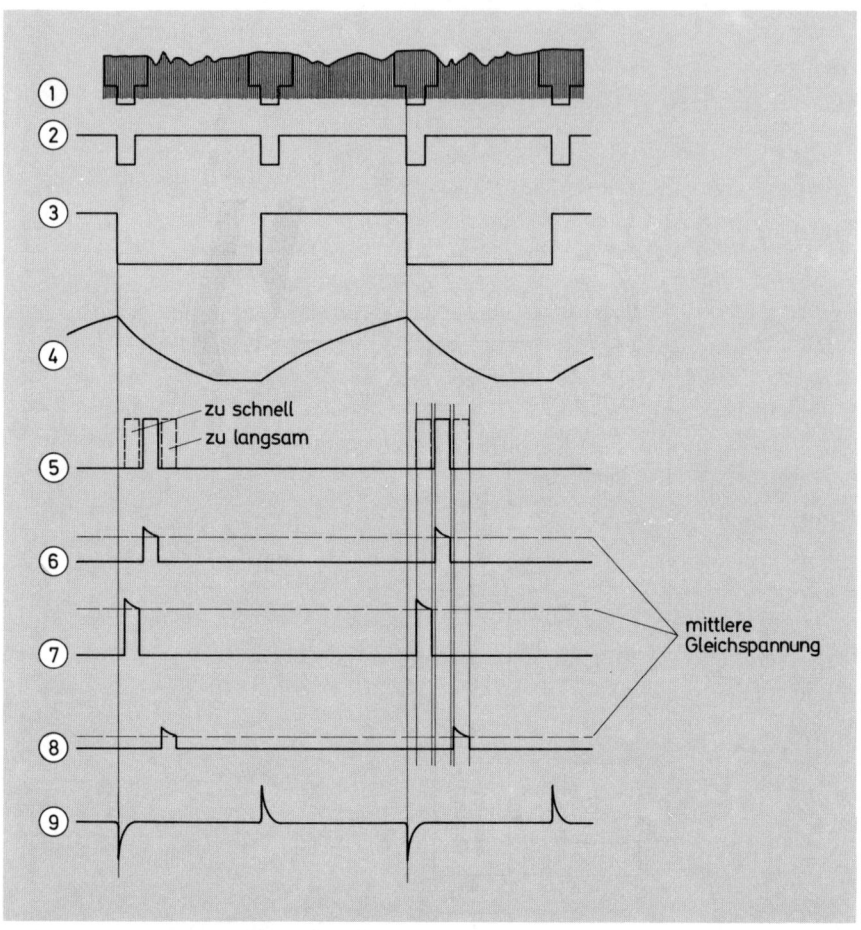

Bild 4.5b Servo-Impulse; die mittlere Gleichspannung der ausgesiebten Impulse 6, 7 und 8 ist von der Verschiebung auf die Sägezahnflanke (4) abhängig

1 Videosignal, nach V aufgelöst
2 Vertikale Synchronimpulse (50 Hz)
3 Ausgangsimpulse des Multivibrators (25 Hz)
4 Sägezahnimpulse nach der Integration
5 Ist-Impulse des Kopfrades mit Sollwert-Abweichungen
6 Ausgangsimpulse der Vergleichsschaltung bei Soll-Drehzahl
7 Ausgangsimpulse bei zu hoher Drehzahl
8 Ausgangsimpulse bei zu geringer Drehzahl
9 Kontrollimpulse

Eine zentrale Funktion hat der Block «Soll-Ist-Vergleich». Er vergleicht die Soll- und Ist-Impulse und macht daraus mit Hilfe der nachgeschalteten Siebung eine Regelspannung, die der Basis eines Transistors zugeführt wird, der als Gleichspannungsverstärker arbeitet. Im Kollektorkreis befindet sich die Spule der Wirbelstrombremse.

Die Bezugsimpulse (5) des mechanischen Impulsgenerators am Kopfrad werden vor dem Soll-Ist-Vergleich verstärkt. Wie schon angedeutet, leitet man die Soll-Vorgabeimpulse aus den vertikalen Synchronimpulsen ab. Die Abtrennung vom Videosignal erfolgt in einem Amplitudensieb am Eingang der Schaltung. Dahinter ist ein monostabiler Multivibrator geschaltet, der von jedem zweiten V-Impuls getriggert wird und so 25-Hz-Rechteckimpulse (3) produziert. Die Ausgangsimpulse verzweigen sich anschließend auf eine Integrationsstufe und über S_2 auf den Eingang eines Aufnahmeverstärkers, der dafür sorgt, daß die 25-Hz-Soll-Impulse mit Hilfe eines Kontrollkopfes aufgezeichnet werden. Dies ist erforderlich, weil bei der Wiedergabe kein Videosignal zur Verfügung steht, von dem man Bezugsimpulse ableiten kann. Wiedergabeseitig wird deshalb die Soll-Vorgabe durch die aufgezeichneten Synchronimpulse gebildet. Die Triggerung des Multivibrators geschieht dann mit diesen Bezugsimpulsen.

Die Position des Kontrollkopfes zeigt Bild 4.2. Bei jedem Halbbildwechsel (Position 1) wird mit dem Kontrollkopf ein Impuls auf die Synchron- bzw. Kontrollspur aufgenommen. Sie befindet sich am oberen oder unteren Rand des Magnetbandes (siehe auch Bild 2.26). Meistens ist der Kontrollkopf mit dem Tonkopf kombiniert.

Nach der Integration des Rechteckimpulses (3) steht für den Soll-Ist-Vergleich eine Sägezahn-Impulsfolge (4) zur Verfügung. Im Schaltungsbeispiel von Bild 4.5a wird der Funktionsblock «Soll-Ist-Vergleich» durch ein UND-Gate gebildet. Nur wenn beide Eingänge mit den Signalen (4) und (5) gleichzeitig belegt sind, entstehen Ausgangsimpulse (6), aus denen die Regelspannung gewonnen wird. Die Regelwirkung erklärt sich nun folgendermaßen: Bei normalem Betrieb pendelt sich der Ist-Impuls (5) kurze Zeit nach dem Anlaufen des Kopfrades auf die Mitte der rechten Sägezahnflanke ein (Bild 4.6, Signal 1).

Der schwarz markierte Teil des Impulses 5 steht am Ausgang der Vergleichsschaltung (Impuls 6, Bild 4.5b) zur Verfügung. Während dieser Zeit sind beide Eingänge des UND-Gates belegt. Der Ist-Impuls tastet sozusagen aus dem Vergleichssägezahn den in Bild 4.6 schwarz dargestellten Anteil heraus.

Rotiert die Kopfscheibe zu schnell bzw. taucht der Videokopf zu früh in das Band ein, so verschiebt sich der Impuls (5) des Istwert-Aufnehmers nach links (Bild 4.5b). Zu langsame Umdrehung hat eine Verschiebung nach rechts zur Folge. Die aus der zu schnellen Rotation resultierende Linksverschiebung sorgt dafür, daß ein größerer Anteil aus dem Sägezahn ausgetastet wird (Bild 4.6, Impuls 2, und Bild 4.5b, Impuls 7), wogegen die Rechtsverschiebung einen kleineren Impulsanteil am Ausgang des Soll-Ist-Vergleichs entstehen läßt (Signal 3, Bild 4.6, und Impuls 8, Bild 4.5b).

83

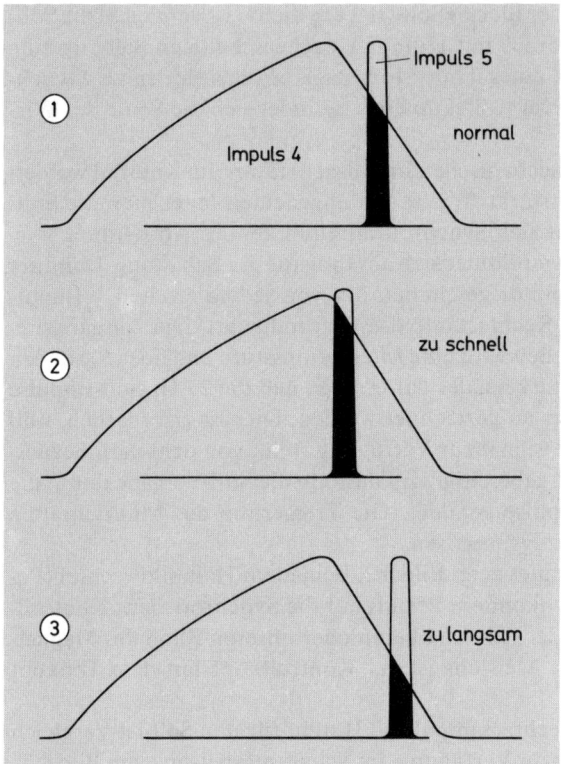

Bild 4.6
Der Ist-Impuls verschiebt sich auf der Flanke des Sägezahnes in Abhängigkeit von der Rotationsgeschwindigkeit

Die Regelwirkung ist nun leicht zu verstehen: Immer dann, wenn sich die Kopfscheibe zu schnell dreht, verschiebt sich der Vergleichsimpuls nach links, und die hinter dem R/C-Siebglied (Bild 4.5a) entstehende Gleichspannung erhöht sich. Dadurch vergrößert sich auch der Kollektorstrom des Gleichspannungsverstärkers. Über die Wirbelstrombremse wird jetzt die Bremswirkung so lange verstärkt, bis Rotation und Position der Köpfe wieder ihren Sollwert erreichen.

Zu langsame Umdrehung wird genauso ausgeregelt. Allerdings sorgt dabei die Rechtsverschiebung des Ist-Impulses auf die Sägezahnflanke dafür, daß die ausgesiebte Gleichspannung kleiner wird und somit die Bremswirkung abnimmt. Das Kopfrad kann auf diese Weise sehr schnell wieder auf Solldrehzahl gebracht werden.

Ein direkt angetriebenes Kopfrad benötigt eine Steuerspannung, die umgekehrt wirkt. Zu schnelle Umdrehung erfordert hier z.B. eine kleinere Motor-Betriebsspannung, um wieder auf den Sollwert zu kommen. Um dies zu erreichen, könnte man den schmalen Vergleichsimpuls auf die linke, ansteigende Flanke des Sägezahns legen. Verschiebungen nach links würden dann den Motorstrom kleiner machen. Die Regelwirkung bzw. die entstehende Regelspannung verhielte sich also umgekehrt wie auf der abfallenden Sägezahnflanke.

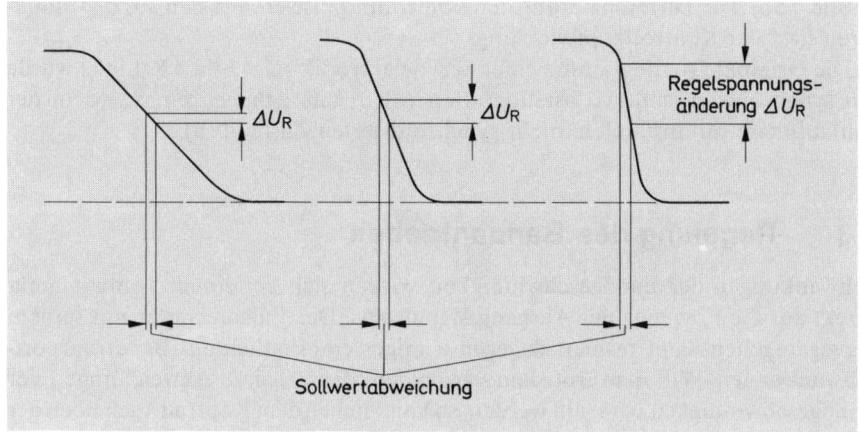

Bild 4.7 Mit zunehmender Steilheit der Sägezahnflanke erhöht sich die Regelspannung

Die Schräge der für den Regelvorgang benutzten Sägezahnflanke bestimmt in hohem Maße die Dauer der Nachregelzeiten. Bild 4.7 beweist diese Behauptung in einer grafischen Darstellung. Deutlich ist zu erkennen, daß mit zunehmender Flankensteilheit die Nachregelspannung zunimmt. Die Sollwertabweichung ist bei den drei Neigungsbeispielen gleich groß.

Alle Regelfunktionen sind aufnahme- und wiedergabeseitig absolut identisch. Lediglich der Bezugssägezahn wird bei der Aufnahme aus den V-Impulsen abgeleitet und bei der Wiedergabe von den aufgezeichneten Kontrollimpulsen (Impuls

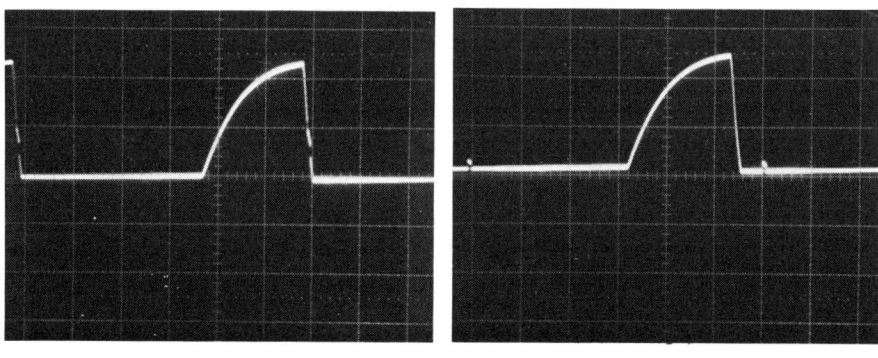

a) synchronisiert   b) unsynchronisiert

Bild 4.8 Servo-Oszillogramme

9, Bild 4.5b). Die Differenzierung der Kontrollimpulse erklärt sich aus der induktiven Last der Kontrollkopfwicklung.

Die Original-Oszillogramme einer Servoelektronik zeigt Bild 4.8. Links wurde ein synchronisierter Servo oszillografiert (a); rechts daneben ein Servo in der Einlaufphase im unstabilen, nicht synchronisierten Zustand (b).

4.3 Regelung des Bandantriebes

Schwankungen der Bandgeschwindigkeit wirken sich bei einem Tonbandgerät direkt auf die Frequenz des Ausgangssignals aus. Der Videorecorder mit seinem servogeregelten Kopf reagiert dagegen weniger empfindlich auf Bandtransportschwankungen. Will man trotzdem vermeiden, daß absolute Abweichungen der Bandgeschwindigkeit wirksam werden, so kann neben dem Kopfrad auch noch der Bandlauf geregelt werden. Im Prinzip funktioniert der Bandservo genauso wie ein Kopfservo. Ein wesentlicher Unterschied besteht darin, daß der Bandlaufservo keine so hohe Phasenkonstanz erfordert wie die Servokontrolle der Videokopfscheibe.

Die im Tonbandgerät mit Tonwelle bezeichnete Antriebsachse wird beim Videorecorder Capstan genannt. Der Capstan mit der dazugehörigen Gummiandruckrolle ist in Bild 4.9 dargestellt. Der Antrieb erfolgt hier mit einem Gleichspannungsmotor, dessen Kraft über einen Antriebsriemen auf die Capstan-Schwungmasse übertragen wird. Ebenso ist es natürlich möglich, den Capstan direkt auf die rotierende Motorachse anzutreiben.

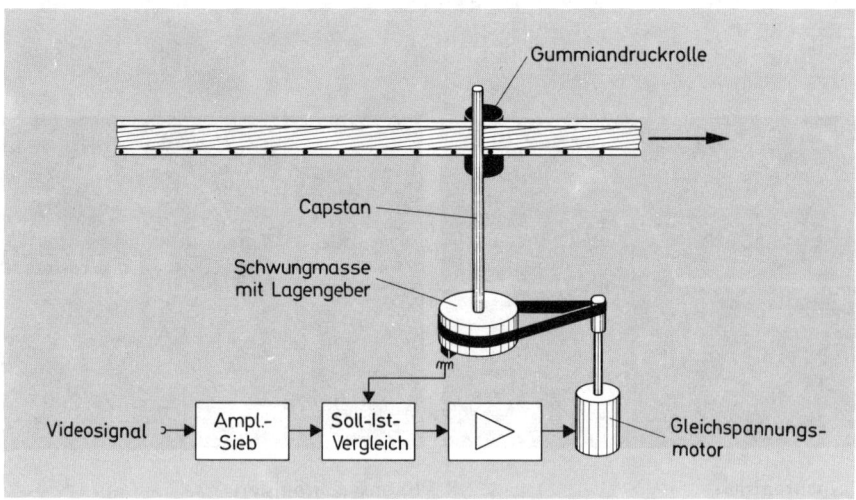

Bild 4.9 Prinzipdarstellung eines Bandservo für Aufnahme

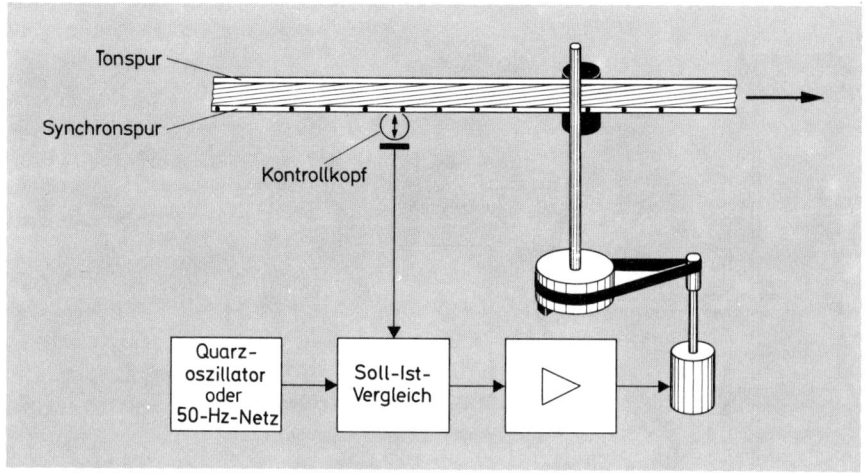

Bild 4.10 Prinzipdarstellung eines Bandservo für Wiedergabe

An der Schwungmasse befindet sich ein Lagengeber, der wie beim Kopfservo in einer Impulsspule Istwert-Impulse erzeugt, die in einer Komparatorschaltung mit den vertikalen Synchronimpulsen verglichen werden. Die daraus resultierende Regelspannung steuert über einen Gleichspannungsverstärker die Motorumdrehung.

Bei der Wiedergabe (Bild 4.10) werden als Bezug die Kontrollimpulse vom Band herangezogen. Sie werden mit einer im Gerät erzeugten quarzstabilen Frequenz verglichen. Genauso kann aber auch die 50-Hz-Netzfrequenz dafür benutzt werden.

Das Grundprinzip eines kombinierten Kopf-Band-Servo für den Aufnahmebetrieb zeigt Bild 4.11. Gemeinsamer Bezug sowohl für den Kopf- als auch für den Bandservo sind die V-Impulse des aufzunehmenden Videosignals. Sie triggern einen Multivibrator, dessen Ausgangsimpulse sich in drei Richtungen verzweigen. Der erste geht zur Kopfservo-Vergleichsschaltung. Gleichzeitig wird auch der Kontrollkopf und die Bandservo-Vergleichselektronik angesteuert. Bild 4.11 ist nur eine Variante verschiedener Möglichkeiten, einen kombinierten Band-Kopf-Servoantrieb zu gestalten. Das trifft auch für die Wiedergabeanordnung in Bild 4.12 zu. Hier benutzt man die Impulse des Kontrollkopfes als Bezugsinformation für den Bandservo. Das zweite Referenzsignal kann wieder die quarzstabile Frequenz eines Oszillators oder die Netzfrequenz sein. Es kommt nicht nur für den Bandservovergleich zur Anwendung, sondern auch als Bezug für den Kopfradservo.

Eine Nachjustierung der Spurhaltung bzw. Kompensation von Spurlauffehlern ist möglich, indem z.B. das Tastverhältnis des Multivibrators von außen verändert

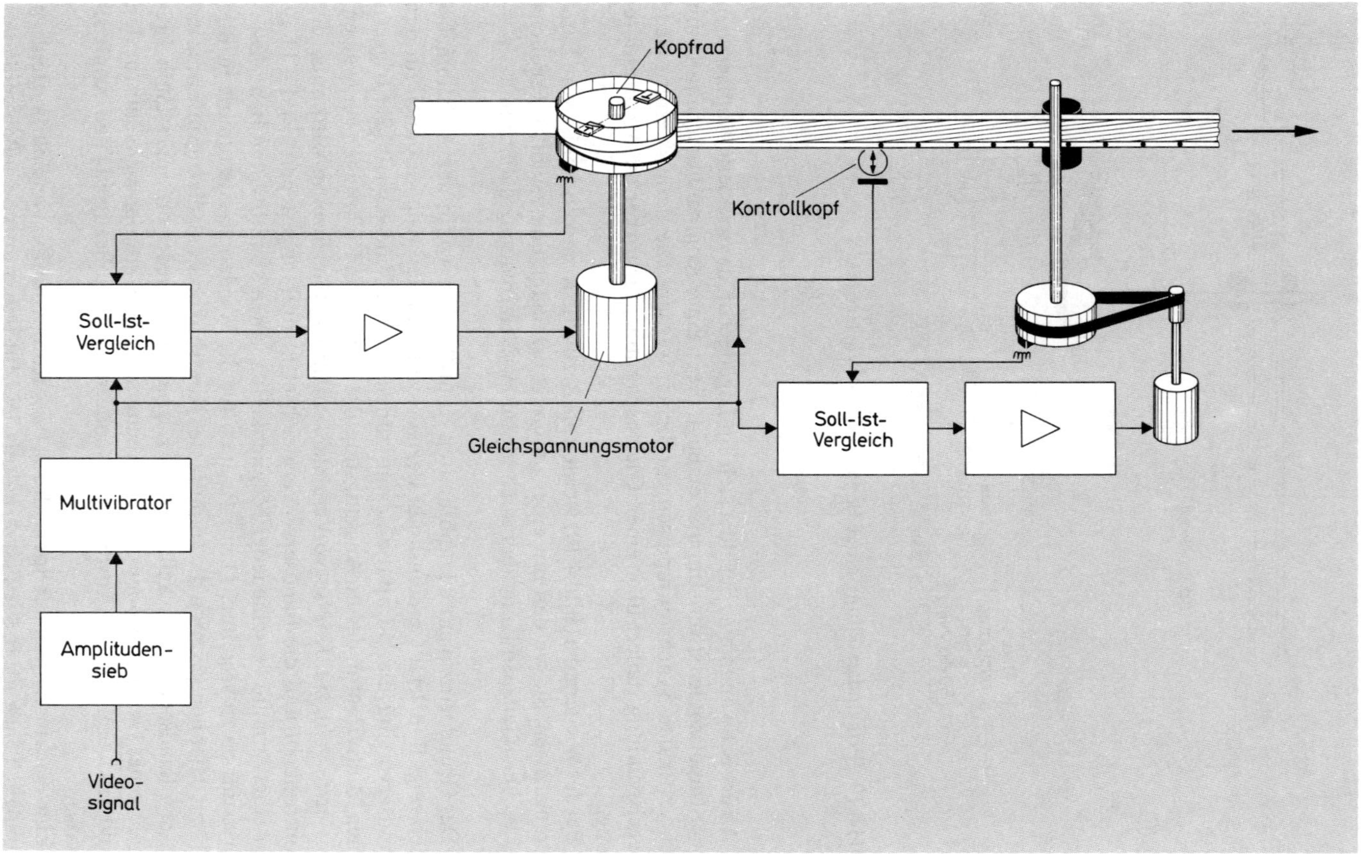

Bild 4.11 Prinzipdarstellung eines Kopf-Band-Servo für den Aufnahmevorgang

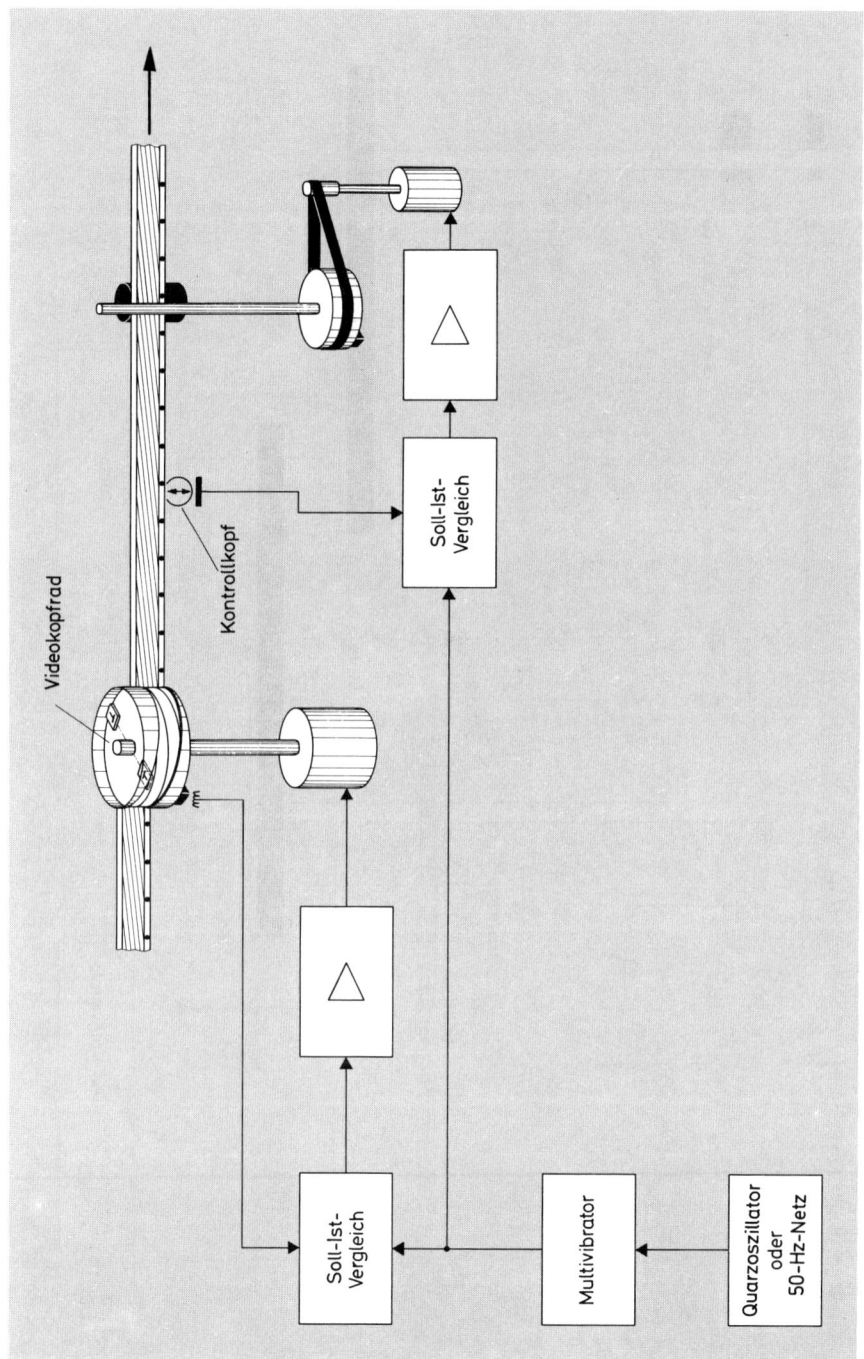

Bild 4.12 Prinzipdarstellung eines Kopf-Band-Servo für die Wiedergabe

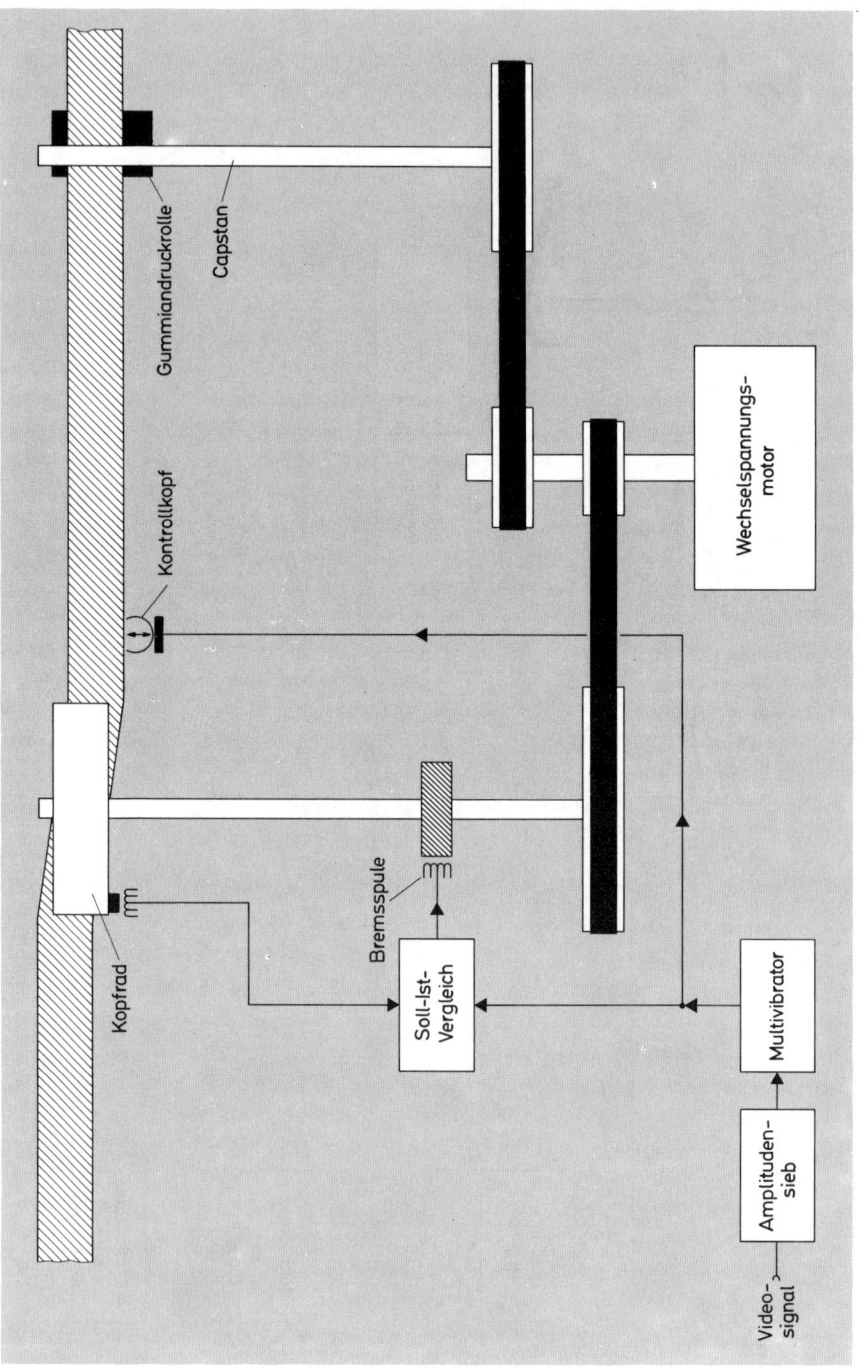

Bild 4.13 Aufnahmebetrieb ohne Bandservo, mit nur einem Motor (Prinzipdarstellung)

werden kann. Alle Videorecorder für Heimanwendung haben diese Möglichkeit. Es handelt sich dabei um den Einstellknopf, der mit «Tracking» bezeichnet ist.

Obwohl die meisten Heim-Videorecorder mit dem Zusatzaufwand eines Bandservo ausgestattet sind, kann man sagen, daß ein wirklich präzise arbeitender Kopfrad-Servoantrieb für eine gute Bildqualität ausreichend ist. Dazu kommt der Vorteil, daß nur ein Motor für Kopf- und Bandbewegung erforderlich ist (Bild 4.13).

4.4 Praktische Lösungen und Ausführungsformen des «Kopfradservo»

Nachdem wir die Grundzüge der Servoelektronik kennengelernt haben, sollen nun Schaltungsvarianten der verschiedenen Hersteller besprochen werden.

Die Funktion eines VCR-Kopfradservo geht aus Bild 4.14a hervor. Bei Aufnahme führt man die Synchronimpulse nach der Abtrennung im Amplitudensieb der Servoelektronik zu. Eine Integrationskette trennt die vertikalen Synchronimpulse von den Zeilensynchronimpulsen. Damit wird anschließend ein 50-Hz-Oszillator synchronisiert. Es handelt sich dabei um einen Unijunction-Oszillator. Dies hat den Vorteil, daß bei kurzzeitigem Ausfall der Synchronimpulse, z.B. während des Sendersuchlaufes, der Servo weiterhin Soll-Impulse bekommt. Nach dem Passieren einer 2:1-Teilerschaltung stehen 25-Hz-Rechteckimpulse als Bezug für Band- und Kopfservo zur Verfügung.

Bei der Wiedergabe nimmt man anstelle der V-Impulse quarzkontrollierte 50-Hz-Impulse als Sollwert-Vorgabe. Die Quarz-Grundfrequenz beträgt 3,2768 MHz. Sie wird im IC 941 erzeugt und in der gleichen integrierten Schaltung auf 50 Hz heruntergeteilt. Das Teilerverhältnis beträgt $2^{16}:1$ ($2^{16} = 65\,536$)

$$3\,276\,800 : 65\,536 = 50 \text{ Hz}$$

Die so gewonnene quarzstabilisierte 50-Hz-Frequenz wird auch als Taktsignal für die Schaltuhr herangezogen.

Im nachfolgenden IC 951 erfolgt eine weitere Teilung (2:1), so daß nun 25-Hz-Soll-Impulse zur Verfügung stehen. Die für Wiedergabe und Aufnahme notwendige Umschaltung von der 25-Hz-Quarzfrequenz auf die aus der V-Synchronisation gewonnenen Bezugsimpulse wird mit einem elektronischen Schalter durchgeführt. Natürlich nimmt man die Bezugsimpulse während der Aufzeichnung mit Hilfe des Kontrollkopfes auf.

Zur Regelung des Kopfrades werden die 25-Hz-Sollwertimpulse in trapezförmige Impulse umgewandelt (Bild 4.14b). Die Flankensteilheit bestimmt die Regeleigenschaften der Schaltung. Die vom Impulskopf erzeugten Ist-Impulse werden verstärkt und tasten im Phasenvergleich aus der Trapezflanke den jeweiligen, sich aus dem Regelvorgang ergebenden Wert heraus. In bekannter Weise gewinnt man daraus die Regelspannung, mit der über einen Regelverstärker der Kopfradmotor nachgesteuert wird.

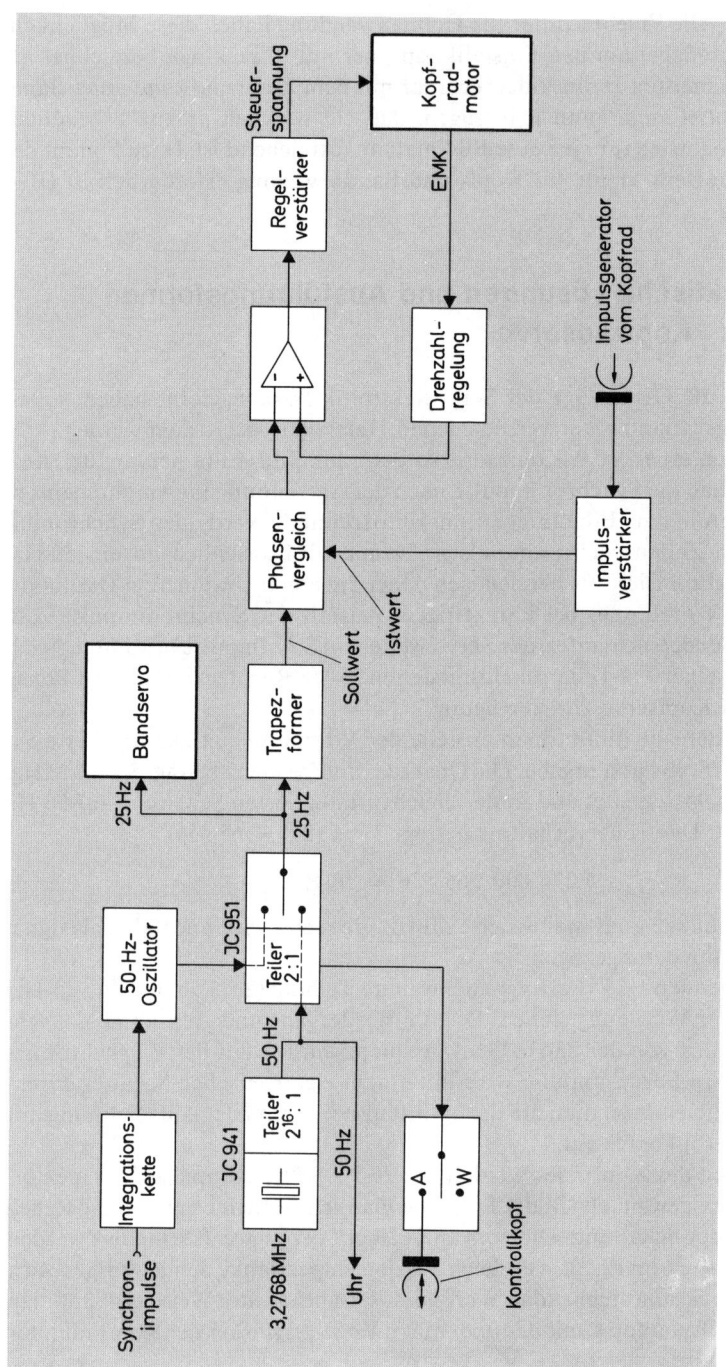

Bild 4.14a Blockschaltung einer Kopfservo-Elektronik

Bild 4.14b
Servo-Oszillogramme der
Schaltung Bild 4.14a

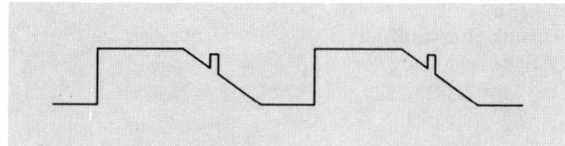

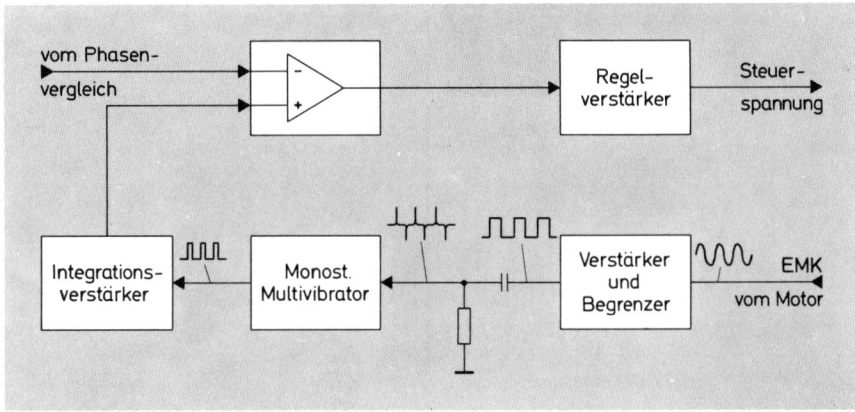

Bild 4.15   Prinzipschaltung der Drehzahlregelung

Neben dem Phasenregelkreis ist für den Kopfservo noch eine besondere Drehzahlregelung wirksam (Bild 4.15). Sie sorgt für ein schnelles Hochlaufen des Kopfrades bis zum Erreichen des Sollwerts. Der Phasenregelkreis ist hierbei noch ohne Einfluß. Ihre Funktion erklärt sich folgendermaßen: Die EMK des Kopfradmotors hat direkten Bezug zur Umdrehungsgeschwindigkeit der Videoköpfe. Schnelle Rotation des Kopfrades hat eine hohe Frequenz der EMK zur Folge; dagegen läßt die Abnahme der Kopfumdrehungen die EMK-Frequenz kleiner werden.

Aus Bild 4.15 geht hervor, daß die sinusförmige EMK begrenzt und anschließend differenziert wird. Die positiven Spitzen der so entstandenen Nadelimpulse triggern einen monostabilen Multivibrator, dessen Ausgangsimpulse durch Integration in eine drehzahlabhängige Gleichspannung umgewandelt werden. Sobald der Kopfradmotor seine Solldrehzahl erreicht hat, wird diese Gleichspannung durch die Regelspannung des Phasenvergleichs abgelöst.

Nachdem die theoretische Basis und verschiedene Blockschaltbilder der Servoregelung besprochen wurden, sollen nun mit Hilfe eines Originalschaltbildes die Vorgänge beim Soll-Ist-Vergleich einer Kopfradregelung deutlich gemacht werden.

Im Schaltungsauszug von Bild 4.16a ist im oberen Teil die Vergleichselektronik für das Kopfrad und in der unteren Hälfte die für den Bandservo dargestellt. Bis

Bild 4.16a
Elektronik eines Soll-Ist-Vergleichs

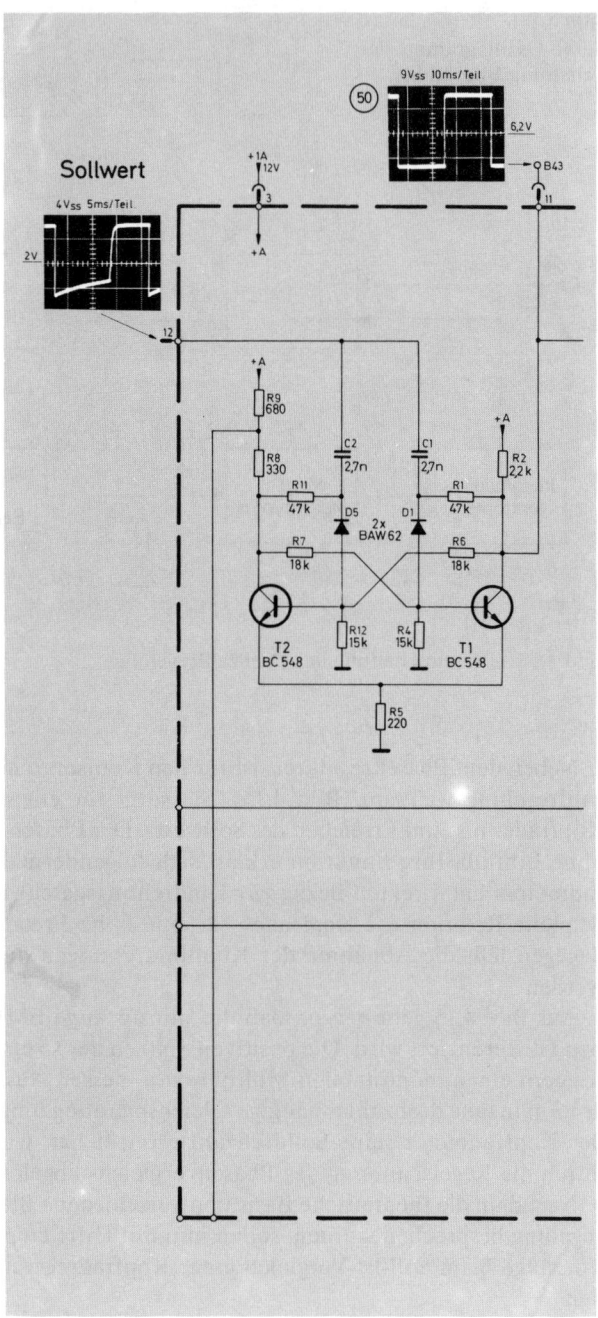

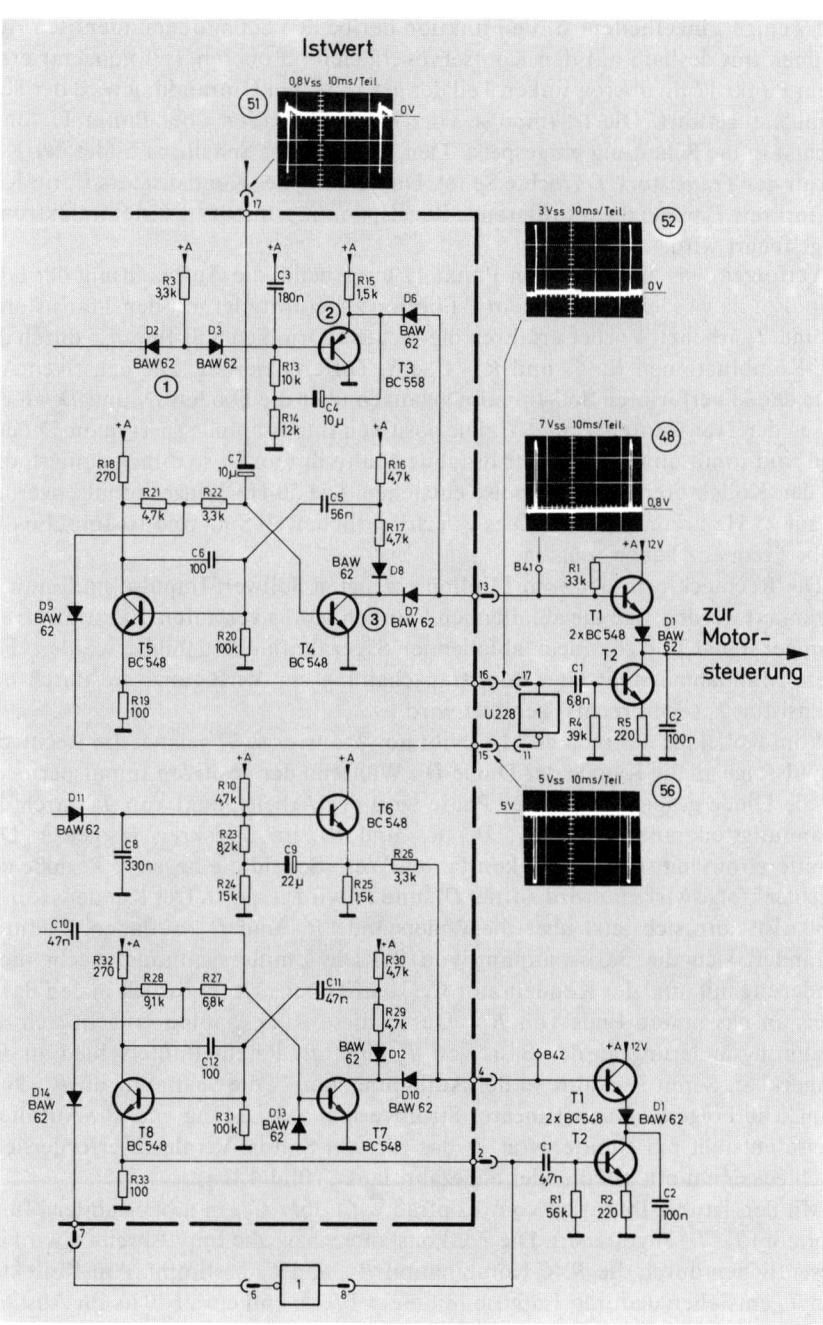

95

auf wenige Einzelheiten ist die Funktion der beiden Schaltungen identisch. Wir können uns deshalb auf den Kopfservovergleich im oberen Teil konzentrieren: Dem Punkt 12 im oberen linken Teil der gestrichelten Umrandung wird der Soll-Impuls zugeführt. Die Ist-Impulse vom Kopfrad werden über Punkt 17 (oben rechts) in die Schaltung eingespeist. Den Ausgang der Schaltung bildet der Kollektor des Transistors T_2 (rechte Seite). Die Ladung des Kondensators C_2 im Kollektorkreis T_2 bildet die resultierende Regelspannung, mit der die Motorelektronik angesteuert wird.

Verfolgen wir zunächst, vom Punkt 12 ausgehend, die Aufbereitung der Soll-Impulse; sie werden direkt einem T-Flipflop zugeführt, der mit den Transistoren T_1 und T_2 arbeitet. Vorher erfahren die rechteckförmigen Soll-Impulse durch die RC-Kombinationen R_1/C_1 und R_{11}/C_2 eine Differenzierung. Die negativen Anteile der so verformten Soll-Impulse gelangen über die Dioden D_1 und D_5 an die Basen der Transistoren T_1 und T_2. Die positiven Impulsanteile sperren die Dioden und sind somit unwirksam. Der bistabile Multivibrator ist so dimensioniert, daß an den Kollektoren 40-ms-Impulse entstehen. Die 50-Hz-Triggerimpulse werden so auf 25 Hz heruntergeteilt. Dies ist erforderlich, weil Soll- und Ist-Impulse dieselbe Frequenz haben müssen.

Die Rechteckform der vom Flipflop erzeugten Sollwert-Impulse muß nun so verändert werden, daß die abfallenden Flanken schräg verlaufen. Es muß also ein Rampensignal mit zeitlinear abfallender Sägezahnflanke gebildet werden. Für diese Maßnahme steht eine Bootstrapschaltung zur Verfügung, die durch den Transistor T_3 (oben rechts) gebildet wird.

Vom Kollektor des rechten Multivibrator-Transistors T_1 gelangt die Rechteckimpulsfolge an die Katode der Diode D_2. Während der positiven Impulsperioden ist die Diode gesperrt. In dieser Phase wird der Arbeitspunkt von T_3 durch die Spannungsteileranordnung R_3, D_3, R_{13} und R_{14} im Basiskreis festgelegt. Der Emitterstrom hat somit einen konstanten Wert. Sobald die negative Periode der Rechteckfolge wirksam wird, öffnet D_2, und D_3 wird gesperrt. Der Kondensator C_3 (180 nF) kann sich jetzt über die Widerstände R_{13} und R_{14} aufladen. Dadurch verändert sich die Basisspannung von T_3. Die Emitterspannung macht diese Änderung mit, und der Kondensator C_4 (10 µF) überträgt sie zurück in den Basiskreis an das untere Ende von R_{13}. Durch diese Rückkopplung macht sich die Spannungsänderung an der Basis von T_3 nicht als Potentialunterschied an R_{13} bemerkbar. Somit ist während der Auflading von C_3 die Spannung an R_{13} konstant. Die Folge ist ein zeitlinearer Stromverlauf zur Ladung von C_3. Auf diese Weise entsteht am Emitter von T_3 das für den Soll-Ist-Vergleich erforderliche Rechtecksignal mit abfallender Sägezahnflanke (Bild 4.16a).

Mit den Istwert-Impulsen vom Kopfrad wird über C_7 ein monostabiler Multivibrator (T_4/T_5) angesteuert. Die Zeitkonstante τ bzw. die Impulsbreite t_i wird im wesentlichen durch die R/C-Kombination R_{20} und C_5 bestimmt. Am Kollektor von T_4 entstehen dadurch Impulse mit einer Breite von etwa 640 µs im Abstand von 40 ms (Bild 4.16b).

Bild 4.16b
Servoimpulse der
Schaltung im Bild 4.16a

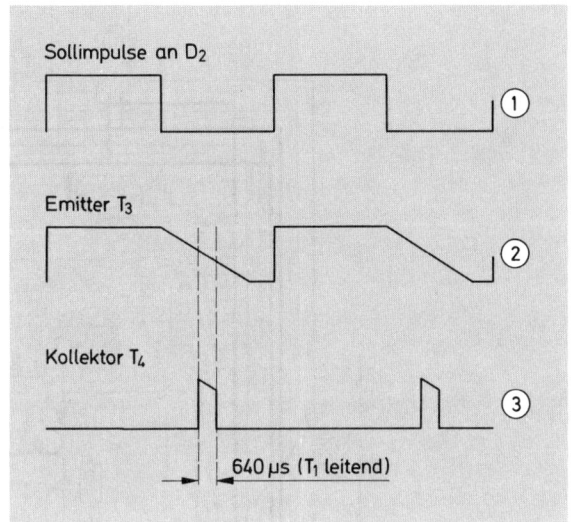

Ohne die negativ gerichteten Istwert-Impulse leitet der Transistor T_4, so daß die Basis von T_1 (rechts, außerhalb der gestrichelten Linie) über D_7 und die niederohmige Emitter-Kollektor-Strecke von T_4 auf Masse liegt; T_1 ist somit gesperrt. Ebenfalls gesperrt sind der Transistor T_2 und die Diode D_6 am Emitter T_3.

Sobald über C_7 (10 µF) die Sollwert-Impulse an der Basis von T_4 wirksam werden, sperrt T_4 für die Dauer von 640 µs. D_7 ist während dieser Zeit ebenfalls hochohmig, und D_6 ist geöffnet. Nun kann das Rampensignal am Emitter von T_3 (Bild 4.16a) über D_6 an die Basis von T_1 gelangen und ihn leitend machen. Entsprechend dem Momentanwert der Sägezahnflanke fließt durch T_1 ein Strom, der C_2 auflädt. Nach 640 µs sperrt T_1 wieder, weil keine Istwert-Impulse mehr wirksam sind. Die Höhe der Aufladung ist davon abhängig, in welcher zeitlichen Beziehung Soll- und Ist-Impulse zueinander stehen (Signale 2 und 3, Bild 4.16a). Die Ladung des Kondensators C_2 ist somit ein Maß für die Phasenlage zwischen Soll- und Istwert. Sie kann deshalb als Regelspannung für die Motorsteuerung herangezogen werden.

Im Basiskreis von T_2 (rechte Außenseite Bild 4.16a) befindet sich eine im Block dargestellte Inverterschaltung (U 228). Sie wird mit den positiven Emitter-Spannungsimpulsen von T_5 angesteuert. T_5 ist geöffnet, während T_4 sperrt. Nach der Umkehrung im Inverter (U 228) führt man die nun negativ gerichteten Impulse über die Kontakte 11 und 15 an die Katode der Diode D_9. D_9 wird dadurch leitend und erhöht damit die Flankensteilheit der Multivibratorimpulse.

Der positive Impuls vom Emitter des T_5 wird noch für eine zweite Aufgabe herangezogen: Der Kondensator C_2 muß in der Lage sein, auch kleinere Ladungswerte anzunehmen. Deshalb wird er in regelmäßiger Folge über T_2 teilentladen. T_2 muß dafür kurzzeitig leitend gemacht werden. Dies geschieht mit den positiven

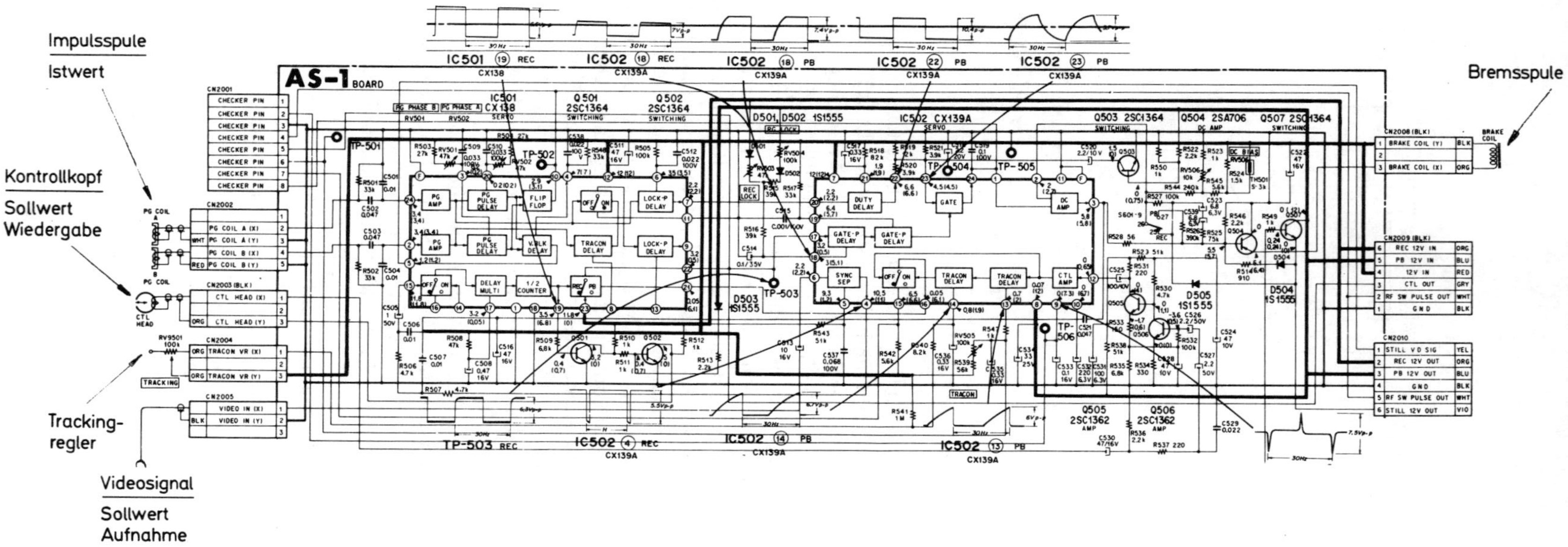

Bild 4.17 Servoregelung eines Videorecorders, siehe auch Ausklapptafel am Ende des Buches

Bild 4.18
Impulsverläufe des Bildes 4.17

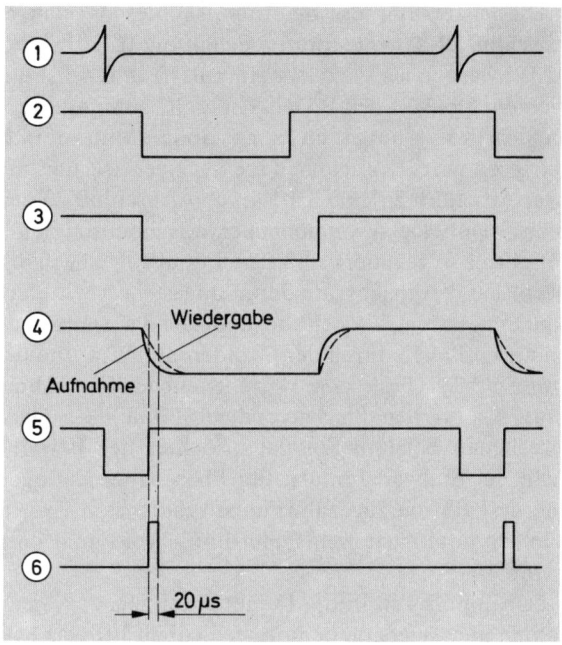

Impulsen vom Emitter des T_5. Sie werden mit C_1 und R_4 (an der Basis von T_2) differenziert, so daß die positiven Anteile T_2 öffnen können.

Videorecorder nach dem Betamax-System arbeiten ohne Bandservo (Bild 4.13). Der Kopftrommelservo ist deshalb besonders aufwendig ausgelegt. Alle Antriebsfunktionen werden von einem zentralen Wechselspannungsmotor durchgeführt. Das Stellglied des Kopfradservo ist eine Wirbelstrombremse, die auf die Achse der rotierenden Kopfanordnung einwirkt. Die Schaltung der Servoelektronik geht aus Bild 4.17 hervor. Die amerikanische Normung der Bauelemente wurde bewußt beibehalten, weil auch die Serviceunterlagen damit ausgestattet sind. Dies gilt auch für die Videorecorder des VHS-Systems. Erfahrungsgemäß hat der Servicetechniker nach kurzer Eingewöhnung keine Schwierigkeiten mit dem Lesen der Schaltbilder. Zur Erleichterung ist am Ende des Buches in einer Tabelle die deutsche und amerikanische Schaltzeichennormung gegenübergestellt. Ebenso steht dort dem Leser ein englisch-deutsches Lexikon mit Begriffen aus der Video- und Fernsehtechnik zur Verfügung.

Bild 4.17 läßt erkennen, daß die Elektronik im wesentlichen durch zwei integrierte Schaltkreise gebildet wird. Die Signalverläufe stellen sich folgendermaßen dar: Unter der Istwert-Impulsspule (PG-Coil A) ist an der linken, äußeren Seite der Schaltung eine zweite Impulsspule (PG-Coil B) zu erkennen. Sie ist für die Servofunktion ohne Bedeutung und kommt deshalb erst im Kapitel «Blockschaltungstechnik» zur Sprache.

Die Istwert-Impulse des Impulskopfes A gelangen über den Kontakt 2 zum Anschluß 24 der integrierten Schaltung IC 501. In einem Impulsverstärker (PG-AMP) werden sie verstärkt (Impuls 1, Bild 4.18) und anschließend zum oberen rechten Block (Lock-P-Delay) des IC 501 geführt. Bei diesem Funktionsblock handelt es sich um einen monostabilen Multivibrator, der durch die Ist-Impulse getriggert wird. Es entstehen rechteckige Ausgangsimpulse (Signal 2, Bild 4.18), die vom Anschluß 7 des IC 501 an den Anschluß 20 des IC 502 geführt werden. Im Block «Duty Delay», einem ebenfalls monostabilen Multivibrator, wird das Tastverhältnis so geändert, daß eine Impulsfolge nach Signal (3) in Bild 4.18 entsteht. Bevor das Vergleichsgate damit angesteuert wird, erfahren die Rechteckimpulse eine Integration. Die Zeitkonstante der dazu notwendigen R/C-Kombination wird im wesentlichen durch den Kondensator C_{518} und den Widerstand R_{521} (am Testpunkt TP 504) bestimmt. Der entstehende Sägezahn (Signal 4, Bild 4.18) dient als Ist-Bezug für den Phasenvergleich (Gate). Im Gegensatz zu den bisher angesprochenen Schaltungen hat also hier der Istwert-Impuls Sägezahnform und nicht der Sollwert-Impuls. Bei Phasenabweichungen des Kopfrades verschiebt sich deshalb die Sägezahnrampe relativ zum fixierten Sollwert-Impuls auf der Rampenmitte nach rechts oder links. Am Funktionsprinzip ändert sich dadurch nichts.

Der Impuls 4 in Bild 4.18 läßt erkennen, daß die Neigung der Rampe bei Aufnahme und Wiedergabe unterschiedlich ist. Das hat folgenden Grund: Aufnahmeseitig bilden die V-Impulse die Sollwert-Vorgabe. Sie sind absolut stabil, so daß die Regelspannungsänderung ΔU_R am Ausgang der Servo-Vergleichsschaltung nur von den Kopfradschwankungen abhängt. Dies ermöglicht eine stark abfallende Sägezahnflanke (Impuls 4, Bild 4.18), die eine entsprechend hohe Regelsteilheit zur Folge hat. Bei der Wiedergabe bilden die Impulse des Kontrollkopfes den Sollwert. Sie weisen durch die Gleichlaufschwankungen des Magnetbandes eine geringe Unstabilität auf, die bei einer hohen Regelsteilheit der Servoanordnung direkten Einfluß auf die Regelspannung hätte. Aus diesem Grund läßt man wiedergabeseitig die aus dem Istwert gebildete Rampe weniger steil verlaufen und erhält so etwas kleinere Änderungsbeträge; dafür wirkt sich aber das leichte Jittern der Kontrollimpulse auf der Sägezahnflanke nicht negativ aus (vergleiche auch Bild 4.7).

Schaltungstechnisch wird die Änderung der Flankensteilheit durch eine Zeitkonstantenänderung der R/C-Kombination R_{521}/C_{518} realisiert. Dabei hat der Transistor Q 503 (obere rechte Ecke des IC 502) die Funktion eines Schalters, der durch die Wiedergabe-Betriebsspannung niederohmig wird und dadurch den Kondensator C_{520} (Kollektor) parallel zur R/C-Kombination R_{521}/C_{518} schaltet. Die daraus resultierende Erhöhung der Zeitkonstante hat eine stärkere Verformung des Sägezahnimpulses (4) zur Folge.

Als Sollwert-Vorgabe für den Aufnahmefall werden auch bei Betamax die V-Impulse des Videosignals herangezogen. Das Videosignal wird links unten in die Schaltung eingespeist (Punkt 1). Von dort führt eine Leitung zum Anschluß 6 des IC 502.

In einem Amplitudensieb (Sync. Sep.) trennt man die Synchronimpulse vom Bildinhalt, so daß am Anschluß 4 des IC 502 das Synchrongemisch zur Verfügung steht. Verfolgt man die vom Anschluß 4 ausgehende Leitung, so stößt man auf zwei hintereinander geschaltete Integrationsglieder (R/C_{507}, R/C_{506}), die für die Trennung von H- und V-Impulsen sorgen. Die so gewonnenen V-Impulse erreichen über Punkt 15 des IC 501 einen 50-Hz-Multivibrator (Delay-Multi). Die von ihm erzeugten 50-Hz-Rechteckimpulse müssen im daran anschließenden 2:1-Teiler ($^1/_2$ Counter) auf 25 Hz heruntergeteilt werden, um den Phasenvergleich mit den 25-Hz-Istwert-Impulsen zu ermöglichen. Über den geschlossenen REC/PB-Schalter führt man das so aufbereitete Referenzsignal zum Testpunkt TP 503. Die Einspeisung dieses Signals in das zweite Servo-IC (IC 502) erfolgt über den Anschluß 17. Von dort aus wird damit ein Multivibrator (Gate-P-Delay) getriggert. Es entstehen Rechteckimpulse mit einer Breite von 8 ms (Impuls 5, Bild 4.18). Die rechten Flanken dieser Impulse triggern den nächsten Multivibrator. Er ist der eigentliche Impulsgenerator zur Erzeugung der Gate-Impulse. Sein Tastverhältnis ist so dimensioniert, daß ein 20 µs breiter Impuls (6) entsteht, der zeitlich mit der Sägezahnflanke des Impulses (4) zusammenfällt und so für die Auftastung des Gates sorgt. Das Impulsdiagramm von Bild 4.17 verdeutlicht die Zusammenhänge.

Parallel zur Änderung der Sägezahnflanke bei Aufnahme und Wiedergabe muß die Position des Gate-Impulses (6) so mitverschoben werden, daß er auf der Rampenmitte verbleibt. Zu diesem Zweck verändert man das Tastverhältnis des Impulses (5) bei der Wiedergabe, so daß eine leichte Verschiebung nach rechts entsteht. Die dafür erforderliche Änderung der Zeitkonstante kann durch die Dioden D_{501} und D_{502} realisiert werden (oben in der Mitte von Bild 4.17). Sie sind mit einstellbaren Arbeitswiderständen ausgestattet (R_{V503}/R_{V504}). Das Durchschalten der Dioden geschieht mit der jeweils bei Aufnahme und Wiedergabe wirksamen Betriebsspannung. Mit Hilfe der Einsteller R_{V503}/R_{V504} kann der Innenwiderstand bzw. die Position des Impulses (6) festgelegt werden.

Die Ausgangsimpulse des Gates laden den Kondensator C_{519} am Anschluß 24 des IC 502 auf. Es bildet sich dabei eine Regelspannung, die zur Ansteuerung eines Gleichspannungsverstärkers (DC-AMP) benutzt wird. Am Anschluß 3 des IC 502 kann die verstärkte Regelspannung abgenommen werden. Sie wird über R_{528} der Basis des Transistors Q 504 zugeführt. Q 504 bildet zusammen mit Q 507 den Endverstärker zur Ansteuerung der Wirbelstrombremse. Die Bremsspule liegt im Emitterkreis von Q 504.

4.5 Praktische Lösungen und Ausführungsformen des «Bandservo»

Wie bereits angedeutet, unterscheidet sich die Funktion eines Bandservo nur unwesentlich von der des Kopfradservo. Bild 4.19 zeigt das Blockschaltbild einer VCR-Capstanregelung. Die Schaltung setzt sich aus zwei Regelkreisen zusammen. Der erste vergleicht bei der Wiedergabe im Phasenvergleich 1 die Istwert-Impulse vom Kontrollkopf mit der 25-Hz-Sollwert-Impulsfolge, die aus einem 3,2768-

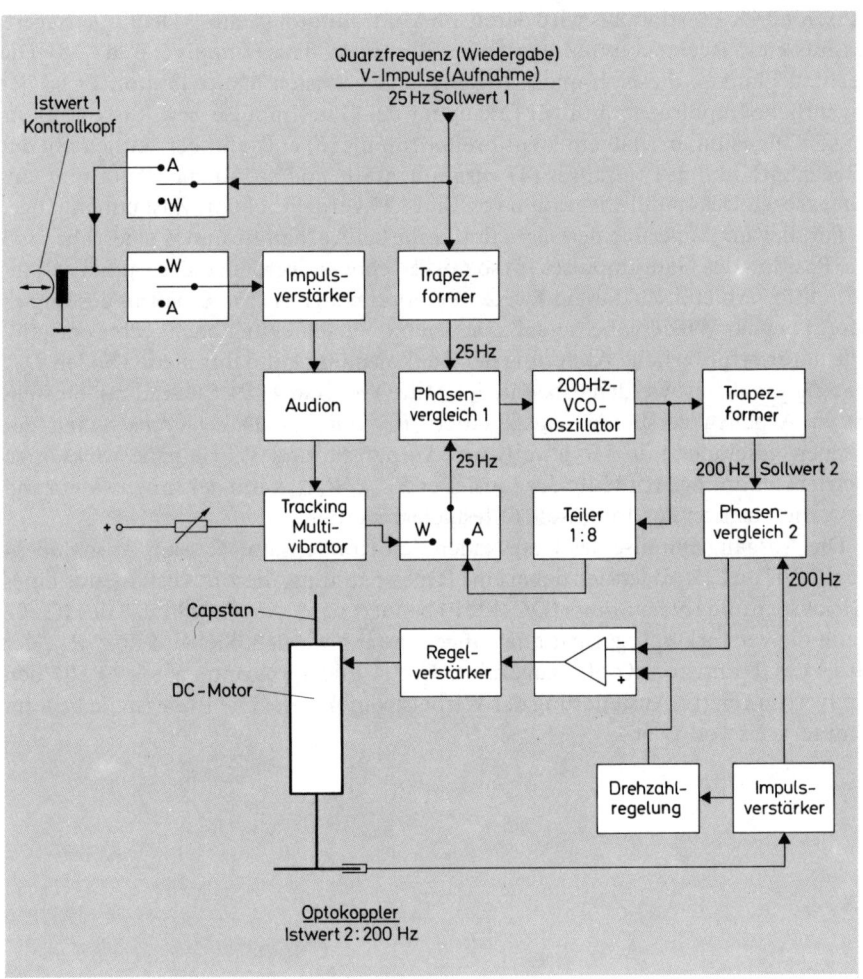

Bild 4.19 Blockschaltung eines Capstanservo

MHz-Quarzoszillator abgeleitet wurde (siehe Bild 4.14, IC 941). Aufnahmeseitig dienen die vertikalen Synchronimpulse als Soll-Bezug. Das Vergleichsprodukt dieser Bezüge bildet den zweiten Sollwert, der im Phasenvergleich 2 mit den Istwerten vom Impulsgeber an der Capstanachse verglichen wird. Es handelt sich dabei um einen Optokoppler, bestehend aus einer Leuchtdiode und einem Fototransistor. Dazwischen rotiert eine mit der Capstanwelle verbundene Zahnscheibe, die rhythmisch die Lichtzufuhr unterbricht. Die Zahnscheibe weist 35 Schattierungsflächen auf. In Verbindung mit der Umdrehungszahl des Capstanmotors von $5{,}714 \, s^{-1}$ entsteht so im Fototransistor eine Impulsfrequenz von 200 Hz:

$$5{,}714 \cdot 35 = 200 \, Hz$$

Entsprechend dieser Tachofrequenz befindet sich am Ausgang des ersten Phasenvergleichs ein 200-Hz-Oszillator, der durch die Regelspannung in der Frequenz verändert werden kann (VCO = Voltage Controlled Oscillator). Das Zusammenwirken aller Funktionsblöcke ergibt sich aus folgenden Überlegungen: Bei der Aufnahme führt man dem Phasenvergleich 1 über einen Trapezformer die aus den V-Impulsen abgeleitete 25-Hz-Frequenz zu. Als Bezug dient die Ausgangsfrequenz des 200-Hz-Oszillators. Sie muß vor dem Phasenvergleich auf 25 Hz heruntergeteilt werden. Dies geschieht in einer 1:8-Teilerschaltung. Mit der 25-Hz-VCO-Frequenz tastet man im Phasenvergleich 1 die trapezförmigen Sollwert-Impulse auf. Mit der so gewonnenen Regelspannung wird der 200-Hz-Oszillator nachgesteuert. Die geregelte 200-Hz-VCO-Frequenz erfährt anschließend in einer weiteren Trapezformerstufe eine Sägezahnformung. Die so gewonnene 200-Hz-Sägezahnimpulsfolge dient dem Phasenvergleich 2 als Sollwert-Vorgabe (Sollwert 2). Der Istwert wird durch die 200-Hz-Tachofrequenz des Optokopplers gebildet. Mit ihm werden im Phasenvergleich 2 die Sägezahnflanken des VCO abgetastet. Die damit erzeugte Regelspannung steuert über einen Regelverstärker die Drehzahl des Capstanmotors. Die relativ hohe Tachofrequenz (220 Hz) hat den Vorteil, daß die Rotationsgeschwindigkeit des Capstanmotors während einer Umdrehung mehrere Male mit der Sollwertfrequenz des 200-Hz-VCO verglichen werden kann.

Der Block «Drehzahlregelung» des Capstanmotors hat die gleiche Funktion wie der des Kopfradmotors (vergleiche Bild 4.14). Lediglich die Geschwindigkeit wird anders gemessen. Beim Kopfradmotor wurde die Motor-EMK als Maß für die Rotation herangezogen. Dem Capstan-Drehzahlregelkreis führt man dagegen die Impulsfrequenz des Optokopplers zu.

Bei Wiedergabe ändert sich an der Funktion des zweiten Regelkreises (Phasenvergleich 2) im Verhältnis zur Aufnahme nichts im Gegensatz zum 1. Phasenvergleich, der andere Soll- und Istwert-Vorgaben erhält. Der 25-Hz-Sollwert (Sollwert 1) wird jetzt aus einer quarzstabilen Frequenz abgeleitet. Die Istwert-Impulse produziert der Kontrollkopf, während er die Synchronspur des Videobandes abtastet. Die im Kontrollkopf induzierten Impulse sind ein Maß für die Bandgeschwindigkeit. Sie werden verstärkt und in einer nach dem Audionprinzip funktionierenden Schaltung von eventuellen Störanteilen befreit. Die so aufbereitete Impulsfolge triggert einen monostabilen Multivibrator (Tracking Multivibrator), dessen Ausgangsimpulse die endgültige Istwert-Vorgabe für den Phasenvergleich 1 bilden.

Das Tastverhältnis des monostabilen Multivibrators kann mit einem von außen bedienbaren Potentiometer eingestellt werden. Dieser sogenannte Tracking-Regler wird so eingestellt, daß die Videospuren von den Videoköpfen exakt in der Mitte abgetastet werden. Bei älteren Geräten geschieht das in Verbindung mit einem Anzeigeinstrument, das den FM-Pegel anzeigt. Dabei geht man davon aus, daß bei maximaler FM-Amplitude optimale Abtastverhältnisse vorherrschen.

4.6 Der Stimmgabeloszillator als Sollwertvorgabe

Eine interessante Schaltungsvariante in Form einer hochpräzisen Sollwertvorgabe enthält die Capstan-Servoelektronik der VHS-Videorecorder. Hier kommt kein quarzkontrollierter Generator zur Anwendung, sondern ein piezoelektrischer Stimmgabeloszillator. Er besteht aus den Transistoren X_{15} und X_{16} in Bild 4.20. Das Stimmgabelelement (TFC = Tuning Force) liegt im Rückkopplungszweig zwischen dem Kollektor von X_{16} und der Basis von X_{15}. Am Kollektor von X_{16} entsteht ein sehr stabiles Bezugssignal mit einer Frequenz von 475,2 Hz. Nachdem es einen Teiler von 1:128 durchlaufen hat, steht bei VHS-Geräten eine Capstan-Sollwert-Vorgabe von 3,7 Hz (475,2:128) zur Verfügung.

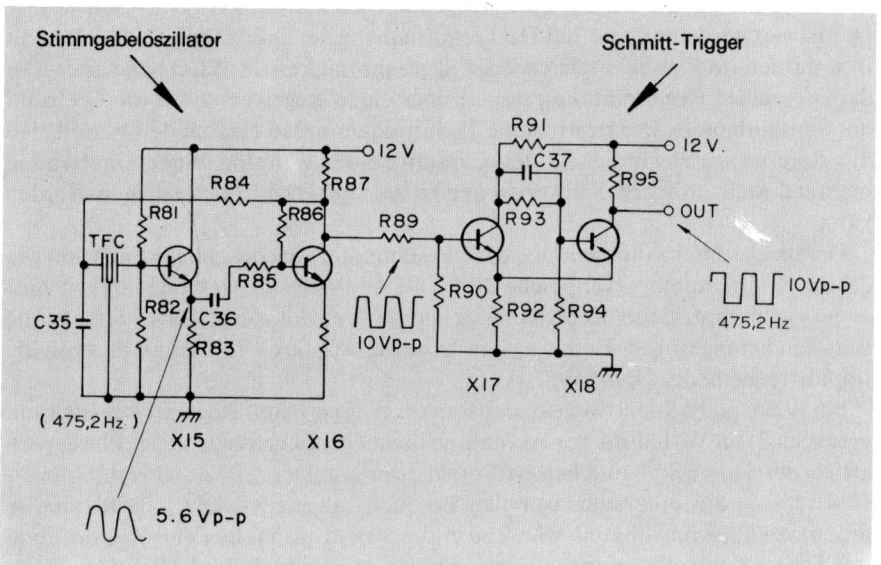

Bild 4.20 Im Capstanservo kann als Sollwert-Vorgabe die Frequenz eines Stimmgabeloszillators benutzt werden

Die Impulse des Stimmgabeloszillators weisen relativ lange Anstiegs- und Abfallzeiten auf (Bild 4.20). Damit kann der 1:128-Teiler nicht direkt angesteuert werden. Zur Erhöhung der Signalflankensteilheit läßt man deshalb das TFC-Signal über einen Schmitt-Trigger laufen, der exakt rechteckförmige Impulse daraus macht, die der Teiler verarbeiten kann.

4.7 Nachsteuerbare Videoköpfe durch DTF

Das Video-2000-System arbeitet mit zwei Spurebenen. Die daraus resultierenden sehr schmalen Videospuren erfordern sowohl bei der Aufnahme als auch während der Wiedergabe besondere Maßnahmen, um eine exakte Abtastung zu gewährleisten.

Aus der professionellen Videotechnik ist die automatische Nachführung des Videokopfes bekannt. Dabei wird seine mechanische Position in Abhängigkeit vom Verlauf der Videospur so verändert, daß man optimale Abtastbedingungen

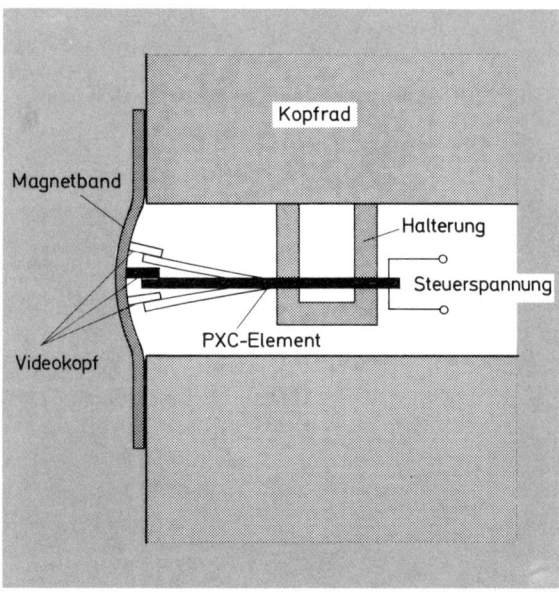

Bild 4.21 Prinzipdarstellung des steuerbaren Videokopfes

erhält. Im Bild 4.21 wird das Prinzip dieser Kopfanordnung deutlich. Die Videoköpfe sind auf einer Halterung aus piezokeramischem Material (PXC-Element) befestigt. Sie wird auch als «Actuator» bezeichnet. Durch den Einfluß einer Steuerspannung kann das PXC-Element und damit auch der Videokopf mechanisch bewegt werden. Der im Bild 4.21 erkennbare Hub ist übertrieben dargestellt. In

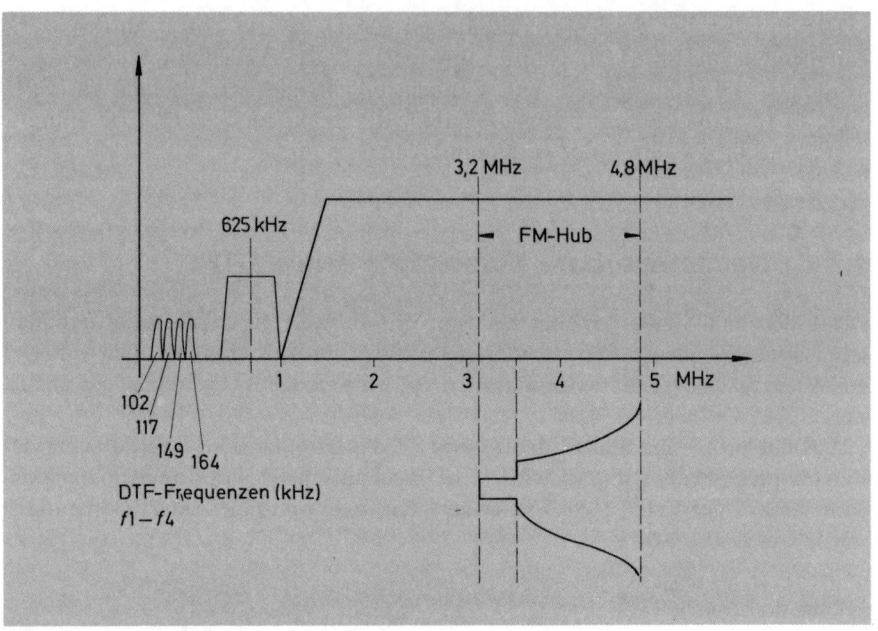

Bild 4.22 Frequenzspektrum des Video-2000-Systems

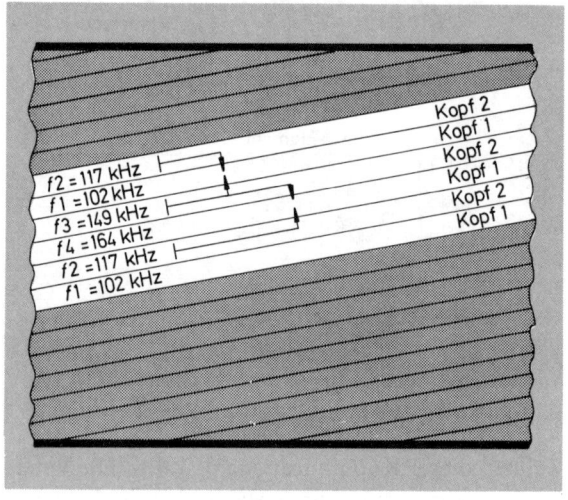

Bild 4.23 Frequenzverteilung beim DTF-System (Spurenauszüge)

Wirklichkeit sind mechanische Veränderungen von nur wenigen µm erforderlich, um die Videoköpfe immer exakt auf der Spurmitte zu führen.

Mit dieser Technik arbeitet auch das System Video 2000. Die Steuerspannung für das piezokeramische Element leitet man aus vier verschiedenen Frequenzen ab, die neben dem FM-Signal und dem konvertierten Farbträger aufgezeichnet werden. Bild 4.22 zeigt das entstehende Frequenzspektrum. Die DTF-Frequenzen haben folgende Abstufungen:

$$f_1 = 102 \text{ kHz} \qquad f_3 = 149 \text{ kHz}$$
$$f_2 = 117 \text{ kHz} \qquad f_4 = 164 \text{ kHz}$$

Aus Bild 4.23 geht hervor, wie die DTF-Frequenzen den einzelnen Videospuren bzw. Halbbildern zugeordnet sind.

Bei der Wiedergabe tastet der Videokopf zunächst die DTF-Frequenz seiner Spur ab. Außerdem registriert er aber auch die DTF-Übersprechanteile der benachbarten Spuren. Aus der Differenzbildung zwischen dem DTF-Signal der Abtastspur und dem der Nachbarspuren wird eine Regelspannung abgeleitet, die als Steuerspannung für das PXC-Element (Bild 4.21) wirkt. Das nachfolgende Beispiel soll diese Vorgänge zusammen mit Bild 4.23 verdeutlichen: Als Bezug dient die Spur mit der Frequenz f_4 (164 kHz); sie wird vom Kopf 1 abgetastet. Läuft der Kopf nach unten aus der Spur, so erhöhen sich die Übersprechanteile f_2 (117 kHz). Wird der Videokopf mehr nach oben ausgelenkt, vergrößern sich die Übersprechanteile f_3 (149 kHz). In beiden Fällen entsteht eine Differenzbildung mit der Frequenz f_4 (164 kHz) der abgetasteten Spur.

1. Kopfauslenkung nach unten:
$$f_4/164 \text{ kHz} - f_2/117 \text{ kHz} = 47 \text{ kHz}.$$

2. Kopfauslenkung nach oben:
$$f_4/164 \text{ kHz} - f_3/149 \text{ kHz} = 15 \text{ kHz}.$$

Die Intensität der beiden Frequenzen ist ein Maß für die Fehlabtastung des Videokopfes. Aus ihnen kann deshalb die für die Nachsteuerung der Kopfposition erforderliche Regelspannung gewonnen werden.

Eine Tracking-Einstellung erübrigt sich durch die nachsteuerbaren Videoköpfe. Haben beide Videoköpfe während der Wiedergabe eine konstante Abweichung von der Spurmitte, so sorgt die DTF-Regelspannung durch Beeinflussung des Capstan-Servo für die notwendige Korrektur des Bandvorschubs.

Kopfeinstellung bei Aufnahmebetrieb:

Das piezokeramische Material des Kopfträgers ist Toleranzen unterworfen. Während der Aufnahme ist deshalb keine Ruheposition der Videoköpfe gewährleistet. Aus diesem Grund fixiert man im Wechsel den Actuator des einen Kopfes und bezieht den des zweiten Kopfes in einen Regelkreis ein. Die Regelspannung dafür wird durch eine fünfte Hilfsfrequenz ($f_5 = 223$ kHz) gewonnen. Sie wird im Bereich der vertikalen Austastung, also am Spuranfang, mit einer Breite von 1,5

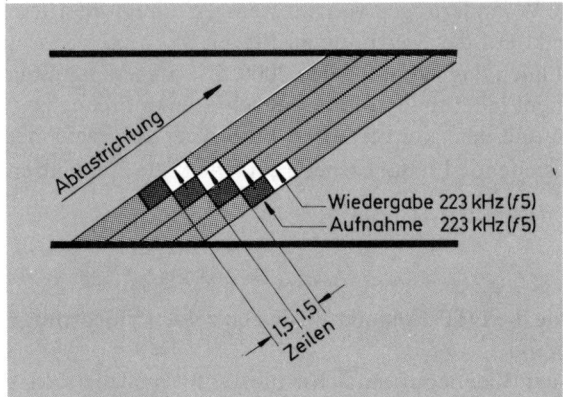

Bild 4.24 Die f_5-Frequenz (223 kHz) benutzt man während der Aufnahme, um eine optimale Positionierung der Videoköpfe zu erreichen

Zeilen aufgenommen. Anschließend schaltet man den Kopf ebenfalls für die Dauer von 1,5 Zeilen auf Wiedergabe. Die Zusammenhänge bzw. die Entstehung der Regelspannung verdeutlicht Bild 4.24.

In den kurzzeitigen Wiedergabephasen der Videoköpfe kann das 223-kHz-Übersprechen der Nachbarspur registriert und gespeichert werden. Aus den so in Kopf 1 und 2 induzierten Schwingungszügen wird durch Differenzbildung die Regelspannung für die beiden Actuatoren abgeleitet.

4.8 Video 8 arbeitet mit ATF

Die Servoregelung der Video-8-Recorder arbeitet mit einer ähnlichen Technik. Sie wird mit Automatic Track Following oder kurz ATF bezeichnet. Bild 3.8c zeigt die Positionierung der 4 Hilfsfrequenzen im Video-8-Aufnahmespektrum. Im Gegensatz zu DTF benutzt man bei Video 8 die aus den Hilfsfrequenzen abgeleitete Fehlerspannung nicht zur piezokeramischen Nachführung der Videoköpfe. Bei der ATF-Technik wird damit direkt die Elektronik des Bandservo angesteuert.

5 Blockschaltungstechnik

5.1 Codierung des Luminanzsignals

Bild 5.1 zeigt das Aufnahme-Blockschaltbild eines Videorecorders. Die Aufbereitung der Schwarzweißkomponente erfolgt im oberen Zweig der Schaltung. Die unteren fünf Funktionsblöcke sind für die Farbaufbereitung zuständig.

Das FBAS-Signal wird links in die Schaltung eingespeist. Nachdem es eine 4,43-MHz-Sperre durchlaufen hat, sind nur noch die Schwarzweißanteile wirksam. Die hohen Frequenzen des Videosignals werden in einer Pre-Emphasis-Schaltung angehoben. Anschließend sorgt eine automatische Verstärkungsregelung (AVR) dafür, daß die Amplitude, unabhängig vom Eingangspegel, immer konstant bleibt. In der Klemmschaltung werden die Synchronspitzen auf ein definiertes Gleichspannungsniveau fixiert. Man erhält dadurch eine konstante untere Hubfrequenz des FM-Modulators. Über die nachfolgende Treiberschaltung wird dann der Modulator direkt mit dem Y-Signal angesteuert. Vom Modulatorausgang verzweigt sich das Y-FM-Signal auf die beiden Videoköpfe, nachdem seine Amplitude im Aufnahmeverstärker noch einmal angehoben wurde. Die Höhe des Aufsprechstromes kann über den einstellbaren Aufnahmeverstärker bestimmt werden.

Die Videoköpfe erhalten das Aufnahmesignal über einen rotierenden Transformator, dessen Primärwicklung fest montiert ist. Die beiden Sekundärwicklungen für Kopf A und Kopf B rotieren mit dem Kopfrad.

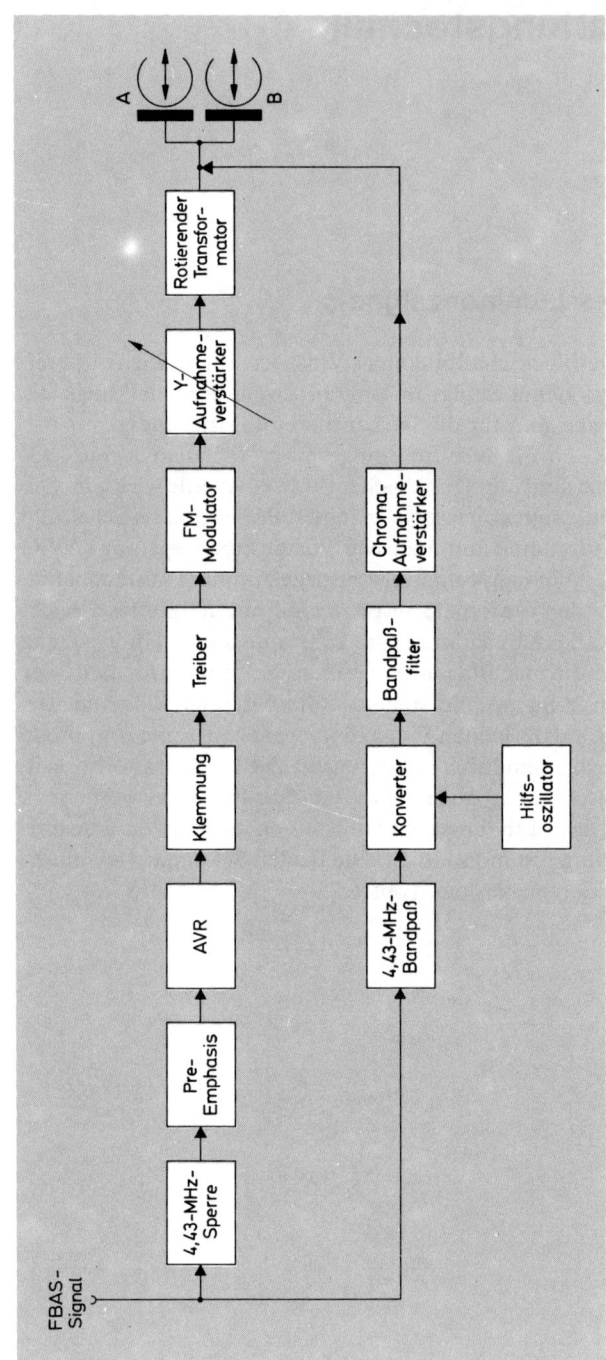

Bild 5.1   Aufnahmecodierung des FBAS-Signals

5.2 Codierung des Farbsignals

Bevor das Chromasignal den Videoköpfen zugeführt wird, trennt man es mit einem 4,43-MHz-Bandpaßfilter vom Videosignal (Bild 5.1). Im nachfolgenden Konverter wird die Farbinformation durch Differenzbildung mit einer Hilfsfrequenz in einen Bereich konvertiert, der unterhalb der niedrigsten FM-Trägerfrequenz liegt. Ein Bandpaßfilter, das auf den heruntergesetzten Farbträger abgestimmt ist, unterdrückt Restanteile der ursprünglichen 4,43-MHz-Farbträgerfrequenz. Das so aufbereitete Signal wird nun verstärkt und den Videoköpfen zugeführt. Nach diesem Grundprinzip arbeiten alle Videorecorder für Heimanwendung. Nur die Farbcodierung des Betamax-Videorecorders ist etwas aufwendiger. Hier kommen zur besseren Trennung der Übersprechanteile zwei verschiedene Farbträger zur Anwendung, die von Halbbild zu Halbbild umgeschaltet werden. Außerdem wird zusätzlich ein sogenannter «Pilot-Burst» mit aufgezeichnet. In Bild 5.2 sind die Funktionen im Blockschaltbild dargestellt.

Die Schaltung hat zwei Eingänge. Das erste ist mit dem Chromasignal belegt. Dem zweiten, unteren Eingang führt man das BAS-Signal zu, dem im nachfolgenden Amplitudensieb die horizontalen Synchronimpulse entzogen werden. Sie dienen dem Phasenvergleich als Referenzimpulse (f_H). Die Regelspannung des Phasenvergleichs steuert einen VCO-Oszillator, der folgende Frequenzen erzeugt:

$$((44 \cdot 8) - 1) \; 15\,625 \; f_H = 5{,}484\,375 \; \text{MHz}$$
$$((44 \cdot 8) + 1) \; 15\,625 \; f_H = 5{,}515\,625 \; \text{MHz}$$

Diese Frequenzen verzweigen sich auf eine 1:8-Teilerschaltung und auf zwei weitere Teiler, die in der Phasenregelschleife des VCO liegen; ihre Teilverhältnisse betragen:

$$\frac{1}{44 \cdot 8 - 1} \quad \text{und} \quad \frac{1}{44 \cdot 8 + 1}$$

Mit Hilfe der Teiler erfolgt die Umschaltung des VCO auf die beiden Grundfrequenzen der Schaltung. Dies geschieht mit einem elektronischen Schalter (S_1), der von den Impulsen gesteuert wird, die dem Servo als Istwert dienen (siehe Bild 4.4). Sie zeigen den Halbbildwechsel an und sind daher geeignet, die Frequenzumschaltung des VCO auszulösen.

Errechnet man die im Blockschaltbild angegebenen Teilerverhältnisse, ergeben sich folgende Bedingungen:

$$\frac{5\,484\,375 \; \text{Hz}}{44 \cdot 8 - 1} = 15\,625 \; \text{Hz} \qquad \frac{5\,515\,625 \; \text{Hz}}{44 \cdot 8 + 1} = 15\,625 \; \text{Hz}$$

Trotz der unterschiedlichen Ausgangsfrequenzen des VCO stehen somit an den Teilerausgängen immer 15 625 Hz (f_H) zum Vergleich mit den Zeilenimpulsen zur Verfügung. Dies erklärt sich folgendermaßen: Unmittelbar nach der Umschaltung auf den anderen Teiler weicht die Frequenz f_H von der Zeilenfrequenz ab. Dem Phasenvergleich werden daher zwei unterschiedliche Frequenzen angeboten. Er

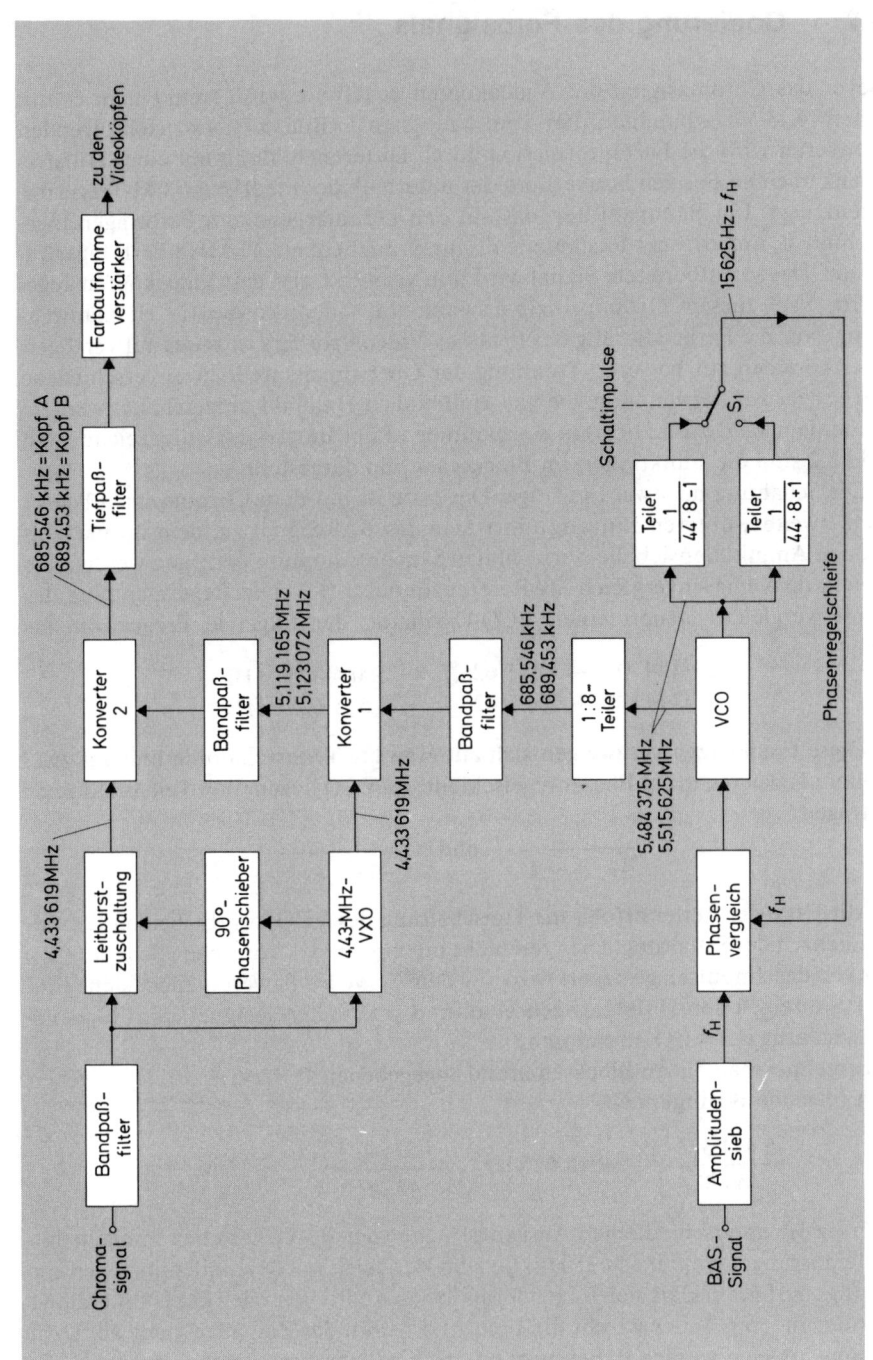

Bild 5.2 Farbsignalaufbereitung mit zwei konvertierten Farbträgern

erzeugt deshalb eine Regelspannung, die den VCO so lange nachsteuert, bis das f_H wieder der Zeilenfrequenz entspricht. Die Frequenzumschaltung erfolgt also über die Phasenregelschleife. Durch den Vergleich mit den horizontalen Synchronimpulsen sind die beiden VCO-Ausgangsfrequenzen phasenstarr mit der Zeilenfrequenz f_H verkoppelt.

Die so erzeugten und stabilisierten Frequenzen werden in der Teilerschaltung (1 : 8) oberhalb des VCO auf 685,546 kHz und 689,453 kHz heruntergeteilt. Sie erreichen nach dem Durchlaufen eines Bandpaßfilters den Konverter 1, dem außerdem noch eine quarzstabile, mit dem Farbträger synchrone 4,433 619-MHz-Frequenz zugeführt wird.

Am Ausgang des ersten Konverters steht unter anderem die Addition dieser Frequenzen zur Verfügung. Die Schaltimpulse des S_1-Schalters sorgen dafür, daß sich zeitgleich mit dem ersten Halbbild eine Frequenz von 5,119 165 MHz ergibt und dem zweiten Halbbild 5,123 072 MHz zeitproportional ist.

Das nachfolgende Bandpaßfilter läßt nur diese beiden wechselseitig zur Verfügung stehenden Frequenzen zum Konverter 2 gelangen. Dort werden durch Differenzbildung mit dem 4,43-MHz-Farbträger die beiden endgültigen den Videoköpfen zugeführten Farbträger gewonnen.

Kopf A erhält 685,546 kHz
Kopf B erhält 689,453 kHz

Zur Verbesserung der Farbwiedergabe wird bei Betamax neben dem normalen Burst noch ein zweiter, sogenannter Leitburst aufgezeichnet (Bild 5.2 oben links). Er wird aus dem 4,43-MHz-VXO gewonnen und nach einer 90°-Phasenverschiebung dem Farbsignal hinzuaddiert. Bild 5.3 zeigt die Position des Leitbursts. Seine Amplitude ist 1,6- bis 1,8mal so groß wie die des Normbursts. Die Breite beträgt etwa 2,5 µs. Der Leit- oder Pilotburst fällt zeitlich nahezu mit dem H-Impuls zusammen. Die vorderen Flanken des H-Impulses und des Pilotbursts haben einen Abstand von nur 0,5 µs. Im Abschnitt «Farbwiedergabe» wird die Funktion des Pilotbursts genauer erklärt.

Bild 5.3
Chromaaufzeichnung mit
Leitburst (Pilotburst)

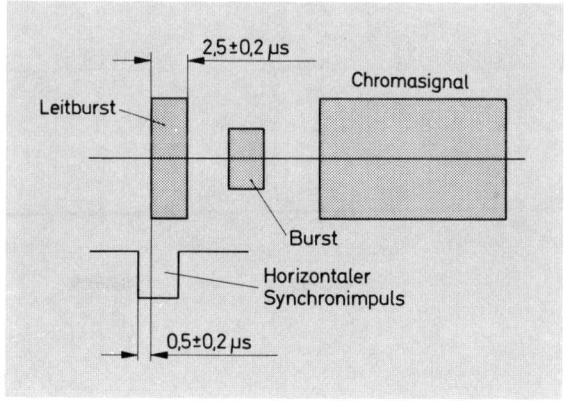

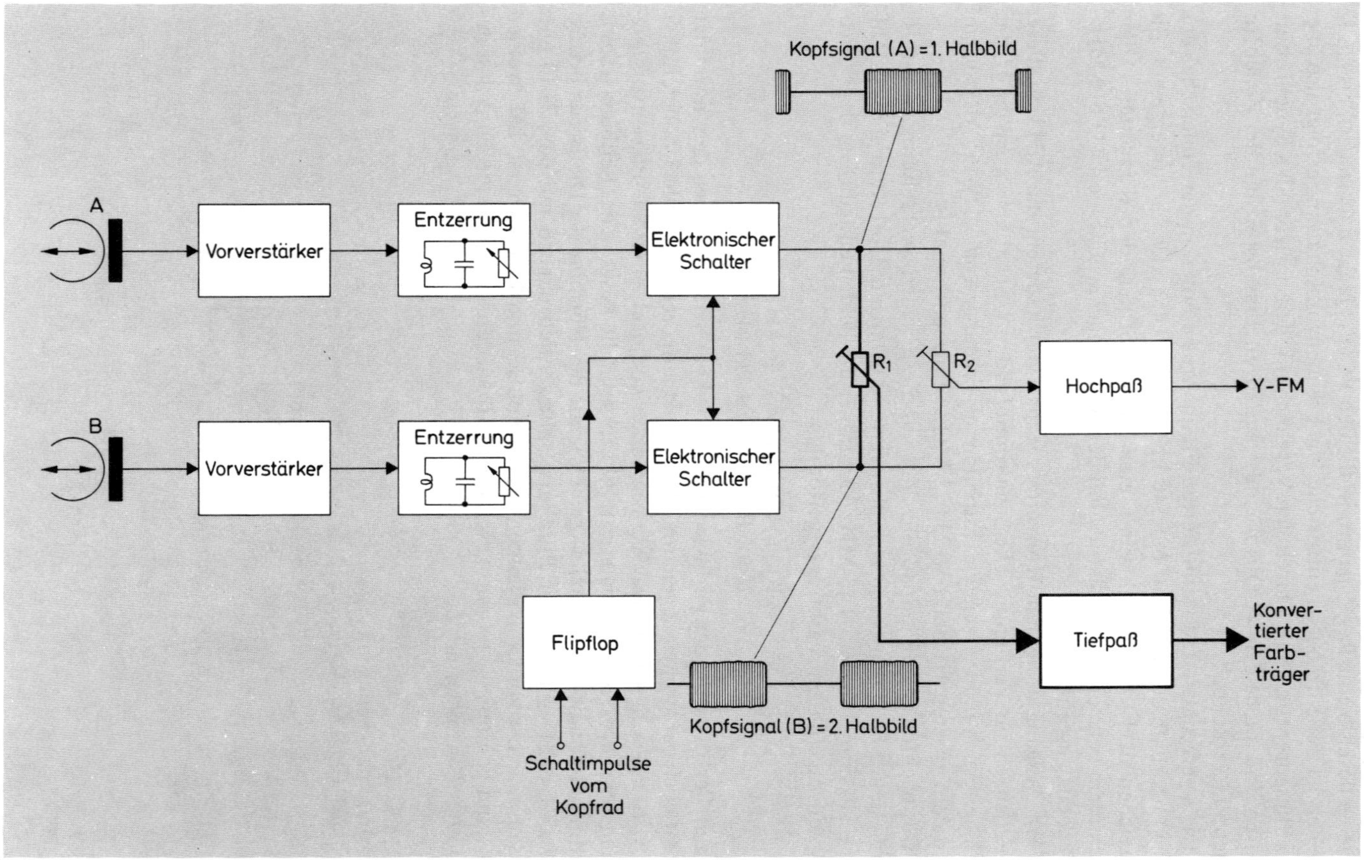

Bild 5.4 Wiedergabe-Kopfverstärker

5.3 Grundfunktionen der Wiedergabe-Kopfverstärker

Die Kopfverstärker der beiden Videoköpfe sind vollkommen gleich aufgebaut. Ihre Grundfunktionen gehen aus Bild 5.4 hervor. Unmittelbar nach der Abnahme vom Videoband erfahren die Kopfsignale eine Vorverstärkung. Dabei muß das Eingangs-Resonanzverhalten der Vorverstärker auf die Eigenresonanz der Videoköpfe abgestimmt sein. Anschließend wird das Kopfsignal entzerrt. Bei dieser Schaltung handelt es sich um einen Verstärker, dessen Frequenz-Charakteristiken einstellbar sind. Dies kann z.B. mit einer frequenzabhängigen Gegenkopplung und einem Schwingkreis geschehen, der im Kollektor eines Transistors liegt. Durch einen parallelen Belastungswiderstand kann die Kreisdämpfung eingestellt werden. Der genaue Abgleich der Entzerrungsmaßnahmen ist für die Bildqualität von größter Wichtigkeit. Für viele Geräte steht deshalb ein Abgleichband mit einem Wobbelsignal zur Verfügung, das den Kopfverstärkerabgleich vereinfacht und optimiert. Das Wobbelsignal enthält eingeblendete Frequenzmarken von 1 MHz bis über 5 MHz. Bild 5.5 zeigt die Charakteristik dieses Signals. Beim Abgleich muß der Pegel bei den einzelnen Marken nach Herstellerangabe einge-

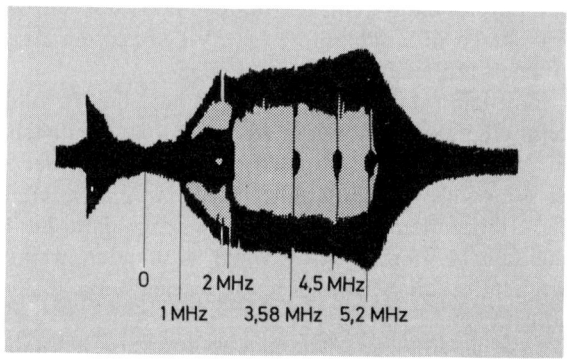

Bild 5.5
Wobbelsignal mit
Frequenzmarken

stellt werden. Die stärkste Anhebung findet in der Regel bei 5 bis 5,2 MHz statt.

Über zwei später noch zu besprechende elektronische Schalter werden die Kopfsignale an den oberen und unteren Anschluß der Balanceeinsteller R_1 und R_2 geführt. R_1 ist für die Chromabalance zuständig, während mit R_2 die Balance der Y-FM-Signale eingestellt wird. Der Schleifer des Farbeinstellers ist mit einer Tiefpaßschaltung verbunden, die dafür sorgt, daß nur der heruntergesetzte Farbträger wirksam wird, während der Hochpaß am Schleifer von R_2 nur die höherfrequenten Y-FM-Anteile passieren läßt. Am Ausgang der Kopfverstärker-Schaltung erhält man so getrennt das FM-Signal und die Farbinformation.

5.4 Der geschaltete Kopfverstärker

Die beiden Kopfsignale A und B können auf verschiedene Art und Weise zusammengesetzt werden. Genauer gesagt, kann die Positionierung dieser Signale unterschiedlich gestaltet werden. Sie ist zunächst grob definiert durch das wechselseitige Abtasten der Videoköpfe.

Bild 3.14a machte das mit einem Oszillogramm der beiden Kopfsignale deutlich. Bei der Zusammensetzung an den Balanceeinstellern R_1/R_2 (Bild 5.4) kann man die Grenzzonen der Kopfsignale überlappen lassen oder für einen signalfreien Zwischenraum sorgen.

Das Überlappungsverhalten ist abhängig von der Kopfumschlingung des Magnetbandes. Im Beispiel 1 von Bild 5.6 ist zu erkennen, daß der Kopf B kurz vor dem Bandkontakt des Kopfes A aus der Umschlingung herausläuft. Es entsteht deshalb bei der Zusammensetzung eine Lücke zwischen den Kopfsignalen. VCR-Geräte arbeiten nach dieser Methode. Das zweite Beispiel von Bild 5.6 zeigt sich überlappende Kopfsignale. Durch entsprechende Positionierung der Umlenkbolzen wurde dabei die Kopfumschlingung so verändert, daß der Kopf B noch Bandkontakt hat, wenn Kopf A in das Band eintaucht. Die Überlappungsdauer beträgt etwa 3 bis 5 Zeilen. Im dritten Beispiel ist schließlich eine übertriebene Überlappungsbreite dargestellt, die in der Praxis nur bei vollkommen dejustierten Umlenkbolzen in Erscheinung tritt. Videorecorder der Systeme VHS und Betamax arbeiten mit einer Überlappungszone.

Man kann davon ausgehen, daß bei allen in Bild 5.6 angesprochenen Fällen beim Übergang von einem Kopfsignal auf das nächste kein verwertbares Signal zur Verfügung steht: Ohne Überlappung ist nur das Verstärkerrauschen wirksam. Bei Videorecordern, die mit Überlappung arbeiten, tritt durch die Überlagerung der Grenzzonen eine Erhöhung der Signalamplitude auf. In diesem Bereich ist ebenfalls kein brauchbares Signal vorhanden, weil sich je nach Phasenlage bzw. Modulation die Schwingungszüge gegenseitig auslöschen, verkleinern oder vergrößern.

Es ist leicht einzusehen, daß die Kopfübernahmezone nach der Demodulation weder in den sichtbaren Teil des Bildinhaltes noch in den Bereich der V-Synchronisation fallen darf. Das Oszillogramm einer falschen Übernahmepositionierung geht aus Bild 5.7 hervor. Hier kommt es zu einer Störung der V-Synchronisation, weil die Überlappung mit der vertikalen Synchronimpulsfolge zusammenfällt. In der Regel legt man deshalb die Übernahmezone vor den V-Impuls in den Teil des Bildinhalts, der auf dem Bildschirm unsichtbar bleibt. Verkleinert man die Bildamplitude des Fernsehgerätes, so wird diese Störzone am unteren Bildrand sichtbar.

Neben der Übernahmeposition ist auch die Überlappungsbreite ein Kriterium. Optimal wäre ein unmittelbares Aneinandergrenzen bzw. eine Überlappungsbreite von nur einer Zeile. Die Voraussetzung dafür sind aber Kopfsignale mit einer Form, wie sie unter (A) in Bild 5.8 dargestellt ist. Dieser idealisierte Verlauf kann praktisch nicht erreicht werden, weil die Aufbau- und Abbauphase der

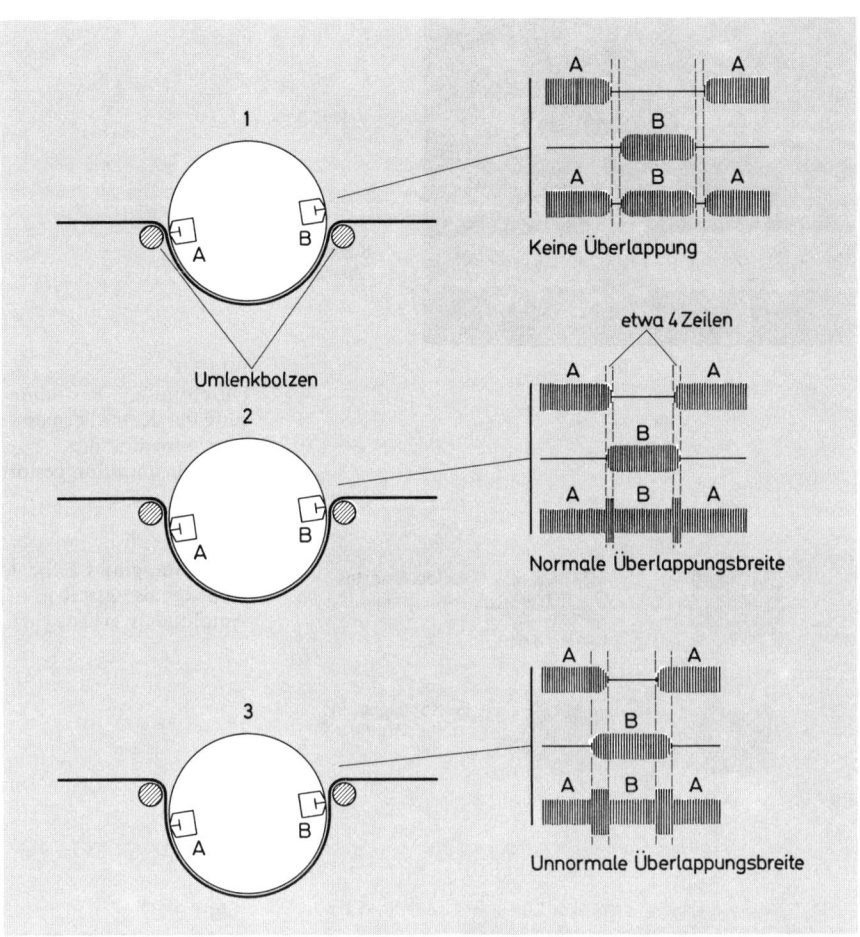

Bild 5.6 Durch unterschiedliche Positionierung der Umlenkbolzen kann die Überlappungsbreite verändert werden

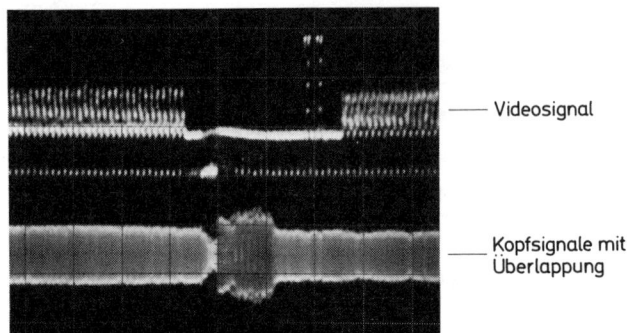

Bild 5.7
Durch falsche Positionierung der Kopfübernahmezone wird hier die V-Synchronisation gestört

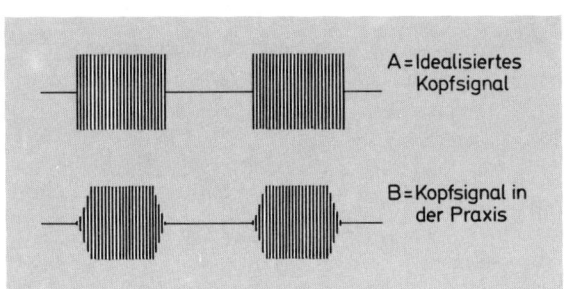

Bild 5.8
Am Anfang und Ende des Kopfsignals entstehen Amplitudenverluste

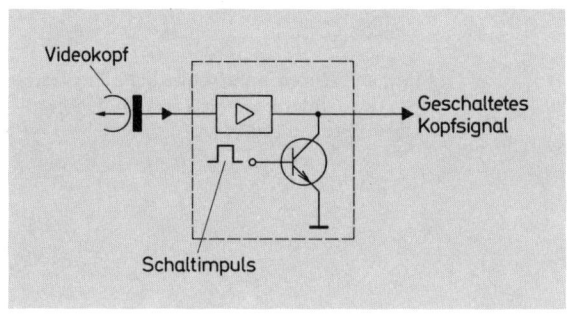

Bild 5.9
Prinzipdarstellung eines geschalteten Kopfverstärkers

Bild 5.10 ▶
Verschiedene Möglichkeiten der Schaltimpuls-Erzeugung

Kopfsignale Amplitudenverluste mit sich bringt (B, Bild 5.8). Sie entstehen, weil der Kopf nicht sofort nach dem Einlauf optimalen Bandkontakt hat. Ebenso baut sich die Signalamplitude beim Auslauf des Videokopfes relativ langsam ab. Diese Verluste sind davon abhängig, wie tief der Videokopf in das Magnetband eindringt. Eine große Eindringtiefe hat entsprechend lange Auf- und Abbauzeiten des Kopfsignals zur Folge.

Mit einem technischen Trick kann aber trotzdem nahezu die idealisierte Signalform erreicht werden. Zu diesem Zweck stattet man jeden Kopfverstärker mit einem elektronischen Schalter aus, der das Kopfsignal in den Auf- und Abbauphasen nach Masse kurzschließt. Der Schalter wird durch die Emitter-Kollektor-Strecke eines Transistors gebildet (T_1 in Bild 5.9). Positive, rechteckförmige Schaltimpulse, die im richtigen Moment an der Basis wirksam werden, machen den Transistor niederohmig und sorgen so für den Kurzschluß der verlustbehafteten Signalzonen.

Von größter Wichtigkeit ist natürlich der genaue Einsatz und die Dauer bzw. das Tastverhältnis der Schaltimpulse. Sie müssen in Abhängigkeit von den jeweiligen Kopfpositionen erzeugt werden. Sehr gut geeignet sind daher die Istwert-Impulse, die als Servobezug mit dem mechanischen Impulsgenerator des Kopfrades erzeugt werden. Mit ihnen wird ein bistabiler Multivibrator (Flipflop in Bld 5.4) getriggert, dessen Rechteckimpulse zum Auslösen der Schaltvorgänge benutzt werden. In

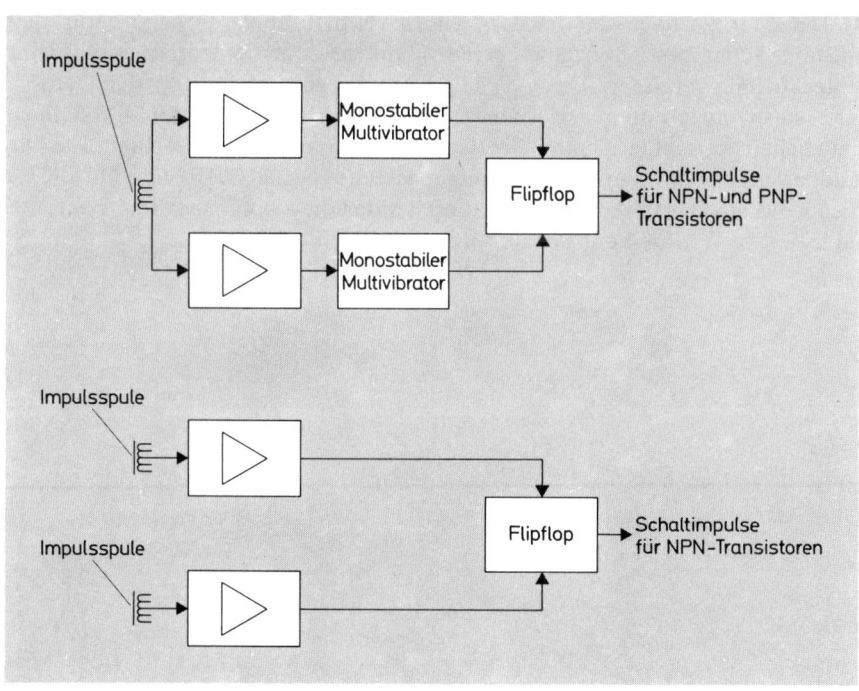

Bild 5.10 sind zwei Beispiele für die Erzeugung der Schaltimpulse verdeutlicht. VHS-Recorder z.B. benutzen nur eine Impulsspule. Die beiden Spulenanschlüsse sind über Verstärker mit jeweils einem monostabilen Multivibrator verbunden. Die so zustande kommende Triggerung der Multivibratoren sorgt dafür, daß im Wechsel Impulse zur Verfügung stehen, die den Flipflop synchronisieren. VHS-Recorder arbeiten mit unterschiedlichen Schalttransistoren für jeden Kopfverstärker. Kopf A wird mit einem NPN-Transistor geschaltet, während die Signale des Kopfes B über einen PNP-Transistor kurzgeschlossen werden. Dadurch können sowohl die positiven als auch die negativen Impulse des Flipflop für die sich ablösenden Schaltvorgänge genutzt werden.

Bei den Betamax-Videorecordern sind beide Schalttransistoren NPN-Ausführungen. Deshalb kommen zwei Impulsspulen für die Synchronisierung des Flipflop zur Anwendung. Die erste Impulsgeneratorspule (A) ist gleichzeitig der Istwert-Aufnehmer des Kopfradservo. Sie hat also eine Doppelfunktion. Die zweite Impulsspule wird nur für die Schaltimpulsgewinnung benötigt. Die PG-Spulen sind so unter dem Kopfrad angeordnet, daß bei jedem Halbbildwechsel eine andere Spule wirksam wird bzw. dem 1. und 2. Halbbild jeweils eine andere Impulsspule zugeordnet ist.

Aus Bild 5.11 ist zu entnehmen, wie sich Schaltimpulse und Kopfsignale zeitlich zueinander verhalten. Dabei wurde für beide Kopfverstärker ein NPN-Schalttransistor vorausgesetzt, so daß also nur die positiven Impulsanteile den Transistor niederohmig machen. Das obere Signal entspricht dem Ausgang des Videokopfes (A). Darunter befindet sich der dazugehörige Schaltimpuls. Er sorgt dafür, daß Auf- und Abbau des Kopfsignals, seiner Flankensteilheit entsprechend, absolut rechteckförmig verlaufen. Das gleiche gilt für das geschaltete Kopfsignal (B).

Die so erzeugten steil verlaufenden Begrenzungen der beiden FM-Signale ermöglichen jetzt eine exakte Überlappung, die nur eine Zeile breit ist. Die Restüberlappung ist im unteren zusammengesetzten Signal (A/B) von Bild 5.11 zu erkennen. Vom Oszilloskop abfotografiert wurden die Kopfübernahmezonen von Bild 5.12. Die Wirkung der Schaltimpulse spricht hier für sich.

Bild 5.11
Signalverläufe des geschalteten Kopfverstärkers

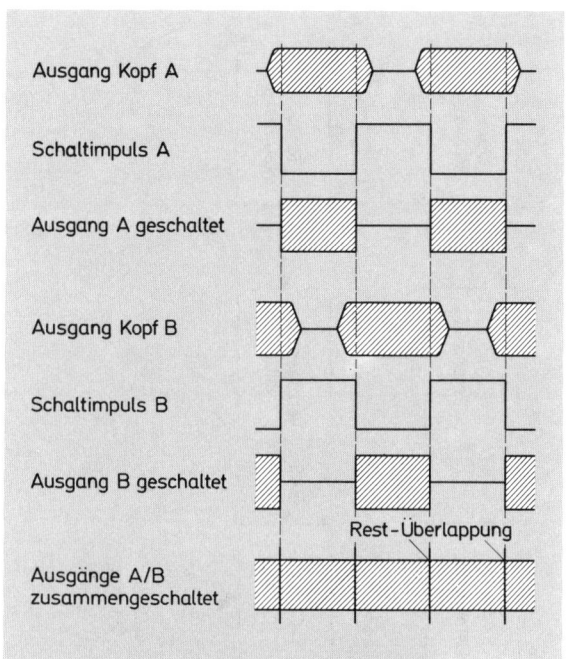

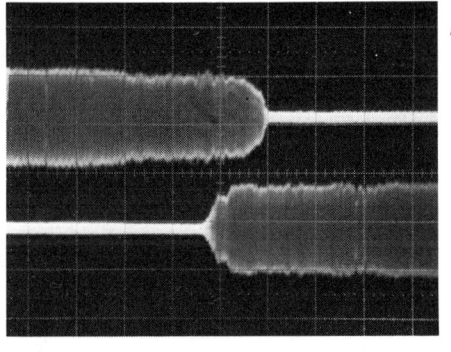

Bild 5.12
Oszillogramme der Kopfübernahmezone

A = Ungeschaltete Kopfsignale

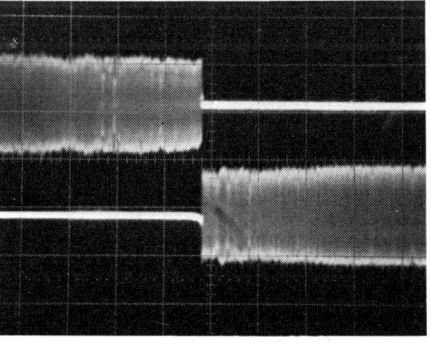

B = Geschaltete Kopfsignale

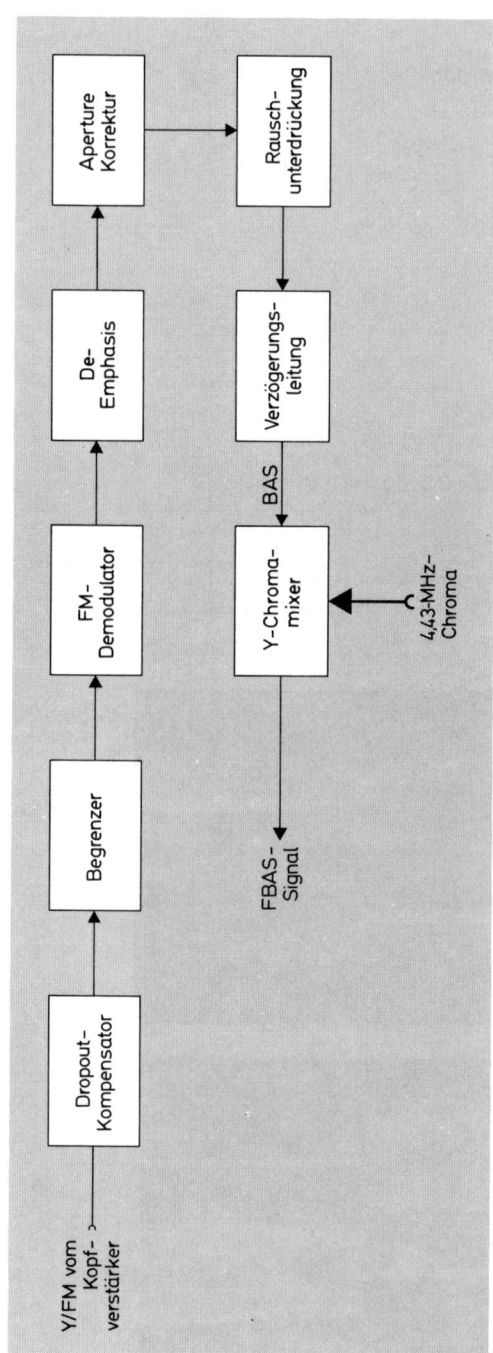

Bild 5.13 Y-Wiedergabe-Blockschaltbild

5.5 Blockschaltbild der Y-Wiedergabe

Am Ausgang der Hochpaßschaltung in Bild 5.4 steht das ausgefilterte Y-FM-Signal zur Verfügung. Mit Hilfe des Blockschaltbildes (Bild 5.13) soll nun der weitere Y-Signalweg besprochen werden.

Als erstes passiert das zusammengesetzte FM-Kopfsignal einen Dropout-Kompensator. Er sorgt dafür, daß Pegeleinbrüche, die normalerweise als verrauschte Zeilenanteile erkennbar sind, unsichtbar bleiben. Diese Signalausfälle entstehen durch sogenannte magnetische Löcher bzw. Dropouts in der magnetischen Beschichtung des Videobandes. Besonders älteres Bandmaterial kann diese Störungen aufweisen. Die genaue Funktion der Dropout-Kompensation kommt im nächsten Abschnitt zur Sprache.

Das Ausgangssignal ist nun weitgehend von Kurzzeit-Pegeleinbrüchen befreit. Trotzdem weist es aber noch keine konstante Signalamplitude auf; unter anderem, weil der Band-Kopf-Kontakt während der Umlaufphase des Kopfrades nicht gleichmäßig ist. Das hat Amplitudenschwankungen des Kopfsignals zur Folge. Zu

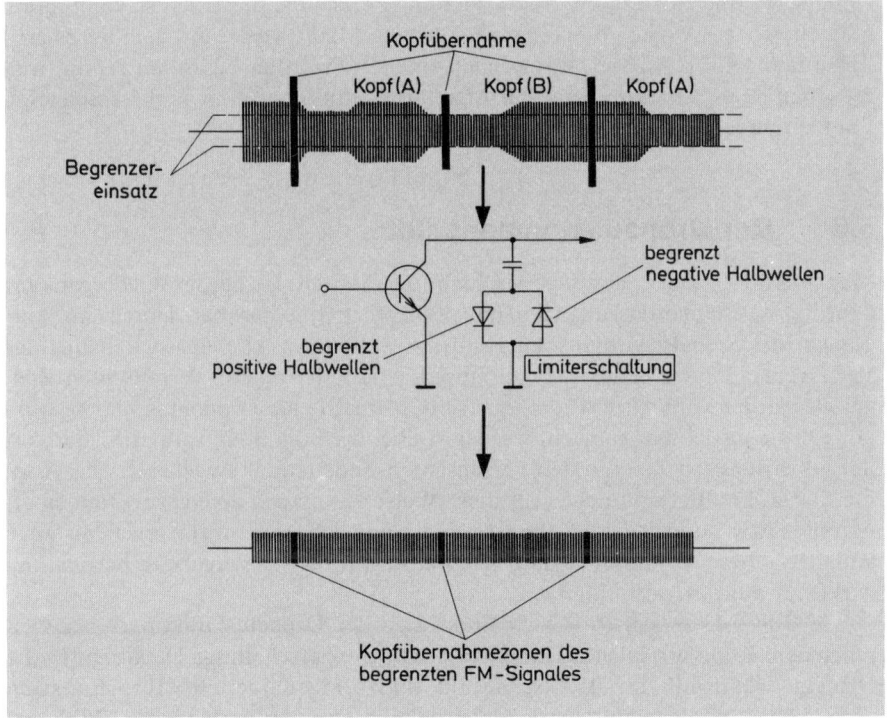

Bild 5.14 Mit einer Limiterschaltung wird die FM-Amplitude auf gleiches Niveau gebracht

den Vorteilen der FM-Aufzeichnung gehört die Möglichkeit, Pegelschwankungen durch Begrenzung des FM-Signals zu beseitigen. Der Begrenzer oder Limiter kann z.B. aus zwei Dioden bestehen, die antiparallel geschaltet sind. Eine Diode begrenzt die positive FM-Halbwelle, während die Begrenzung der negativen Halbwelle durch die zweite Diode erfolgt. Die prinzipielle Wirkungsweise geht aus Bild 5.14 hervor. Durch die Begrenzung ist es auch möglich, die Amplitudenerhöhungen während der Überlappungszeit zu beseitigen.

Im nachfolgenden Demodulator wird aus dem FM-Signal das Schwarzweiß-Videosignal (BAS) zurückgewonnen. Hierfür eignen sich verschiedene Schaltungen, wie z.b. der Laufzeitdemodulator oder der Zähldiskriminator.

Mit der De-Emphasis werden die aufnahmeseitig zur Verbesserung des Rauschabstandes angehobenen hochfrequenten Videoanteile wieder abgesenkt. Die Aperture-Korrektur sorgt anschließend für eine Versteilerung z.B. rechteckförmiger Video-Signalanteile. Auf diese Weise werden verwaschene Schwarzweißübergänge auf dem Bildschirm vermieden. Wir werden uns im übernächsten Abschnitt mit dieser Form der Signalregenerierung genauer beschäftigen.

Zur Erhöhung des Rauschabstandes ist bei einigen Videorecordern eine spezielle Schaltung zur Rauschunterdrückung vorgesehen. Bevor das so von Störanteilen befreite BAS-Signal in einem Y-Chroma-Mixer wieder mit dem Farbsignal zusammengeführt wird, erfährt es noch eine Verzögerung. Sie ist notwendig, weil zwischen dem Luminanz- und Farbsignalweg, ähnlich wie im Farbfernsehgerät, Laufzeitunterschiede bestehen.

5.6 Der Dropout-Kompensator

Magnetische Löcher in der Bandbeschichtung machen sich bei der Wiedergabe auf dem Fernsehschirm als unangenehme Bildstörung bemerkbar. Durch das Ausbleiben des Signals wird in den gestörten Zeilen bzw. Zeilenanteilen nur das Verstärkerrauschen sichtbar. Diese impulsartig auftretenden verrauschten Bildanteile werden vom Auge sofort registriert. Mit Hilfe der Dropout-Kompensation können sie unsichtbar gemacht werden. Dabei wird die Bildinformation der vorher geschriebenen Zeile in den verrauschten Zeilenanteil eingetastet. Das Auge merkt diesen «Betrug» nicht. Auf diese Weise kann auch eine ganze Zeile übernommen bzw. doppelt geschrieben werden, wenn der Dropout entsprechend lange andauert. Diese Art der Störkompensation ist nur bei Wiedergabe in Betrieb und wirkt nur auf das Y-FM-Signal.

Wie Bild 5.13 erkennen läßt, befindet sich der Dropout-Funktionsblock zwischen dem Kopfverstärkerausgang und der Begrenzerschaltung. Detailliert ist die Dropout-Elektronik im Blockschaltbild Bild 5.15a dargestellt. Ihre Funktion ergibt sich aus folgenden Überlegungen: Ohne Dropout verläuft das FM-Signal nach der gestrichelten Linie in Bild 5.15a. Nachdem es am Eingang einen Begrenzer passiert hat, erreicht es über den Einsteller R_4 einen Emitterfolger, der als Impedanzwandler wirkt. Von dort verzweigt es sich auf den Ausgang der Schaltung

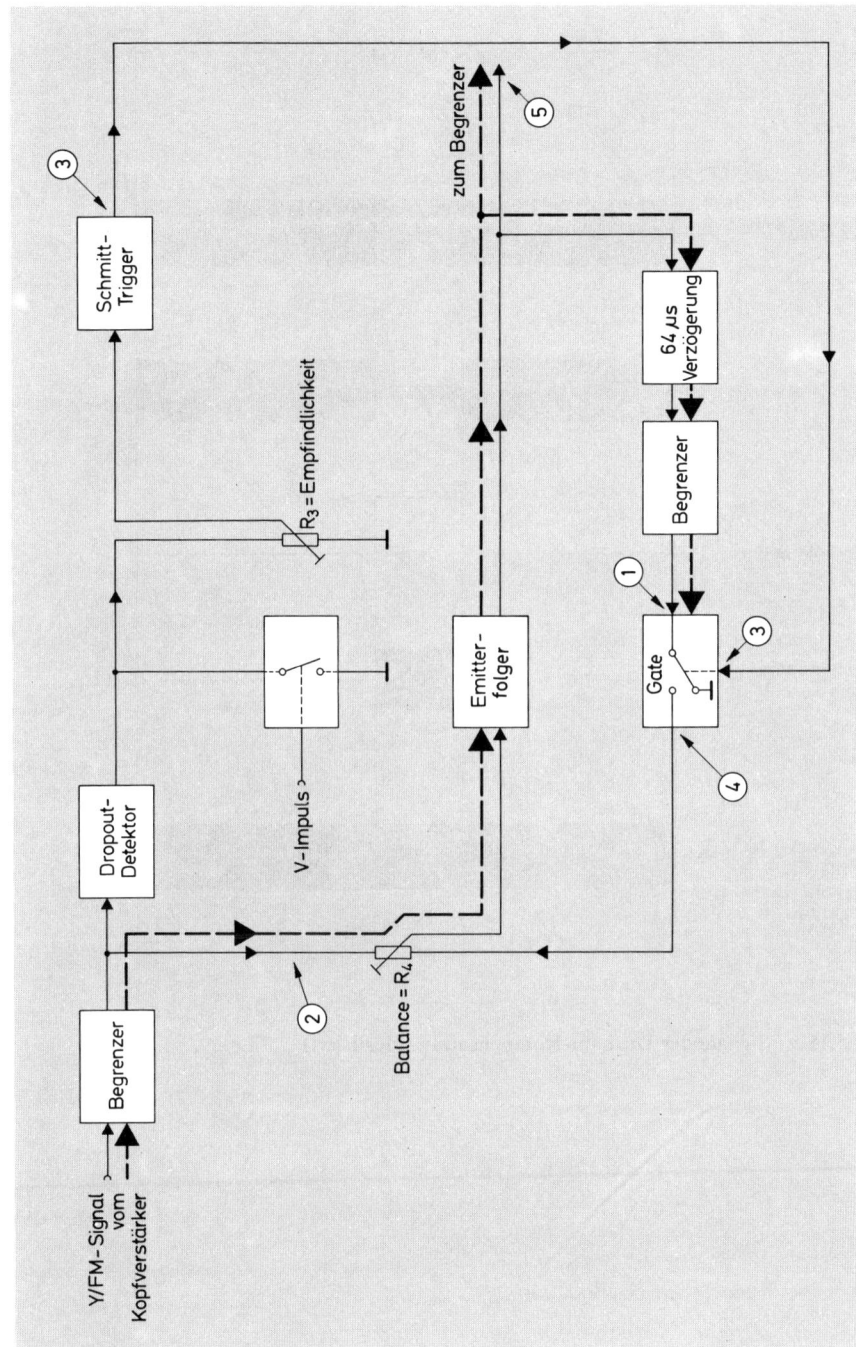

Bild 5.15a   Prinzip der Dropout-Kompensation

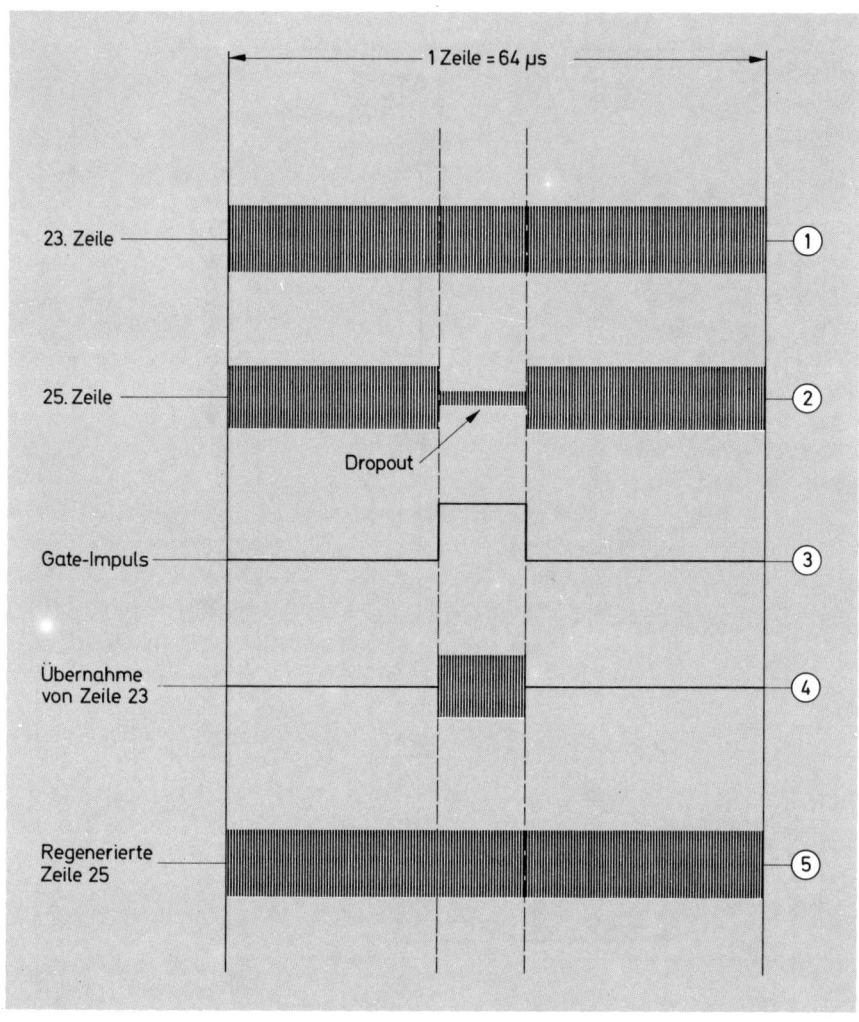

Bild 5.15 b   Signale der Dropout-Kompensation (idealisiert)

und zurück auf eine Verzögerungsleitung, die das FM-Signal 64 µs bzw. für die Dauer einer Zeile verharren läßt. Es wird dann noch einmal begrenzt und einer Gate-Schaltung zugeführt, in der ein Kurzschluß nach Masse erfolgt, der es zunächst unwirksam macht.

Pegeleinbrüche, die größer als -25 dB sind, werden sofort von einem Dropout-Detektor (oben links) registriert und in einen Spannungssprung umgewandelt. Der nachfolgende Schmitt-Trigger macht daraus einen sauberen Rechteckimpuls, dessen Breite der Stördauer proportional ist.

Die Signale der Dropout-Kompensation machen die Zusammenhänge deutlich. In Bild 5.15b wurde angenommen, daß die 25. Zeile eine Störzone aufweist (Signal 2). Der Ausgangsimpuls (3) des Schmitt-Triggers wirkt als Auftastimpuls für das Dropout-Gate. Ohne Dropout wird die um 64 µs verzögerte vorhergehende 23. Zeile im Dropout-Gate nach Masse kurzgeschlossen (Bild 5.15a). Der Auftastimpuls sorgt nun dafür, daß dieser Kurzschluß für die Dropout-Dauer aufgehoben wird und der Signalanteil der Zeile 23 (Signal 4, Bild 5.15b) zum unteren Anschluß des Einstellers R_4 gelangt. Am Schleifer von R_4 bzw. am Ausgang der Schaltung kann jetzt der Signalanteil der 23. Zeile in die Signallücke der 25. Zeile eingepaßt werden. Der Erfolg ist eine Regenerierung der gestörten 25. Zeile (Signal 5), die eigentlich das Signal verfälscht, aber optisch unsichtbar bleibt.

Man bezeichnet diese Schaltung auch als umlaufenden Dropout-Kompensator, weil sich die Rückführung des verzögerten Signals ständig wiederholt, wenn einmal mehrere Zeilen ausfallen sollten. Auf diese Weise können auch längere Dropout-Phasen kompensiert werden. Dabei ist allerdings zu beachten, daß nach einigen Umläufen der Rauschabstand immer schlechter wird, so daß eine wirksame Kompensation nur für 3 bis 4 Zeilen möglich ist. Der Begrenzer zwischen der Verzögerungsleitung und dem Dropout-Gate unterdrückt Schwingneigungen, die durch die Signalrückführung auftreten können.

Nach dem Dropout-Detektor ist in Bild 5.15a ein elektronischer Schalter zu erkennen. Er schaltet Dropout-Impulse, die in der vertikalen Austastlücke registriert werden, nach Masse kurz und verhindert so die Störungskompensation. Diese Maßnahme ist erforderlich, weil die Wirkung der Dropout-Kompensation die Bildsynchronisation beeinflussen könnte. Zweckmäßigerweise wird der Schaltvorgang durch die V-Impulse ausgelöst.

Mit dem Einsteller R_3 kann die Ansprechempfindlichkeit der Schaltung eingestellt werden. R_4 wirkt als Balanceeinsteller. Er muß so eingestellt werden, daß die Amplitude des Signals (2) am oberen Anschluß von R_4 identisch ist mit dem Signalersatz (4), der dem unteren Anschluß zugeführt wird.

5.7 Crispening und Cosinus-Entzerrung

Bei der Aufnahme und Wiedergabe eines Schwarzweißüberganges kann man feststellen, daß der dabei entstehende rechteckförmige Video-Spannungsimpuls verformt wird. Genauer gesagt: Die Steilheit der Impulsflanken nimmt ab. Dies hat verwaschene vertikale Bildkonturen zur Folge. Der Grad der Verzerrungen wird durch die Oberwellenanteile bestimmt.

Für die Regenerierung oder, besser gesagt, Entzerrung des Videosignals gibt es verschiedene Möglichkeiten. Relativ einfach läßt sich die Differenzier-Entzerrung durchführen. Sie wird auch als Crispening-Technik bezeichnet. Crispening heißt soviel wie Versteilerung; gemeint ist das Versteilern der Impulsflanken. Dies geschieht durch mehrfaches Differenzieren des Videosignals. Anschließend werden die differenzierten Anteile der ursprünglichen mit Verlusten behafteten Videoinformation überlagert. Das daraus resultierende Videosignal weist eine Verbesserung der Impulsflanken-Steilheit auf.

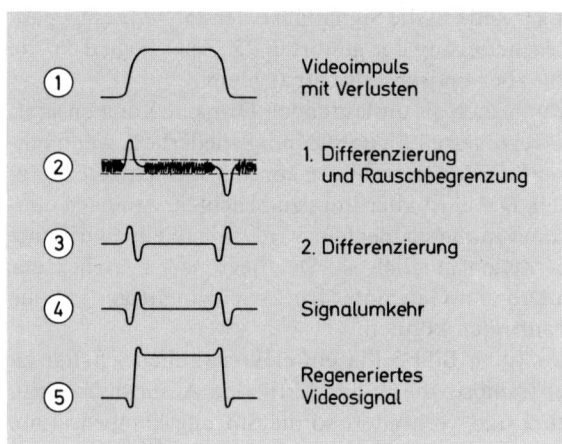

Bild 5.16
Signalverläufe der Differenzier-Entzerrung (Crispening)

Die Signalverläufe in Bild 5.16 erklären die Crispening-Wirkung. Die Flanken des Videoimpulses (1) werden durch eine R/C-Kombination differenziert. Das so entstehende Signal (2) enthält Rauschanteile, die unterdrückt werden müssen, damit sie bei der Überlagerung mit dem Videosignal keine Verschlechterung des Rauschabstandes hervorrufen. Nach der Rauschbegrenzung entsteht durch eine zweite Differenzierung das Signal (3). Eine Inverterschaltung polt es um (4), so daß jetzt die Addition mit dem Videosignal erfolgen kann. Der Impuls (5) zeigt die Form des auf diese Weise regenerierten Video-Rechtecksignals.

Mit Hilfe von Verzögerungsleitung wird eine andere, aufwendigere Art der Regenerierung durchgeführt. Sie ist unter der Bezeichnung «Cosinus-Entzerrung» bekannt und findet besonders im professionellen bzw. im Industrievideo Anwendung.

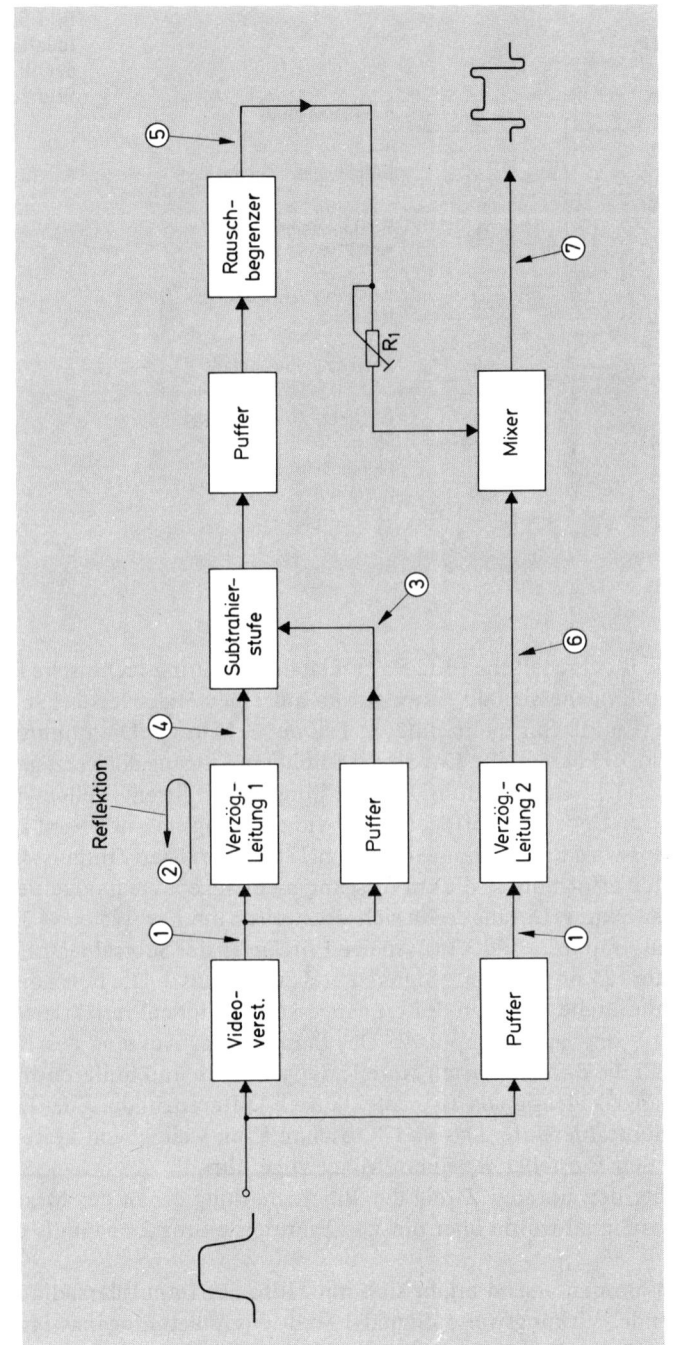

Bild 5.17 Blockschaltung einer Cosinus-Entzerrung

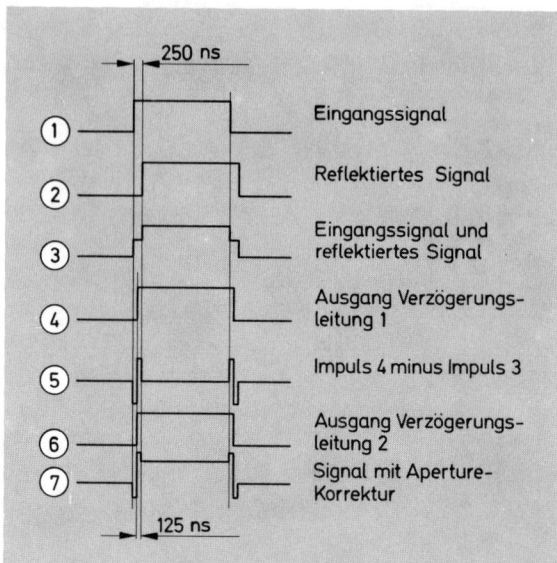

Bild 5.18
Idealisierte Signalformen
der Blockschaltung
Bild 5.17

Die Blockschaltung (Bild 5.17) zeigt die schaltungstechnische Realisierung. Das Video-Eingangssignal verzweigt sich auf einen Videoverstärker und eine Pufferstufe (Emitterfolger) im unteren Teil der Schaltung. Die Impulsverhältnisse sind in Bild 5.18 dargestellt. Das Signal 1 steht am Eingang der Verzögerungsleitungen 1 und 2. Die Laufzeitleitung 1 ist am Eingang mit ihrem Wellenwiderstand Z angepaßt; am Ende ist sie offen. Mit der Verzögerungsleitung 1 wird zweierlei erreicht: Erstens wird das Eingangssignal um 125 ns verzögert (Impuls 4, Bild 5.18). Zum zweiten erfolgt durch die am Ausgang nicht angepaßte Laufzeitleitung eine Reflexionswirkung. Daraus ergibt sich ein zweites, um 2×125 ns = 250 ns verzögertes Signal (Impuls 2, Bild 5.18). An den Eingängen der Subtrahierstufe liegen also jetzt das um 125 ns verzögerte Signal 4 und der Impuls 3. Die Form des Signals 3 ergibt sich durch die Addition des Eingangssignals mit dem reflektierten und damit um 250 ns verzögerten Impuls 2. Das Signal 5 am Ausgang des Rauschbegrenzers enthält die differenzierten Anteile der vorderen und hinteren Impulsflanken des Eingangs-Videosignals. Es entsteht durch Differenzbildung der Impulse 3 und 4 in der Subtrahierstufe. Das von Rauschanteilen weitgehend befreite Signal 5 wird über den Einsteller R_1 einem Mixer zugeführt.

Über den unteren Zweig der Blockschaltung erhält der Mixer den Impuls 6. Dieses Signal wurde über die Verzögerungsleitung 2 ebenfalls um 125 ns verzögert.

Zusammenfassend ergibt sich mit Hilfe der Impulsdarstellungen in Bild 5.18 folgende Wirkungsweise: Signal 1 stellt das Video-Eingangssignal dar. Impuls 3 resultiert aus der Addition von Signal 1 und 2. Der vierte Impuls steht am Ausgang der Verzögerungsleitung 1. In der Subtrahierschaltung wird Impuls 3 vom Signal 4 abgezogen. Dieser Vorgang ist leichter verständlich, wenn man den Impuls 3 mit negativem Vorzeichen versieht bzw. ihn um 180° in der Phase dreht und dann zeichnerisch mit dem Signal 4 addiert. Daraus entsteht der differenzierte Impuls 5.

Die eigentliche Signalentzerrung findet im Mixerblock statt. Hier wird dem um 125 ns verzögerten Eingangs-Videosignal der Korrekturimpuls überlagert. Am Ausgang der Schaltung kann die regenerierte Videoinformation (Signal 7) abgenommen werden.

5.8 Rauschunterdrückung

Zu den wichtigsten Kriterien bei der Qualitätsbeurteilung einer Videoaufzeichnung gehören die Auflösung und der Rauschabstand. Beide stehen in direktem Zusammenhang. Eine hohe Auflösung kann sich negativ auf den Rauschabstand auswirken. Aus diesem Grund versucht man, mit speziellen Schaltungen die Rauschanteile zu unterdrücken.

Ein schaltungstechnisches Beispiel dafür zeigt Bild 5.19. Dazu gehören die Signalverläufe in Bild 5.20a. Das Grundprinzip dieser Schaltung besteht darin, daß man die Rauschanteile vom Videosignal trennt, um 180° in der Phase dreht und anschließend dem verrauschten Videosignal wieder hinzuaddiert. Die Funktionen im Detail erklären sich folgendermaßen: Hinter dem FM-Demodulator verzweigt sich das verrauschte Videosignal (1) auf einen Videoverstärker und den Einsteller R_5. Die R/C-Kombination R_3/C_3 dahinter ist so bemessen, daß eine starke Differenzierung eintritt (Signal 2). Es entsteht eine nadelimpulsartige Verformung des Videosignals. Die Rauschanteile konzentrieren sich dadurch auf die Nullinie.

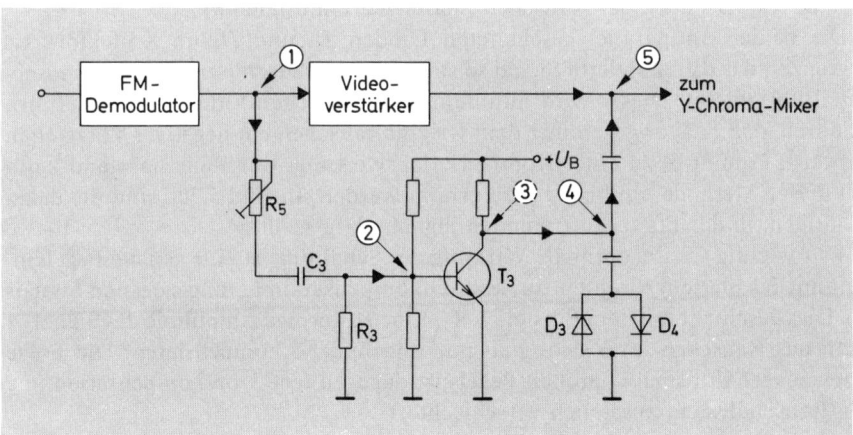

Bild 5.19 Prinzip einer Rauschunterdrückungsschaltung, die auf die Y-Anteile wirkt

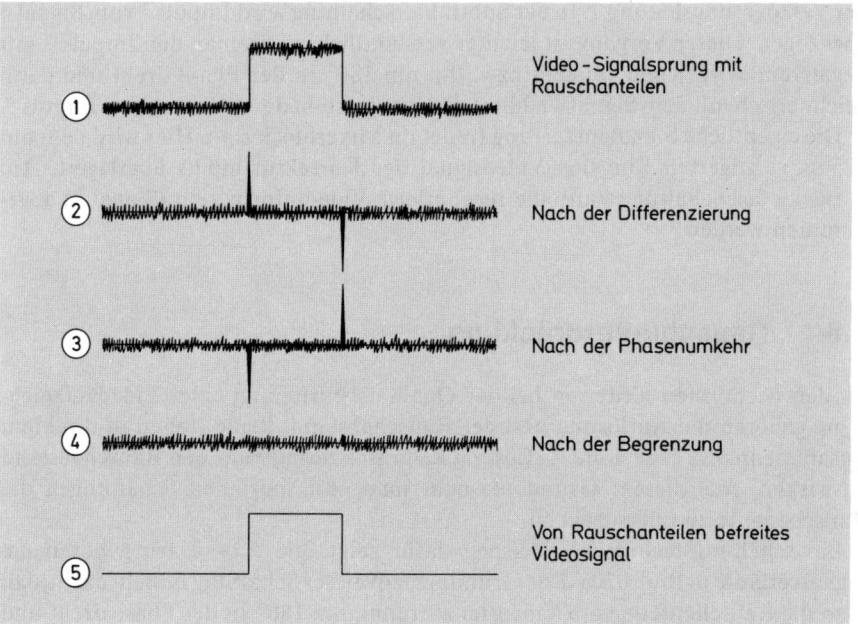

Bild 5.20a Theoretische Signalformen einer Rauschunterdrückung nach Bild 5.19

Der in Emitterschaltung arbeitende Transistor T_3 sorgt für die erforderliche Phasendrehung. Am Kollektor von T_3 kann so ein um 180° phasengedrehtes, differenziertes Videosignal oszillografiert werden. Natürlich sind nicht nur die Videoanteile, sondern auch das Rauschen phasengedreht (Signal 3).

Die beiden antiparallel geschalteten Dioden D_3 und D_4 im Kollektorkreis begrenzen das differenzierte Signal so stark, daß praktisch nur noch der Rauschanteil übrigbleibt. Dieser wird nun dem ursprünglichen Videosignal zugeführt. Dadurch, daß er aber gegenüber dem Originalrauschen ein negatives Vorzeichen aufweist, kommt es zu einer Kompensationswirkung. Der Rauschabstand kann mit dieser Methode um bis zu 3 dB erhöht werden. In Bild 5.20b sind die dazugehörigen, in der Praxis auftretenden Signale dargestellt.

Sehr wichtig für die optimale Wirkung der Schaltung ist eine genaue Pegeleinstellung des phasengedrehten, zur Rauschkompensation herangezogenen Signals (4). Dies geschieht mit dem Einsteller R_5. Eine zu geringe Amplitude des Signals 4 kann das Rauschen im Videosignal nur ungenügend kompensieren. Die Folge eines unverhältnismäßig großen Pegels ist dagegen eine Überkompensation, die den Rauschabstand zusätzlich verschlechtert.

Bild 5.20b
In der Praxis auftretende Signale der Schaltung Bild 5.19

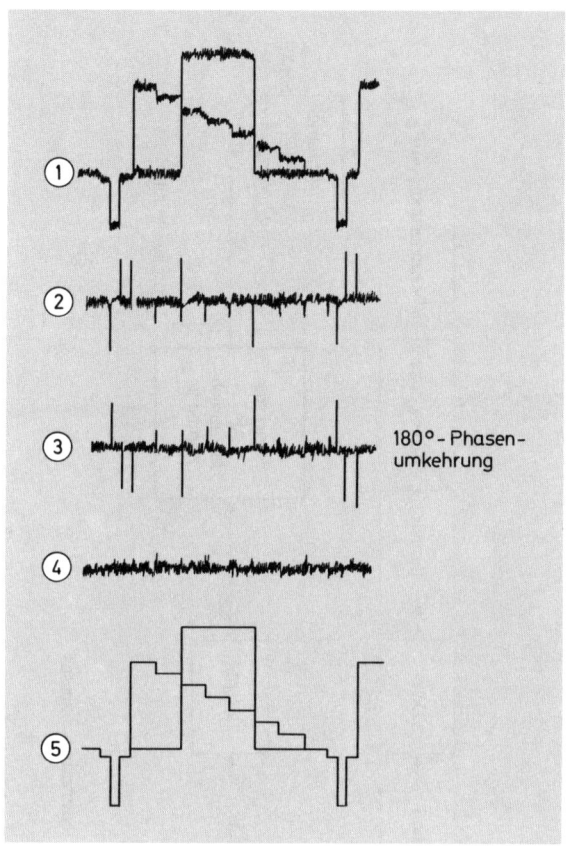

5.9 Rückgewinnung und Stabilisierung der Farbinformation

Obwohl moderne Videorecorder mit hochpräziser Mechanik und aufwendigen Servoregelsystemen arbeiten, können Zeitfehler im Wiedergabesignal nicht verhindert werden. Diese «Rest-Gleichlaufschwankungen» machen sich im Luminanzanteil nicht bemerkbar. Auch die Horizontalsynchronisation des Fernsehgeräts wird durch Zeitbasisfehler nicht gestört, wenn der Phasenvergleich entsprechend dimensioniert ist. Ausgesprochen unangenehm reagiert dagegen das Farbsignal auf Schwankungen der Zeitbasis. Es entstehen Änderungen der Signalphase, die sich auf dem Bildschirm als Farbtonfehler bemerkbar machen. In Extremfällen kann es sogar zum Ausfall der Farbinformation kommen.

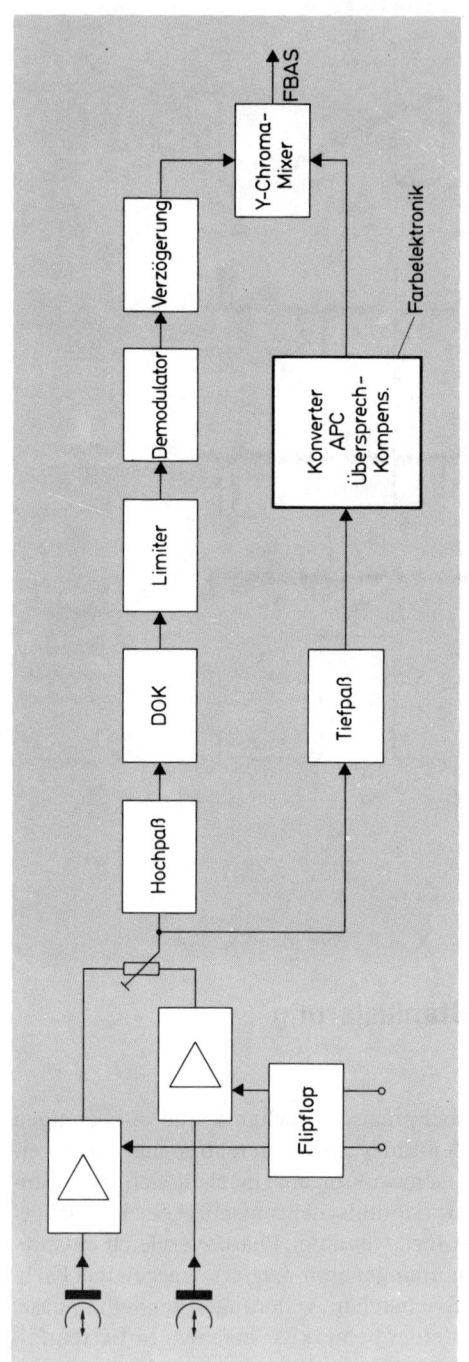

Bild 5.21 Stark vereinfachtes Blockschaltbild des Wiedergabeprozesses

Neben den Zeitbasisschwankungen ist das Übersprechen zwischen den Schrägspuren auch ein Kriterium für die Qualität des Farbbildes. Bei VHS-, Betamax- und SVR-Recordern sind deshalb besondere schaltungstechnische Maßnahmen erforderlich.

Im vereinfachten Wiedergabe-Blockschaltbild in Bild 5.21 ist im unteren Teil der Block «Farbelektronik» zu erkennen. Er enthält die für eine einwandfreie Farbwiedergabe erforderlichen Baugruppen:
1. Konverter
2. automatische Phasenkorrektur (APC)
3. Übersprechkompensation

Zunächst soll die Rückkonvertierung des heruntergesetzten Farbträgers zur Sprache kommen. Prinzipiell wäre sie relativ leicht durch Differenzbildung mit einer Hilfsfrequenz zu realisieren, ähnlich wie bei der Aufnahme. Die Notwendigkeit der Phasenkorrektur (Automatic Phase Control = APC) macht die Rückgewinnung aber erheblich aufwendiger und komplizierter.

In der Regel kombiniert man die Phasenkorrektur schaltungstechnisch mit der Konvertierung. Ein Beispiel dafür zeigt Bild 5.22. Für den heruntergesetzten Farbträger wurde eine Frequenz von 685 kHz angenommen. Man führt sie dem Eingang der Schaltung zu. Die 4.43-MHz-Ausgangsfrequenz wird in einem Phasenvergleich mit der quarzstabilen Frequenz eines 4,43-MHz-Oszillators verglichen. Mit der Regelspannung steuert man einen 685-kHz-VCO an. Sobald die 4,43-MHz-Farbinformation Frequenz- oder Phasenabweichungen aufweist, werden diese vom Phasendetektor registriert und über den VCO sowie 2 Konverter kompensiert.

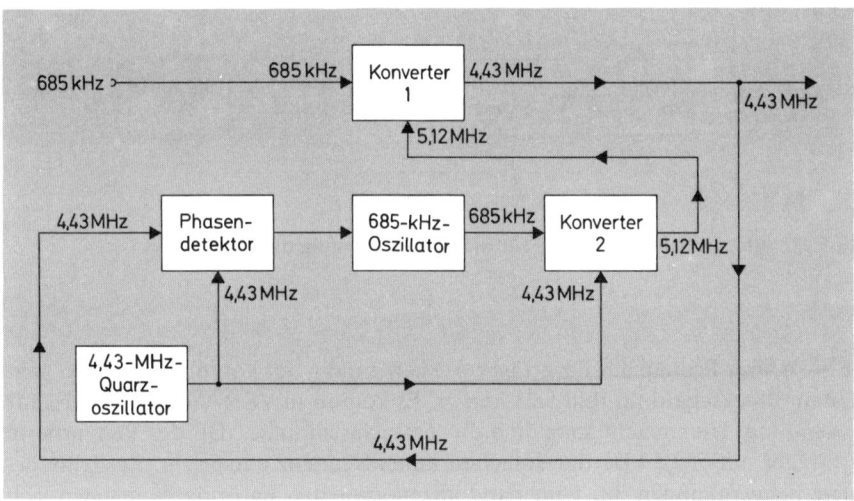

Bild 5.22 Schaltungsbeispiel für die Rückgewinnung des Farbträgers mit gleichzeitiger Korrektur (APC) von Phasenfehlern

Am einfachsten läßt sich die Wirkungsweise der Schaltung (Bild 5.22) erklären, wenn man von einem vorgegebenen Fehler ausgeht. Nehmen wir an, daß vom Band 686 kHz anstelle von 685 kHz kommen. Am Ausgang werden dann die 4,43 MHz ebenfalls um 1 kHz erhöht. Daraus würden ohne die Regelschaltung starke Farbtonverfälschungen resultieren.

Der Phasendetektor registriert die Erhöhung der 4,43-MHz-Ausgangsfrequenz und erzeugt eine Gleichspannung, die den 685-kHz-Oszillator in der Frequenz um 1 kHz hochregelt. Das Mischprodukt am Ausgang des zweiten Konverters steigert sich dadurch auch um 1 kHz. Dieses Signal ist aber gleichzeitig das zweite Eingangssignal für den ersten Konverter. Es ist also folgende Situation eingetreten: Beide Eingangssignale des Konverters 1 wurden um die Frequenz der fehlerhaften Abweichung, nämlich 1 kHz, angehoben. Das bedeutet, die Differenz dieser Frequenzen, die den Farbträger bildet, bleibt auf dem Sollwert von 4,43 MHz. Somit werden trotz falscher Frequenz des heruntergesetzten Farbträgers keine Farbtonfehler wirksam.

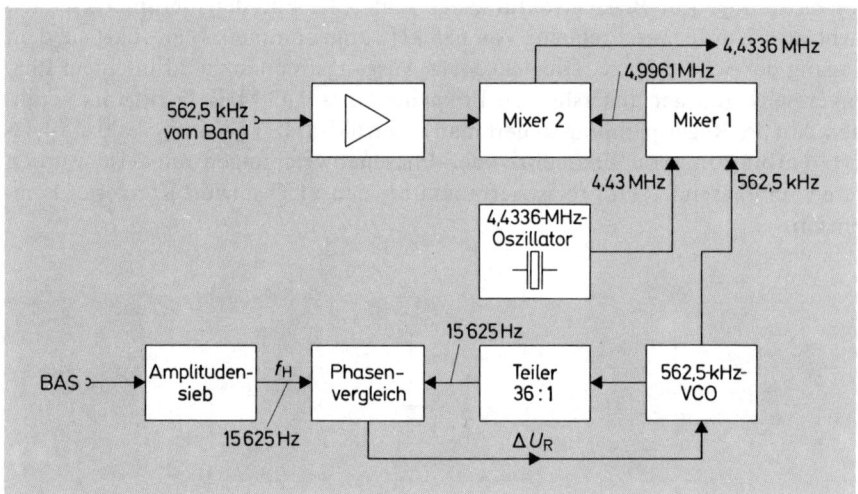

Bild 5.23 Blockschaltungsbeispiel für die Rückgewinnung des Farbträgers

Ein anderes Prinzip der Farbträgerrückgewinnung mit kombinierter APC geht aus dem Blockschaltbild Bild 5.23 hervor. Es kommt in VCR-Videorecordern zur Anwendung. Hier macht man sich die Tatsache zunutze, daß der konvertierte Farbträger mit 562,5 kHz der 36fachen Zeilenfrequenz entspricht. Zeitfehlerbedingte Schwankungen des vom Band abgenommenen Farbträgers machen sich genauso in den horizontalen Synchronimpulsen bemerkbar, auch wenn sie hier keine sichtbaren Störungen hervorrufen. Auf dieser Erkenntnis basierend funktioniert die Schaltung in Bild 5.23. Neben dem heruntergesetzten Farbträger werden ihr die horizontalen Synchronimpulse des durch Demodulation zurückgewonnenen Videosignals zugeführt. Sie bilden die Bezugsfrequenz für einen Phasendiskriminator, der als Vergleichsinformation die Frequenz eines 562,5-kHz-Oszillators erhält. Vorher teilt man diese Oszillatorfrequenz auf das Frequenzniveau der H-Impulse herunter (5,625 kHz : 36 = 15 625 Hz). Der Oszillator ist eine VCO-Version; er kann durch die Regelspannung des Phasenvergleichs nachgesteuert werden.

Die VCO-Frequenz (562,5 kHz) wird im Mixer 1 einer quarzstabilen 4,4336-MHz-Frequenz hinzuaddiert, so daß am Mixerausgang 4,9961 MHz entstehen. Von dieser Frequenz zieht der Mixer 2 die vom Band kommenden 562,5 kHz ab. Am Ausgang des zweiten Mixers steht nun der ursprüngliche 4,43-MHz-Farbträger zur Verfügung.

Schwankungen des konvertierten Farbträgers werden mit Hilfe der Zeilenfrequenz kompensiert. Ein praktisches Beispiel macht dies deutlich: Eine angenommene fehlerhafte Erhöhung des Farbträgers um 0,5% hat zur Folge, daß sich seine Frequenz um 2,8 kHz erhöht. Es entsteht ein Farbträger von 565,3 kHz, der nach der Rückgewinnung starke Farbtonfehler entstehen läßt.

Die Zeilenfrequenz wird ebenfalls durch den 0,5%-Zeitfehler größer (um 78 Hz). Sie nimmt eine Frequenz von 15 703 Hz an. Dies wird sofort vom Phasenvergleich registriert, dessen nun wirksam werdende Regelspannung (ΔU_R) die VCO-Frequenz so lange erhöht, bis hinter dem 36:1-Teiler ebenfalls 15 703 Hz entstehen. Dieser Zustand tritt bei einer VCO-Frequenz von 565,3 kHz ein. Somit hat der VCO die gleiche Fehlerquote angenommen wie die Frequenz des Farbträgers; sie ist also um 2,8 kHz gestiegen. Um den gleichen Betrag erhöht sich die Ausgangsfrequenz des Mixers 1:
$$4\ 996\ 100 + 2800\ \text{Hz} = 4\ 998\ 900\ \text{Hz}$$

Auf diese Weise sind beide dem Mixer 2 zugeführten Frequenzen um 2,8 kHz größer geworden, so daß die Differenz, unabhängig von der Zeitfehlerschwankung, exakt 4,4336 MHz beträgt:
$$4\ 998\ 900\ \text{Hz} - 565\ 300\ \text{Hz} = 4,4336\ \text{MHz}$$

Aus Bild 5.24 geht die Farbträgerrückgewinnung eines Betamax-Videorecorders hervor. Hier kommen mehrere Blöcke zur Anwendung, die auch im Aufnahmebetrieb (Bild 5.2) in Funktion sind. Es handelt sich dabei um den über die Regelschleife geschalteten VCO, den 1:8-Teiler, den Bandpaßfilter 1 und den Konverter 1. Die Schaltung erfüllt die Aufgabe der Farbträgerrückgewinnung in Verbindung mit der notwendigen Phasenkorrektur. Dadurch, daß bei Betamax aufnahmeseitig für jedes Halbbild eine andere Farbträgerfrequenz aufgezeichnet wird (685 kHz und 689 kHz), muß zur Rückgewinnung der 4,43-MHz-Farbinformation die Hilfsfrequenz für den Konverter 2 von Schrägspur zu Schrägspur umgeschaltet werden. Diese Umschaltung ist absolut identisch mit der des Aufnahmebetriebes.

Durch Mischung der beiden VCO-Frequenzen mit der 4,43-MHz-VXO-Information (Bild 5.24a) entstehen bei der Wiedergabe am Ausgang des Konverters 1,

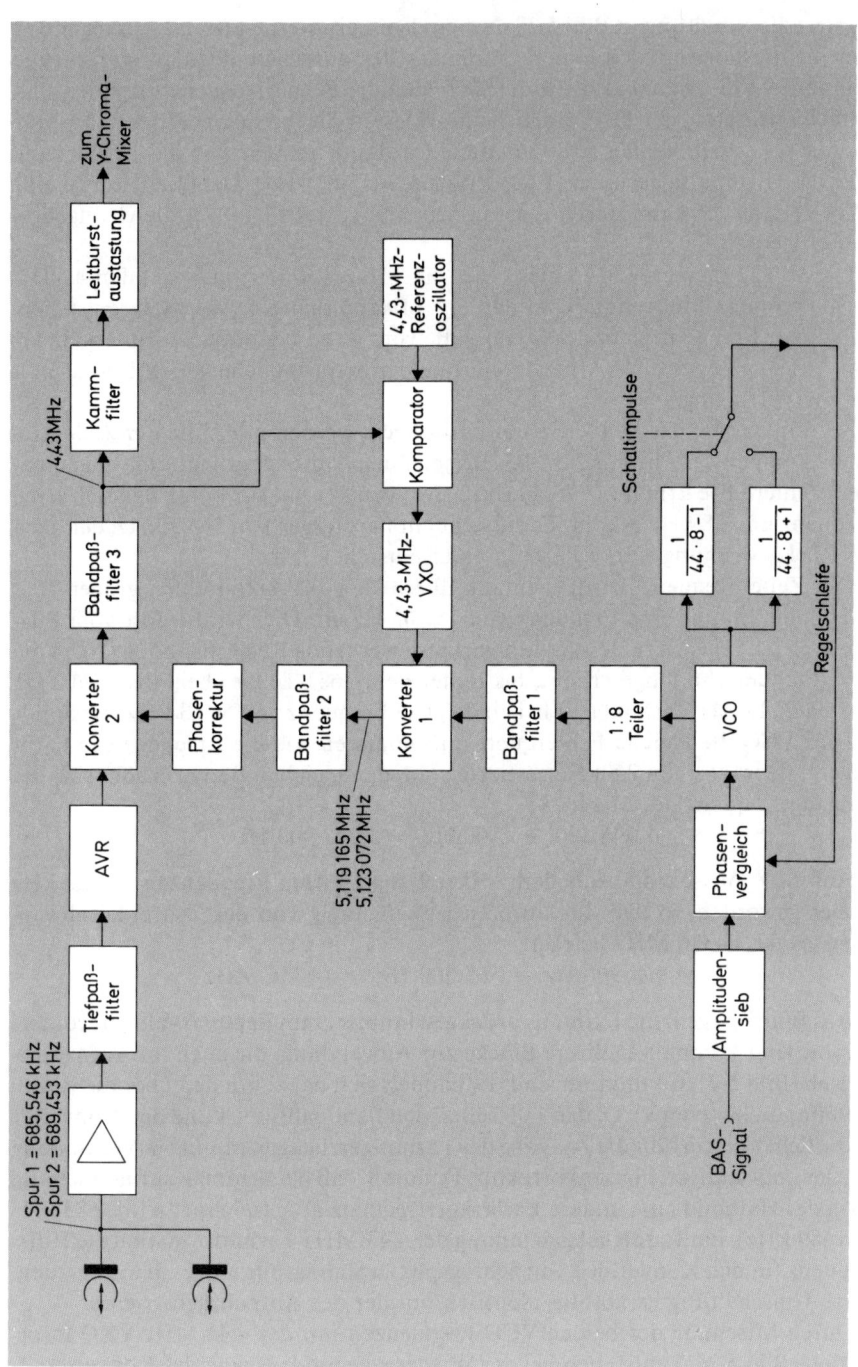

◄ Bild 5.24a Blockfunktionen der Betamax-Farbdecodierung bei Wiedergabe

genau wie bei der Aufnahme, die beiden Hilfsfrequenzen 5,119 MHz und 5,123 MHz. Sie erreichen über ein Bandpaßfilter mit nachgeschalteter Phasenkorrektur den Konverter 2.

Die beiden aufgezeichneten heruntergesetzten Farbträger werden von den Videoköpfen abgetastet und verstärkt. Ein Tiefpaßfilter unterdrückt anschließend die höherfrequenten Signalanteile. Danach erfolgt eine automatische Verstärkungsregelung (AVR), die für konstante Pegelverhältnisse sorgt. Im Konverter 2 wird dann durch Differenzbildung mit den wechselseitig wirksamen Hilfsträgerfrequenzen das 4,43-MHz-Signal zurückgewonnen.

Die Kompensation von Farbträgerschwankungen wird, ähnlich wie beim VCR-System, mit Hilfe der H-Impulse durchgeführt: Zeitfehlerschwankungen beeinflussen sowohl die beiden Betamax-Farbträger als auch die horizontalen Synchronimpulse. Aus diesem Grund ist in den Ausgangsfrequenzen des VCO der gleiche prozentuale Fehlerbetrag wirksam wie bei den Farbträgern. Das hat zur Folge, daß den Bezugsfrequenzen des Konverters 2 gleiche Fehlerbeträge anhaften, die während der Differenzbildung im Konverter 2 eliminiert werden.

Über den VCO können im wesentlichen nur Frequenzänderungen des Farbträgers ausgeglichen werden. Zur Kompensation von Phasenfehlern benutzt man den Leitburst (Bild 5.24b), der hinter dem Bandpaßfilter einem Komparator zugeführt wird, indem seine Phasenverhältnisse mit einem 4,43-MHz-Oszillator verglichen werden. Abweichungen kann man so registrieren und durch Beeinflussen des 4,43-MHz-VXO auf den Konverter 1 einwirken lassen, dessen Ausgangsfrequenz dadurch den gleichen Phasenfehler aufweist. Die Phasenfehler-Kompensation erfolgt dann ebenfalls im Konverter 2.

Bild 5.24b
Neben dem normalen
Burst in der Mitte liegt
links der Pilotburst

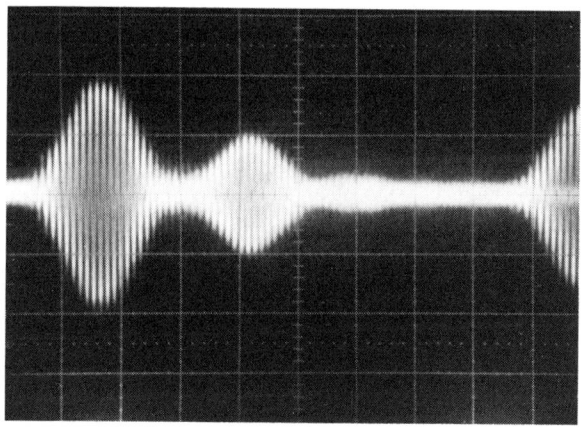

Hinter dem Bandpaßfilter 3 befindet sich das Kammfilter zur Unterdrückung des Chroma-Übersprechens. Im nächsten Abschnitt wird davon genauer die Rede sein. Erst danach hat der Leitburst seine Funktion erfüllt und kann vor der endgültigen Signalauskopplung zum Y-Chroma-Mixer ausgetastet werden.

5.10 Übersprechkompensation des Farbsignals

Im Grundlagenkapitel kam bereits die Übersprechproblematik zur Sprache, die aufgrund der direkt aneinandergrenzenden Videospuren zustande kommt. Es wurde deutlich, daß mit dem Azimutversatz der Kopfspalte nur die FM-Übersprechanteile der Nachbarspuren unterdrückt werden können. Für die niederfrequenteren Chromaanteile reichen die Azimutverluste nicht aus. Ausgenommen sind hier die VCR-Videorecorder mit ihren 15° großen Kopfspaltwinkeln.

Für Betamax- und VHS-Recorder sind bei der Wiedergabe besondere elektronische Maßnahmen zur Unterdrückung des Chroma-Übersprechens nötig. Aufgrund der geringen Spurbreite (51 µm) gilt dies auch für das SVR-System.

Bei diesen Systemen setzt man ein sogenanntes Kammfilter zur Unterdrückung der benachbarten Farbanteile ein. Die grundsätzliche Wirkungsweise wurde schon in den Bildern 3.11 und 3.12 angedeutet. Wir wollen uns nun genauer damit befassen.

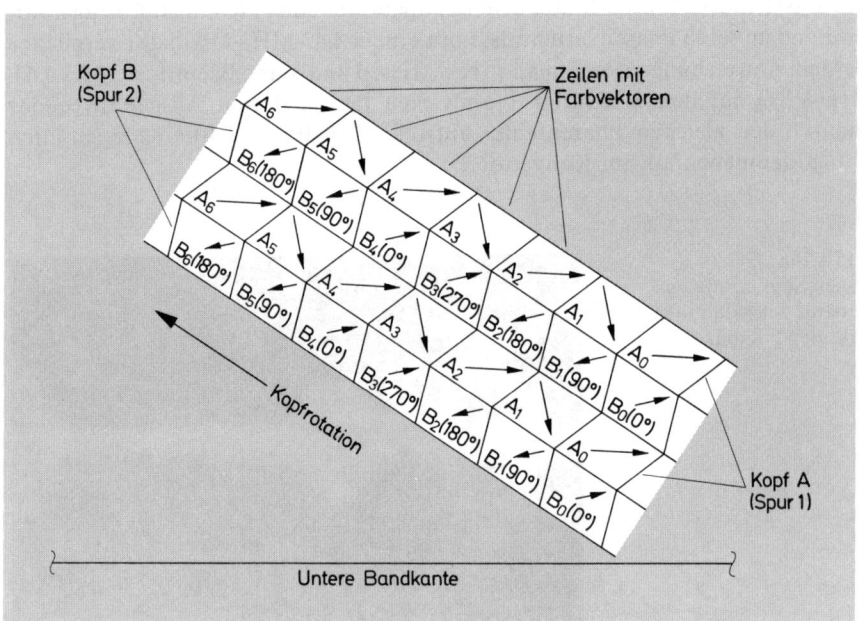

Bild 5.25 Spurlagenschema mit geschalteten Farbträgerphasen in der 2. Spur

Besonders deutlich wird die Kammfilterwirkung, wenn man die vektorielle Darstellung des von Zeile zu Zeile umgeschalteten Farbträgers als Bezug nimmt. In Bild 5.25 ist ein Spurlagenschema dargestellt, indem nur der Farbträger in den Zeilen des ersten Halbbildes bzw. der ersten Spur unverändert alterniert. Das Farbsignal der zweiten Spur erfährt von Zeile zu Zeile eine Phasenverschiebung um $-90°$. Wiedergabeseitig muß natürlich eine entsprechende Rückschaltung erfolgen.

Am Beispiel von Bild 5.26 soll nun das Prinzip der Übersprechungsunterdrückung mit Hilfe eines Kammfilters erklärt werden:

Wir nehmen an, daß Kopf A dabei ist, die Spur 1 abzutasten. In dem in der Abbildung dargestellten Momentaneindruck werden dem Kammfilter gerade die Zeilen A_1 bis A_6 des ersten Halbbildes zugeführt. Daneben sind natürlich die Übersprechanteile der Nachbarspur (Spur 2) wirksam. Es handelt sich um die Farbanteile der Zeilen B_1 bis B_6. Das Kammfilter setzt sich aus einer 2-Zeilen-Verzögerungsleitung und einer Addierstufe zusammen. Sowohl das Nutzsignal der Spur 1 als auch das Übersprechen der Spur 2 werden einmal um 2 Zeilen verzögert und einmal direkt der Addierstufe zugeführt. Dabei findet die eigentliche Übersprechkompensation statt. Bei genauer Betrachtung der Vektoren kann man feststellen, daß sich die Nutzsignale in der Addierstufe verdoppeln, weil ihre Vektoren gleiche Richtung aufweisen. Es entstehen z.B. Additionen der Farbträger in den Zeilen A_3/A_1, A_6/A_4 und A_5/A_3. Die Übersprechanteile werden der Addierstufe immer gegenphasig zugeführt, so daß sie sich gegenseitig auslöschen. Die Vektoren des Kammfilterausganges verdeutlichen die Funktionen. Parallel zur Addition der Zeilen A_3 und A_1 erfolgt eine Subtraktion der Vektoren B_3 und B_1. Das gleiche gilt für die Farbträger B_6 und B_4, B_5 und B_3 usw. Nach dem hier besprochenen Grundprinzip funktionieren die Kammfilterschaltungen aller Hersteller. Auch wenn es zwischen den verschiedenen Systemen Varianten gibt, geht es immer darum, die Übersprechanteile durch gegenphasige Additionen zu kompensieren, während sich die Nutzsignale gleichzeitig addieren.

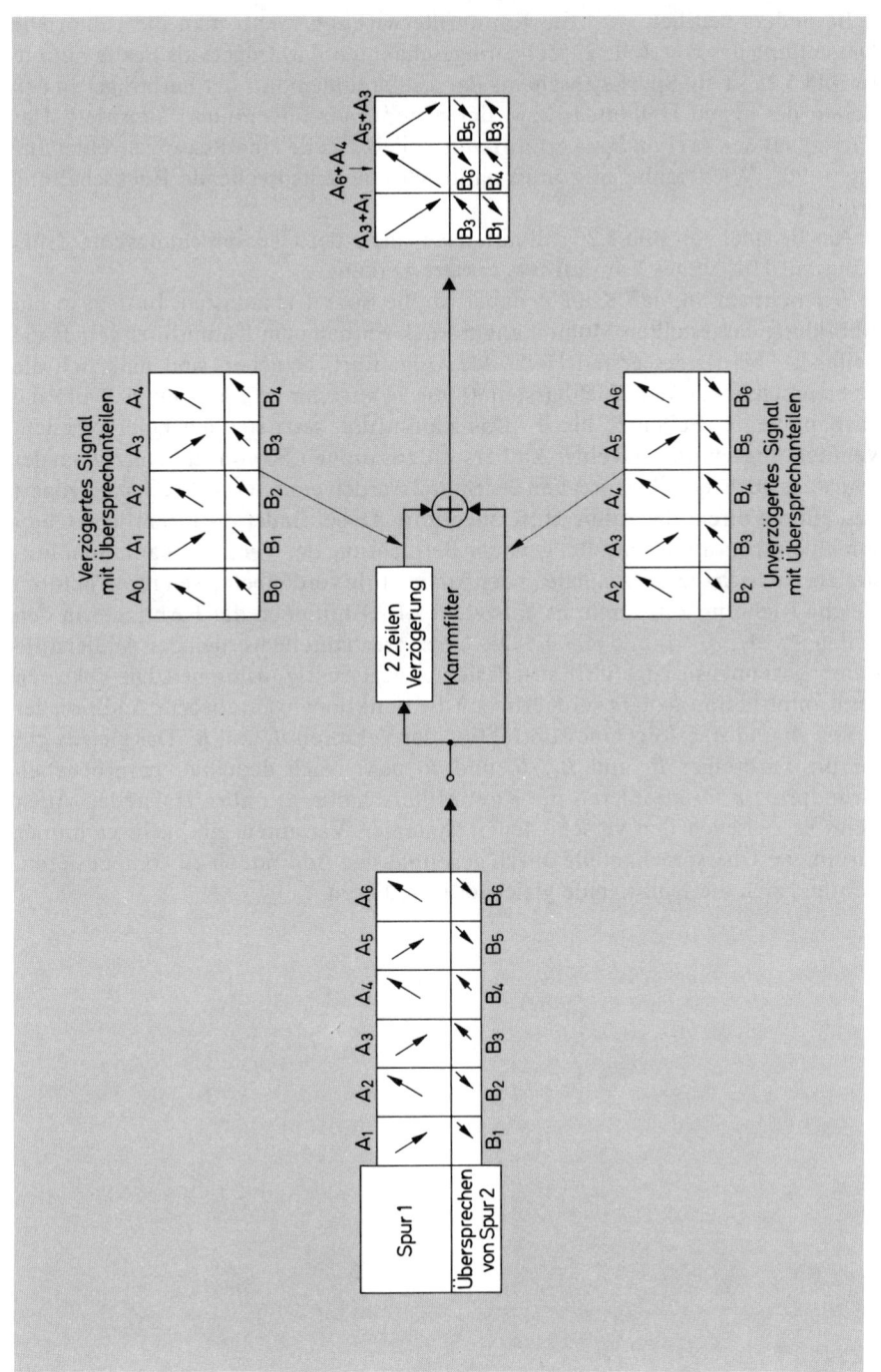

Bild 5.26 Funktionsbeispiel eines Kammfilters

6 Schaltungstechnik

Moderne Videorecorder arbeiten nur noch mit wenigen, diskreten Bauelementen. Sie wurden abgelöst durch hochintegrierte Schaltkreise und Mikroprozessoren. Diese kleinen, schwarzen «Blackboxen» lassen aber keinen Einblick in ihr elektronisches Innenleben zu. Diese Tatsache erschwert dem Lernenden das Verständnis der Zusammenhänge. Aus diesem Grund wird die Schaltungstechnik in diesem Kapitel weitgehend mit diskret aufgebauten Schaltungsauszügen erklärt.

6.1 Signalaufbereitung vor der FM-Modulation

Im Gegensatz zu professionellen Videorecordern, die Frequenzen bis 5 MHz aufzeichnen können, ist die Aufzeichnungs-Bandbreite der Heim-Videorecorder begrenzt. Die obere Grenzfrequenz beträgt hier 3 MHz bis maximal 32 MHz. Aus diesem Grund ist es nicht sinnvoll, den FM-Modulator mit dem vollständigen Frequenzspektrum (5 MHz) des Videosignals anzusteuern. Es können dabei störende Interferenzen in Erscheinung treten, die sich auf dem Bildschirm als Moiré bemerkbar machen. Abhilfe kann ein Tiefpaß schaffen, der das Videosignal vor der FM-Modulation auf die angestrebte maximale Bandbreite begrenzt. Zusätzlich fällt ihm die Aufgabe zu, die Farbanteile des FBAS-Signals vom Y-Modulator fernzuhalten.

In der Regel begrenzt der Tiefpaß das Videosignal auf ca. 3 MHz. Ein Schaltungsbeispiel mit Oszillogrammen zeigt Bild 6.1: Die Video-Information (Signal 11) wird oben links am Punkt 17 in die Schaltung eingespeist. Hier passiert sie zunächst einen 4,43-MHz-Sperrkreis, der die Chromaanteile unterdrückt. Er setzt sich aus den Kapazitäten C_4 und C_{12} sowie der Induktivität S_1 zusammen. Danach folgt ein L/C-Tiefpaß zur Unterdrückung der hochfrequenten Anteile des Luminanzsignals. Er besteht aus den Bauelementen S_2/S_3 und $C_5/C_6/C_7$. Seine Grenzfrequenz ist so bemessen, daß alle Frequenzen über 3 MHz abgeschnitten werden. Diese Begrenzung hat frequenzabhängige Laufzeit- bzw. Phasenfehler im Y-Signal zur Folge. Sie machen sich besonders stark bei den hohen Videofrequenzen bemerkbar. Auf dem Bildschirm treten sie als Nachschwingen, z.B. von Schwarzweißübergängen, in Erscheinung.

Die durch den Tiefpaß auftretenden Phasenfehler können aber kompensiert werden, z.B. mit einem kapazitiv überbrückten T-Glied. Es hat nämlich ein Laufzeitverhalten, das dem des Tiefpasses entgegengerichtet ist. Solch ein Allpaß ist in

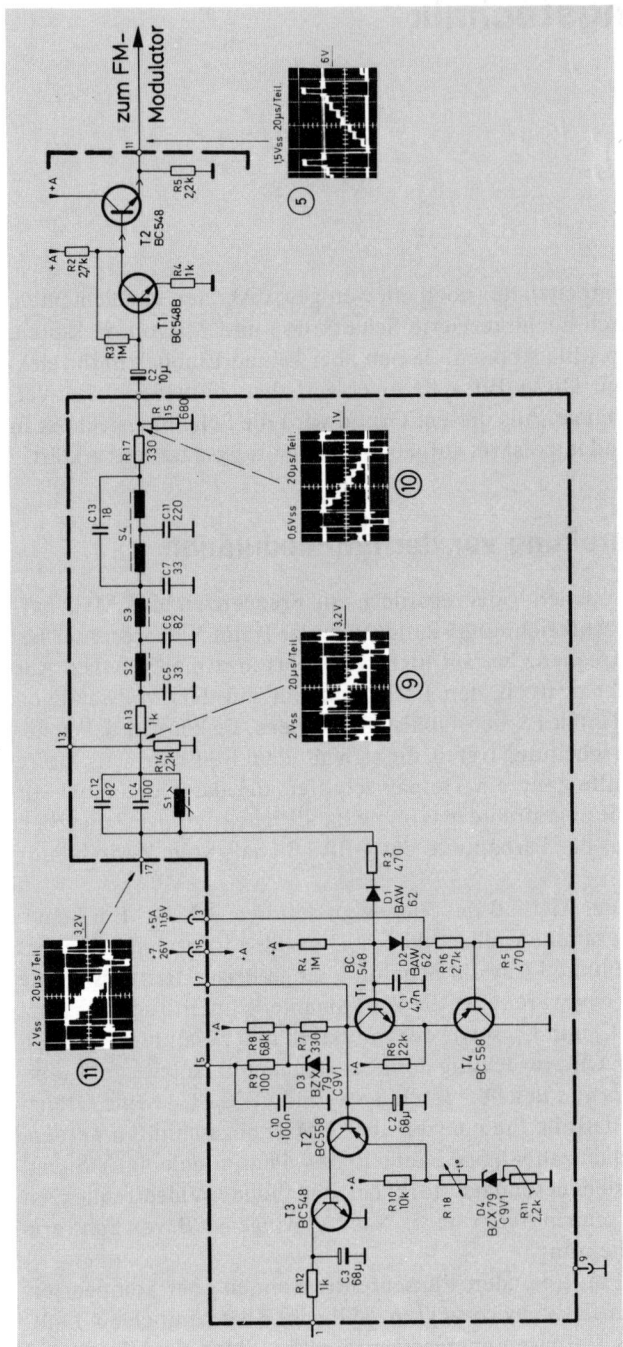

Bild 6.1 Die Bandbreite des Videosignals wird durch eine Tiefpaßeinrichtung begrenzt

Bild 6.1 hinter dem Tiefpaß wirksam. Es wird durch die in der Mitte angezapfte Induktivität S_4 und den Kondensator C_{11} gebildet. Für die kapazitive Überbrückung dieser Anordnung sorgt C_{13}. Durch das Zusammenwirken des Tiefpasses mit dem Allpaß entstehen für Frequenzen bis 3 MHz nahezu gleiche Laufzeitbedingungen. Vom Eingang bis zum Ausgang (Spannungsteiler R_{15}/R_{17}) der Schaltung benötigt das Y-Signal etwa 430 ns; Phasenfehler können so vermieden werden.

Über den Kondensator C_2 erreicht das aufbereitete Y-Signal die Basis von T_1. Er arbeitet als Emitterschaltung. Dadurch erscheint das Videosignal am Kollektor um 180° in der Phase gedreht. Es erfährt im Transistor T_1 eine zwei- bis dreifache Verstärkung. Der nachgeschaltete Emitterfolger ermöglicht eine niederohmige Signalauskopplung (Signal 5) zum FM-Modulator.

6.2 Der FM-Modulator

Für die Umwandlung des Luminanzsignals in eine FM-Information stehen verschiedene schaltungstechnische Möglichkeiten zur Verfügung. In der Praxis hat sich der spannungsgesteuerte astabile Multivibrator bewährt. FM-Modulation nach dem Umsetzerprinzip arbeitet dagegen mit einem Sinusoszillator, dessen Frequenz mit einer Reaktanzstufe oder durch eine Kapazitätsdiode veränderbar ist. Dieser Grundoszillator (Modulator) hat im Gegensatz zum astabilen Multivibrator eine sehr hohe Frequenz (50 MHz bis 60 MHz), so daß die prozentuale Frequenzvariation im Vergleich zum Multivibratorprinzip sehr gering ist. Aus diesem Grund kann mit dem Umsetzer-Modulator eine Hubaussteuerung mit hoher Linearität erreicht werden. Dies allerdings erfordert einen erheblich größeren Schaltungsaufwand. Neben dem steuerbaren Oszillator wird noch ein Hilfsoszillator und eine Mischstufe für das Heruntersetzen der hohen Trägerfrequenz benötigt. Bild 6.2 macht den notwendigen Aufwand deutlich: Der Grundoszillator (Modulator) wird mit dem Videosignal angesteuert. Seine FM-modulierte Ausgangsfrequenz (f_T) führt man einer Mischstufe zu, die außerdem noch die Frequenz eines Hilfsoszillators (f_H) erhält. Die Differenzfrequenz $f_T - f_H$ bildet den gewünschten FM-Träger für die Aufnahme des Y-Signals. Ein nachgeschaltetes Tiefpaßfilter unterdrückt die übrigen Mischprodukte.

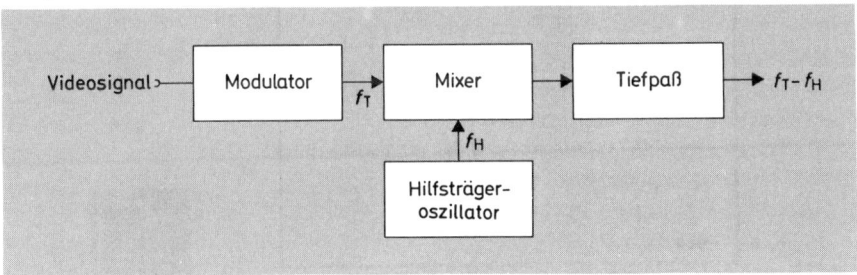

Bild 6.2 Der hohen Linearität des Umsetzer-Modulators steht ein relativ großer Schaltungsaufwand gegenüber

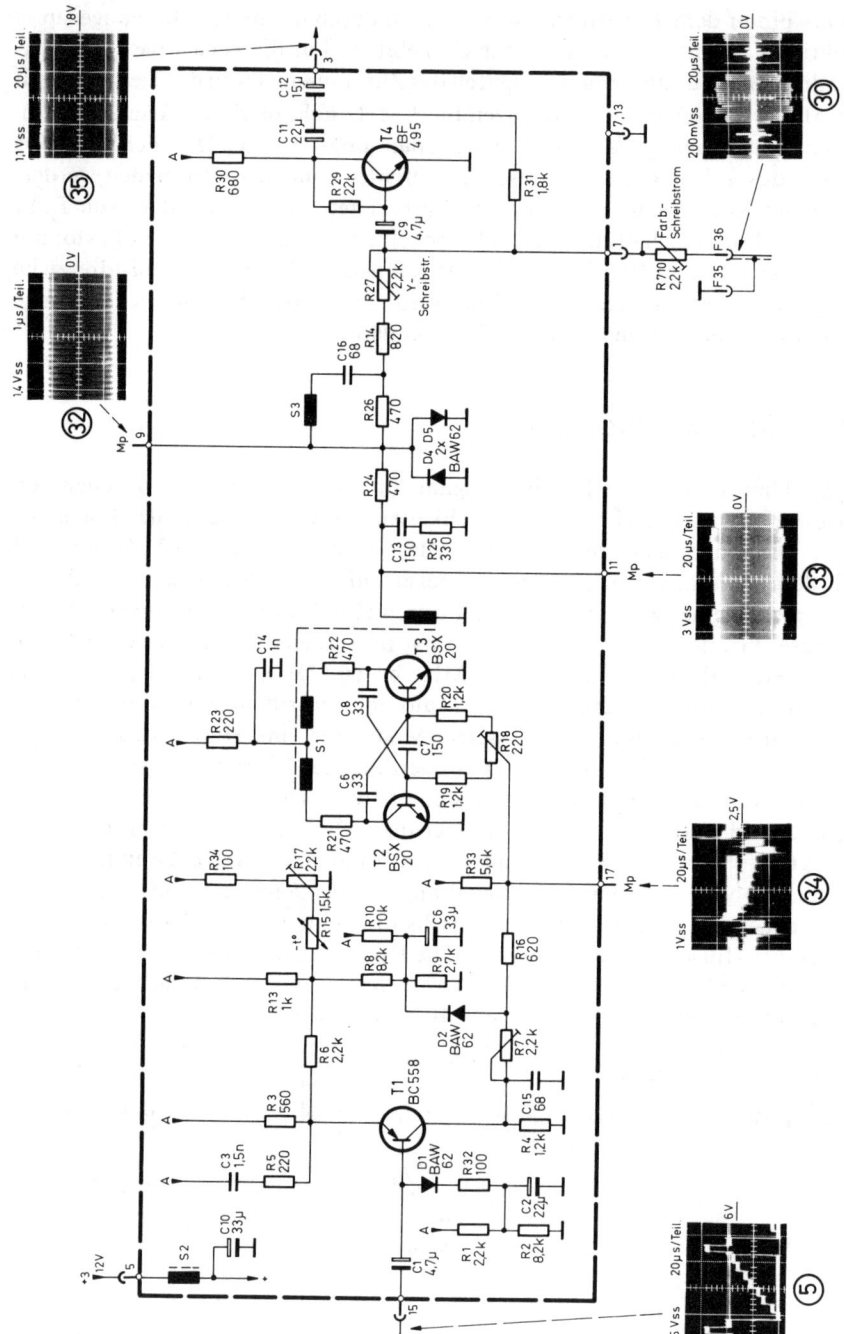

Bild 6.3 Heim-Videorecorder arbeiten mit einem astabilen Multivibrator als FM-Modulator

An die Hublinearität des FM-Modulators in Heim-Videorecordern stellt man keine besonders hohen Ansprüche. Aus diesem Grund ist hier der Multivibrator die wirtschaftlich bessere Lösung. Der FM-Träger schwingt dabei gleich in seiner richtigen Lage. Das Videosignal wird direkt an die Basen der Multivibrator-Transistoren geführt. Die daraus resultierende Änderung der Basisspannungen sorgt für die FM-Modulation der Grundfrequenz.

Ein Schaltungsbeispiel aus der Praxis zeigt Bild 6.3. Der FM-Modulator wird durch den astabilen Multivibrator T_2/T_3 gebildet. Die frequenzbestimmenden Zeitglieder bestehen aus den Kombinationen R_{20}/C_6 und R_{19}/C_8. Die Spannung am Einsteller R_{18} beeinflußt den Ladestrom der Kondensatoren C_6 und C_8. Eine Spannungsänderung am Schleifer von R_{18} hat daher eine proportionale Frequenzänderung zur Folge.

Das BAS-Signal (5) erreicht über C_1 (linke Seite) die Basis des PNP-Transistors T_1. Bezüglich der Spannungs- und Temperaturstabilisierung muß man hier hohe Anforderungen stellen, weil bereits winzige, vom Videosignal unabhängige Schwankungen des Kollektorstromes nicht gewollte Frequenzänderungen des Modulators auslösen. Die Basisspannung ist durch den Spannungsteiler R_1/R_2 über R_{32} und die Diode D_1 fixiert. Der Strom durch T_1 kann mit dem Einsteller R_{17} im Emitterkreis bestimmt werden. Dem NTC-Widerstand am Schleifer von R_{17} fällt die Aufgabe der Temperaturstabilisierung zu.

Am Widerstand R_4 im Kollektorkreis von T_1 ist das Videosignal wirksam. Es beeinflußt über R_7/R_{16} und R_{18} die Spannung an den Basen der Transistoren (T_2/T_3) des Multivibrators. Daraus entstehen dem Videosignal proportionale Änderungen der Modulatorfrequenz.

Die Diode D_1 ist so vorgespannt, daß sie nur die Spitzen der Synchronimpulse des Videosignals leitend machen. Dadurch erhalten die Synchronimpulse das Potential des Spannungsteilers R_1/R_2. Die rechte Seite von C_1 nimmt über die durchgeschaltete Diode das gleiche Potential an. Der Bezugspegel für die Synchronimpulse bleibt durch diesen Klemmvorgang immer konstant. Dies ist sehr wichtig, weil die untere Hubfrequenz des FM-Modulators direkten Bezug zu den Synchronspitzen hat und somit ebenfalls konstant bleibt. Mit R_{17} kann die Grundeinstellung der unteren Modulatorfrequenz vorgenommen werden. Die obere, durch den Weißpegel bestimmte Modulatorfrequenz stellt man mit R_7 ein.

6.3 Pre-Emphasis

Im Kapitel 2 wurden bei der Behandlung der physikalischen Grundlagen auch die relativ hohen Verluste angesprochen, die während der Videoaufzeichnung im hochfrequenten Bereich entstehen. Sie machen sich im Bild als Verschlechterung des Störabstandes bemerkbar. Aus diesem Grunde hebt man aufnahmeseitig die hohen Videofrequenzen an und senkt sie bei der Wiedergabe um den gleichen

Betrag wieder ab. Der Erfolg ist eine sichtbare Vergrößerung des Störabstandes. Man bezeichnet dies als Pre- und De-Emphasis.

Die Video-Pre-Emphasis kann relativ leicht realisiert werden, indem man das Verstärkungsverhalten eines Transistors von der Frequenz abhängig macht. Am einfachsten ist das mit einer frequenzabhängigen Gegenkopplung möglich. Wird z.B. der Emitterwiderstand mit einer entsprechend dimensionierten R/C-Kombination überbrückt, so verringert sich die Stromgegenkopplung bei hohen Frequenzen, was ein Ansteigen der Verstärkung zur Folge hat. Das Verstärkungsverhalten von T_1 in Bild 6.3 wurde auf diese Weise beeinflußt. Die den Emitterwiderstand überbrückende R/C-Kombination besteht aus den Bauelementen C_3 und R_5. Bei hohen Frequenzen sinkt der Blindwiderstand von C_3 ($x_c = 1/2\, \pi \cdot f \cdot c$), was die Stromgegenkopplung kleiner macht.

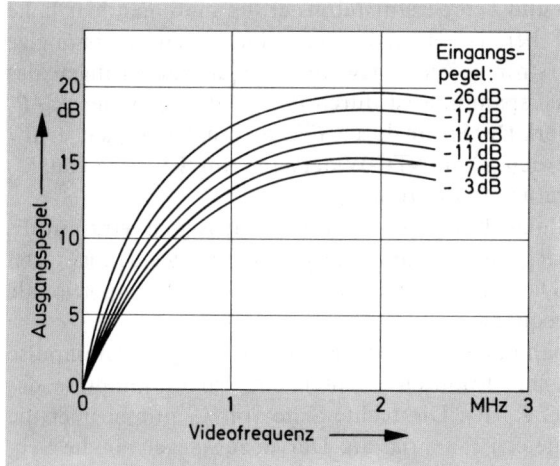

Bild 6.4
Die nichtlineare Pre-Emphasis kommt auch bei VIDEO-8-Geräten zur Anwendung

Die einfache Pre-Emphasis arbeitet also nur in Abhängigkeit von der Frequenz. Es werden alle hochfrequenten Videoanteile, unabhängig vom Signalpegel, angehoben. Die Pre-Emphasis moderner Videorecorder berücksichtigt dagegen auch die Pegelverhältnisse im hochfrequenten Videobereich. Man spricht hierbei von einer nichtlinearen Pre-Emphasis. Ihre Wirkung zeigt Bild 6.4. Generell erhöht sich der Videopegel wie bei jeder Pre-Emphasis mit zunehmender Frequenz. Die Grafik macht deutlich, daß der Ausgangspegel bzw. der Kurvenverlauf aber zusätzlich von der Signalamplitude abhängig ist. Ein relativ kleiner Eingangspegel von z.B. -26 dB hat eine größere Ausgangsamplitude zur Folge als ein Eingangspegel von -3 dB. Mit der nichtlinearen Pre-Emphasis ist bei der Wiedergabe eine intensivere Vorverzerrung (15 dB bis 20 dB) möglich als mit konventionellen Schaltungen (etwa 10 dB).

Die schaltungstechnische Realisierung geht aus Bild 6.5 hervor: Im Emitterkreis von Q_5 überbrückt ein Reihenschwingkreis den Emitterwiderstand R_1. Durch

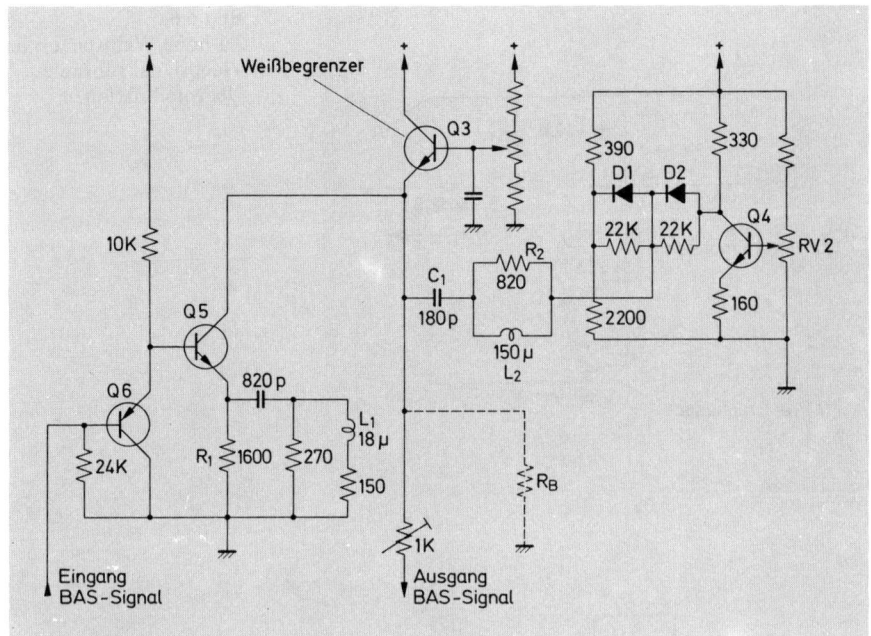

Bild 6.5 Schaltung einer nichtlinearen Pre-Emphasis

starke Bedämpfung ist der Schwingkreis sehr breitbandig. Er ist so dimensioniert, daß seine Resonanzfrequenz im höherfrequenten Videobereich liegt. Der kleine Resonanzwiderstand hat zur Folge, daß hohe Videofrequenzen nur eine geringe Stromgegenkopplung erfahren. Bis hierhin ist die Wirkung der Pre-Emphasis identisch mit herkömmlichen Schaltungen.

Das nichtlineare Verhalten kommt erst durch eine Zusatzschaltung zustande, die aus Q_4 den Dioden D_1/D_2 und einem zweiten Reihenschwingkreis besteht. Er setzt sich aus der Spule L_2 und dem Kondensator C_1 zusammen. L_2 wird durch den Widerstand R_2 überbrückt, so daß auch dieser Schwingkreis relativ breitbandig ist.

Das Verständnis der Wirkungsweise wird erleichtert, wenn man sich die Schaltung als Belastungswiderstand R_B vorstellt, der das Ausgangssignal pegelabhängig mehr oder weniger stark bedämpft. In Bild 6.5 ist dieser fiktive Lastwiderstand gestrichelt eingezeichnet.

R_B besteht im wesentlichen aus dem Innenwiderstand der vorgespannten Dioden D_1/D_2 und der Emitter-Kollektor-Strecke von Q_4. Nur die hochfrequenten Anteile des Videosignals erreichen über den Schwingkreis L_2/C_1 die Dioden. Ihre Leitfähigkeit ändert sich durch den Einfluß des Videosignals. Hohe Videopegel verringern den Innenwiderstand und sorgen so für eine stärkere Bedämpfung. Die daraus resultierende Abnahme des Ausgangspegels schwächt die Wirkung der Pre-

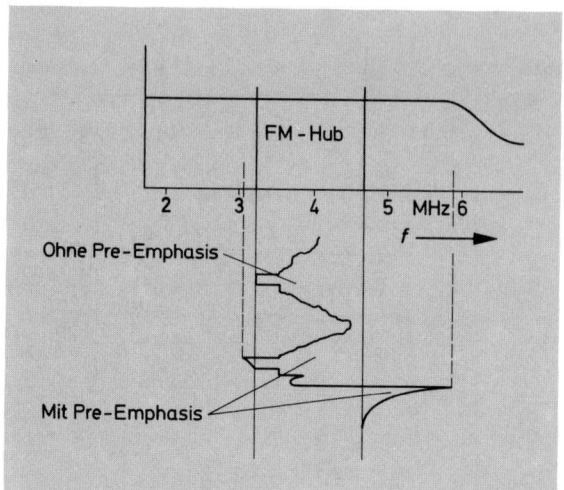

Bild 6.6
Zu hohe Weißspitzen im Videosignal führen zu Übermodulationen

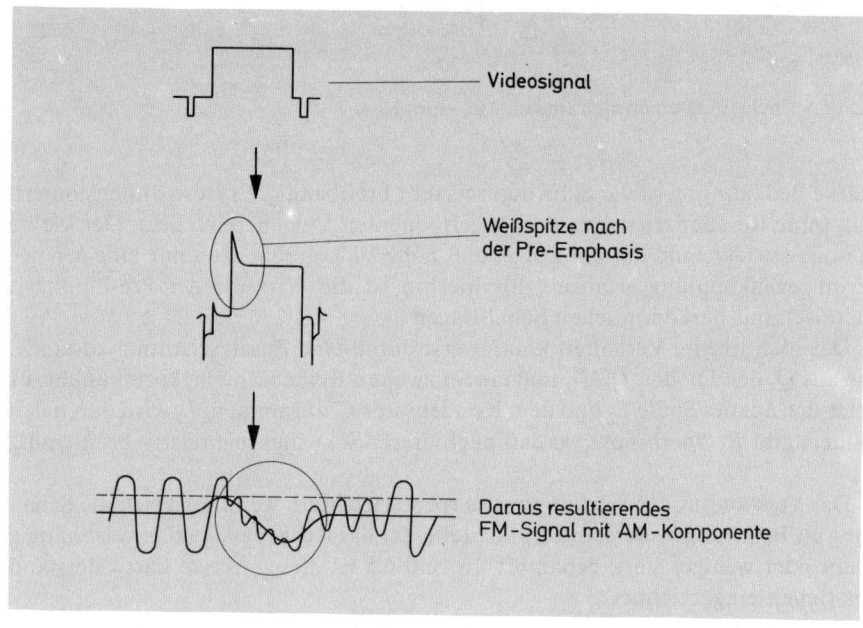

Bild 6.7 Große Weißspitzen haben AM-Anteile im FM-Signal zur Folge

Emphasis ab. Kleinere BAS-Pegel reduzieren die Diodenströme. Die Folge ist eine Abnahme der Last R_B. Dabei kommt die Höhenanhebung im Transistor Q_5 wieder stärker zur Geltung. Auf diese Weise kann eine genau dosierte, vom Videopegel abhängige Pre-Emphasis erreicht werden, die sich vorteilhaft auf den Rauschabstand und die Auflösung auswirkt. Die Grundeinstellung der Last R_B erfolgt mit dem Potentiometer RV_2 an der Basis von Q_4.

Die Anhebung der hohen Video-Frequenzen kann Probleme bei der FM-Modulation zur Folge haben, weil an den Signalsprüngen sogenannte Überschwinger entstehen. Bild 6.6 macht deutlich, wie die Pre-Emphasis das Videosignal beeinflußt. Im Extremfall können die Überschwinger mehr als doppelt so groß sein wie der maximale Weißpegel. Dies hat Übermodulationen zur Folge, die sich im Bild als schwarze Ausreißer bemerkbar machen. Es ist deshalb unbedingt erforderlich, das BAS-Signal nach der Pre-Emphasis zu begrenzen.

In der Schaltung Bild 6.3 fällt der Diode D_2 und dem Kondensator C_6 die Aufgabe der Weißbegrenzung zu. Die Katode erhält über den Spannungsteiler R_8/R_9 eine positive Vorspannung; die Videospannung liegt an der Anode von D_2. Die Schaltung ist so dimensioniert, daß nur übergroße Weißspitzen im BAS-Signal die Diode leitend machen. Der Kondensator C_6 schließt diese Weißanteile nach Masse kurz.

Ähnlich funktioniert die Weißbegrenzung von der FM-Modulation in der Schaltung Bild 6.5. Das Videosignal passiert vor der Auskopplung den Emitter des Transistors Q_3. Seine Basisspannung ist so eingestellt, daß hohe Weißpegel am Emitter über den Innenwiderstand von Q_3 kurzgeschlossen werden.

Aufgrund großer durch Pre-Emphasis bedingte Ausreißer des Weißpegels entstehen während der FM-Modulation störende AM-Anteile im Y-FM-Signal. Dies geht deutlich aus Bild 6.7 hervor. VHS-Videorecorder haben eine besondere Schaltung zur Unterdrückung dieser AM-Komponente. Sie besteht aus einem Hoch- und Tiefpaßfilter und zwei Begrenzerschaltungen (Bild 6.8). Die dazugehörigen

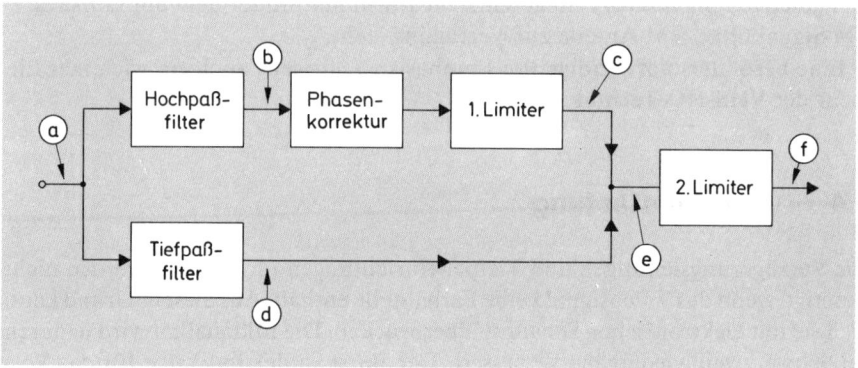

Bild 6.8 Mit dieser Schaltung kann man die AM-Anteile ausfiltern

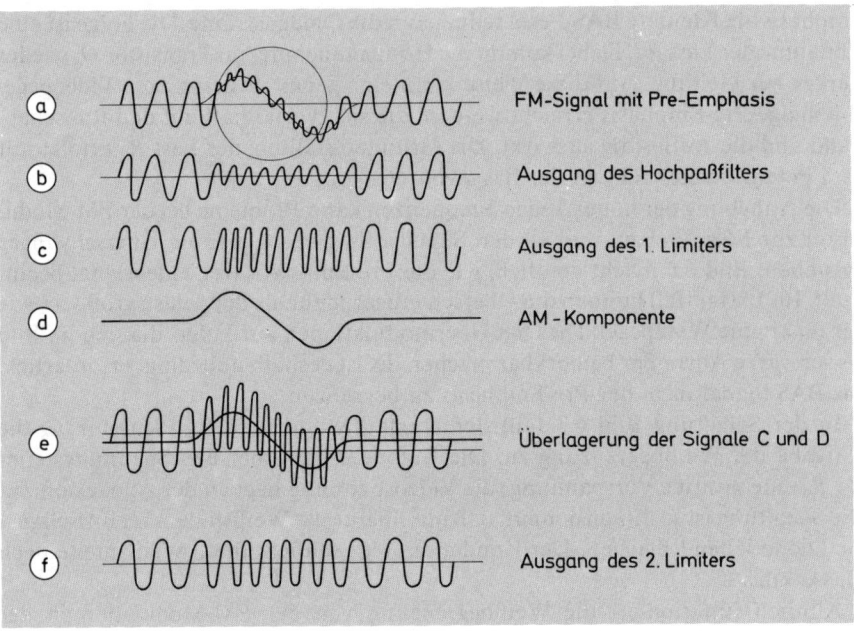

Bild 6.9 Signalverläufe der Schaltung Bild 6.8

Signalverläufe gehen aus Bild 6.9 hervor. Das FM-Signal mit der niederfrequenten AM-Komponente bildet das Signal (a). Am Ausgang des Hochpaßfilters kann die von AM-Anteilen befreite FM-Information oszillografiert werden (b). Allerdings sind hier noch Pegelunterschiede vorhanden, die im 1. Limiter durch Begrenzung ausgeglichen werden (c).

Mit dem Tiefpaß filtert man die AM-Komponente heraus (d). Sie wird vor dem 2. Limiter vom Signal (c) überlagert (e). Die endgültige Begrenzung des zusammengesetzten Signals (e) erfolgt dann im 2. Limiter, hinter dem ein sauberes Y-FM-Signal ohne AM-Anteile zur Verfügung steht.

Eine besonders aufwendige Pre-Emphasis ist übrigens auch ein wichtiges Element der VHS-HQ-Technik.

6.4 Burstaustastung

Die Verzögerungsleitungen und Tiefpaßeinrichtungen im Y-Kanal werden nicht benötigt, wenn das Videosignal keine Farbanteile enthält. Aus diesem Grund kann man sie mit elektronischen Schaltern überbrücken. Die Bildqualität wird dadurch bei Schwarzweißwiedergabe verbessert. Der Burst ist der Indikator für das Vorhandensein des Farbsignals. Er muß zu diesem Zweck aus dem Chromasignal

Bild 6.10
Burst-Gate

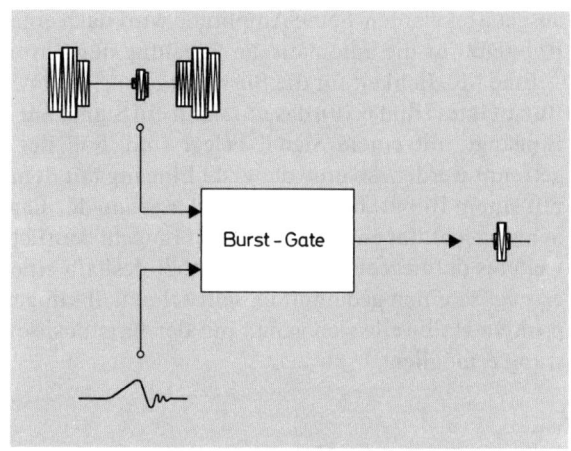

Bild 6.11
Beispiel für eine Burstaustastung

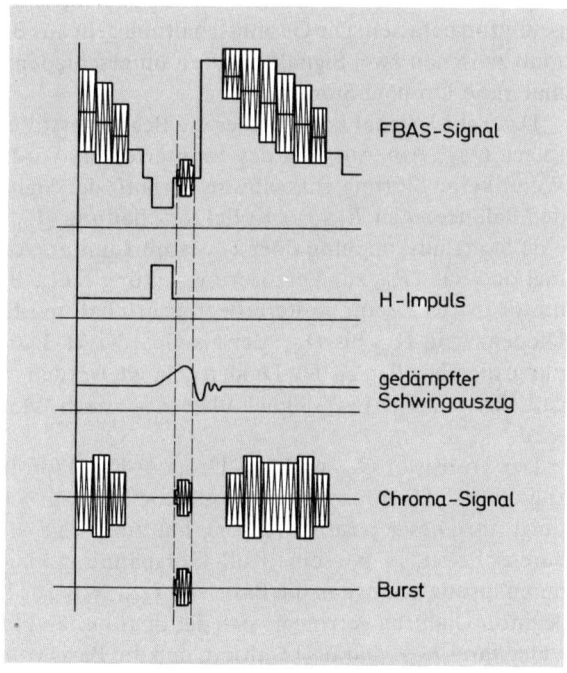

ausgetastet werden. Seine Amplitude wird nach einer Gleichrichtung ebenfalls als Referenz für die automatische Regelung des Chromaverstärkers benutzt.

Eine Möglichkeit für die Burstaustastung ergibt sich aus der Verwendung eines Burst-Gates (Bild 6.10), das nur dann ein Signal am Ausgang aufweist, wenn beide Eingänge mit einem Signal belegt sind. Soll der Burst damit vom Farbsignal getrennt werden, so muß der erste Eingang mit dem Chromasignal und der zweite mit einem Impuls belegt werden, der genau der Lage des Burstes auf der hinteren Schwarzschulter entspricht. Bild 6.11 macht deutlich, daß der H-Impuls nicht ohne weiteres dafür geeignet ist. Man stößt deshalb einen Schwingkreis damit an und erzeugt so einen gedämpften, sehr schnell abklingenden Schwingungszug, dessen positive Halbwelle sich genau mit der Burstposition deckt und so die Burstaustastung ermöglicht.

6.5 Dropout-Kompensation

Wir wollen uns nun mit den schaltungstechnischen Details der Dropout-Kompensation befassen. Die Gesamtschaltung geht aus Bild 6.12 hervor. Grundsätzlich muß zwischen zwei Signalverläufen unterschieden werden; einmal mit und einmal ohne Dropout-Störung.

Das Y-FM-Signal kommt über die Begrenzerstufen Q_{501} und Q_{502} zum Emitterfolger Q_{502}. Am Ausgang des Emitterfolgers wird der Signalweg aufgespalten. Wenn keine Störung wirksam ist, verläuft der Signalweg vom Emitter Q_{503} über den Balanceregler R_{542} zur Kollektorschaltung Q_{510}. Im Emitterkreis Q_{510} erfolgt eine Signalauskopplung über C_{527} zum Limiter. Außerdem gelangt die Y-Information vom TP_{504} zur Verzögerungsleitung DL_{501}. Hier erfolgt eine Verzögerung um 64 µs. Über eine weitere Begrenzerschaltung führt der Signalweg zu einem Diodenzweig D_{508} bis D_{511}, der als Gate wirkt. Durch den Einfluß der Vorspannung, die über R_{541} zu den Dioden gelangt, werden die Dioden durchgeschaltet, so daß das verzögerte Y-Signal über C_{524} nach Massepotential kurzgeschlossen wird.

Der Transistor Q_{504} wirkt als Dropout-Detektor. Im Dropout-Fall wird er nicht angesteuert. Dadurch geht der Kollektorstrom zurück, und die Kollektorspannung steigt an. Dieser positive Anstieg hat zur Folge, daß Q_{506} des Schmitt-Triggers durchschaltet, so daß seine Kollektorspannung kleiner wird. Der negative Spannungssprung gelangt an die Basis von Q_{507}, was zur Folge hat, daß Q_{507} zu sperren beginnt. Dadurch verringert sich der Spannungsabfall am gemeinsamen Emitterwiderstand R_{526}. Daraus resultiert, daß die Basis von Q_{506} noch positiver wird, die Kollektorspannung zurückgeht und damit die Basis von Q_{507} so stark negativ wird, daß er gesperrt wird. Dieser Zustand dauert an, solange der Aussetzer vorhanden ist. Die Impulsbreite am Ausgang der Schmitt-Trigger-Schaltung ist also proportional der Zeitdauer des Dropouts.

Q_{505} hat eine Schalterfunktion. Durch den Einfluß der V-Impulse an der Basis legt er für die Dauer dieser Impulse den Kollektor von Q_{504} wechselspannungs-

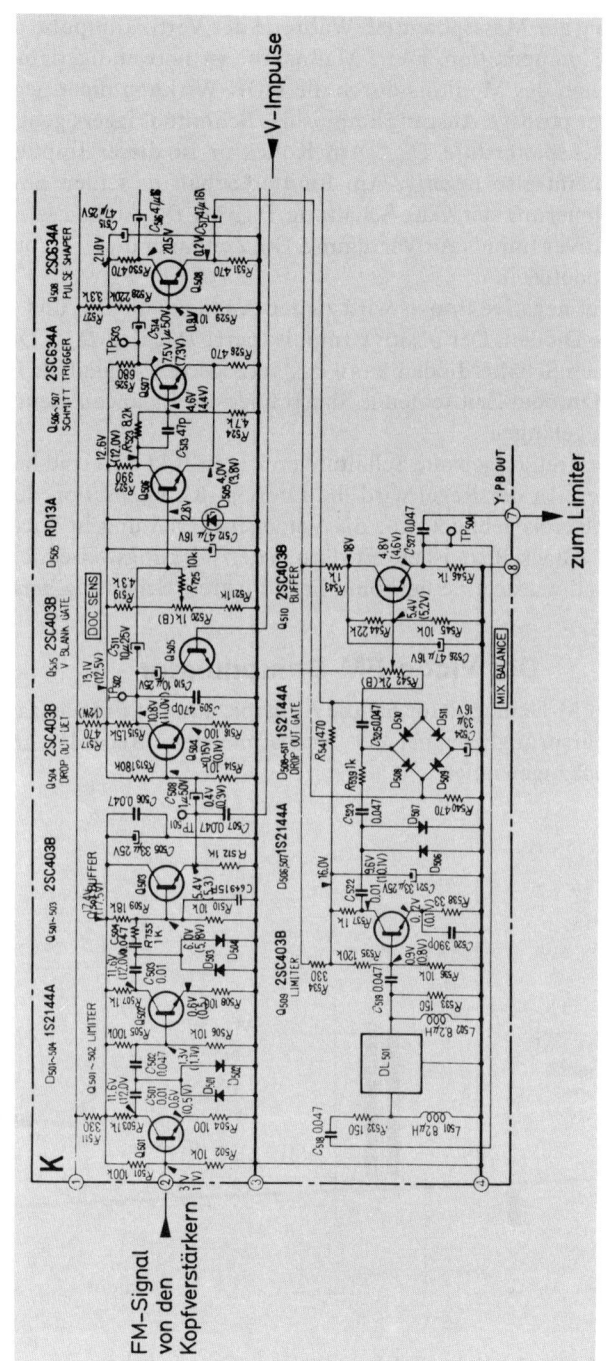

Bild 6.12 Schaltungsbeispiel für eine Dropout-Kompensation

mäßig auf Massepotential. Während der Vertikalimpulse gibt es also keine Dropout-Kompensation. Diese Maßnahme ist notwendig, damit die Vertikalsynchronisation des Monitors durch die DOK-Wirkung nicht negativ beeinflußt wird.

Der positive Ausgangsimpuls des Schmitt-Triggers geht dann auf die Basis der Phasenspalterstufe Q_{508}. Am Kollektor ist dieser Impuls um 180° gedreht, er erscheint also negativ. Am Emitter behält er seinen positiven Charakter. Zur Ansteuerung der Gate-Schaltung D_{508} bis D_{511} stehen jetzt ein positiver und ein negativer Impuls zur Verfügung. Die Zeitdauer dieser Impulse ist proportional der Dropout-Zeit.

Der negative Impuls wird zu den Anoden von D_{510} und D_{511} geführt und sperrt diese Dioden. Der positive Impuls sperrt D_{508} und D_{509}. Durch die nun unterbrochenen Schalterdioden kann das verzögerte Y-Signal als Ersatz für das während der Dropout-Zeit fehlende Signal über das Balance-Potentiometer R_{542} zum Ausgang gelangen.

Diskret aufgebaute Schaltungen wie in Bild 6.12 sind heute nur noch selten zu finden. In der Regel wird die Dropout-Kompensation durch einen integrierten Schaltkreis gebildet; nur die Verzögerungsleitung ist nach außen geführt. Solch eine «Black-Box» ist zur Erklärung der Wirkungsweise nicht geeignet. Aus diesem Grund wurde eine herkömmliche diskrete Schaltung herangezogen.

6.6 Der Video-FM-Demodulator

Der FM-Demodulator hat die Aufgabe, aus den Frequenzänderungen des Trägers das ursprüngliche bei der Aufnahme dem Recorder angebotene Videosignal zurückzugewinnen.

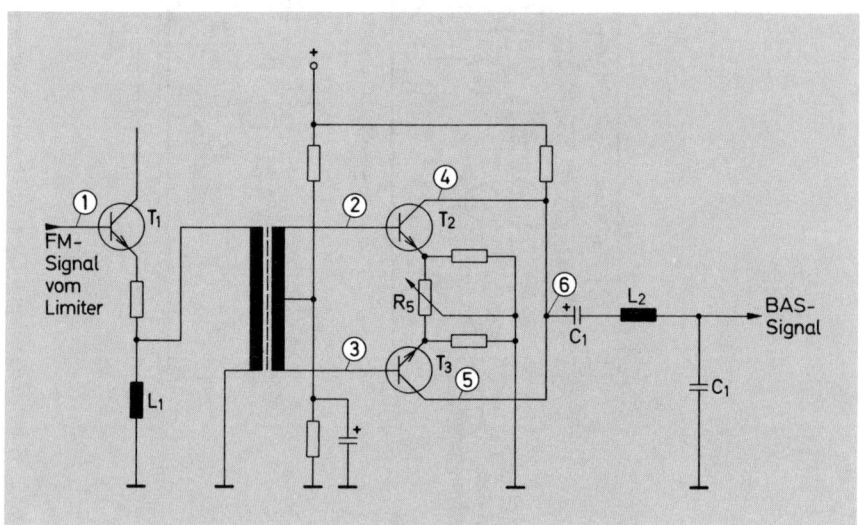

Bild 6.13 Der Video-FM-Demodulator (Grundschaltung)

Bild 6.14 Signale der Schaltung Bild 6.13

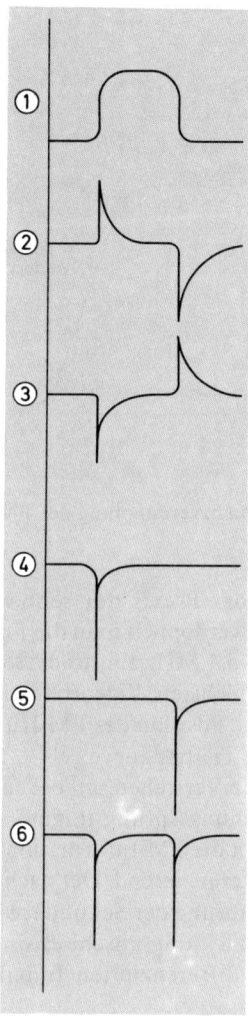

Dies kann z.B. mit einer Schaltung nach dem Prinzip des Zähldiskriminators geschehen. Sie ist in Bild 6.13 dargestellt. Die Signalverläufe gehen aus Bild 6.14 hervor. Grundsätzlich läßt sich die Schaltung in die Baugruppen «Frequenzverdoppler» und «Demodulator» aufteilen. Ein wesentliches Element des Demodulators ist das Tiefpaßfilter (L_2/C_1). Hiermit wird durch Integration aus den Y-FM-Einzelimpulsen eine resultierende Gleichspannung gewonnen, die dem Videosignal entspricht. Die Forderung, FM-Trägerreste zu unterdrücken, kann vom Tiefpaßfilter normalerweise nur unbefriedigend erfüllt werden. Der Grund ist ein sehr geringer Abstand zwischen der höchsten aufgezeichneten Videofrequenz und der unteren Modulatorfrequenz. Die Filtercharakteristik müßte zur Trägerunterdrük-

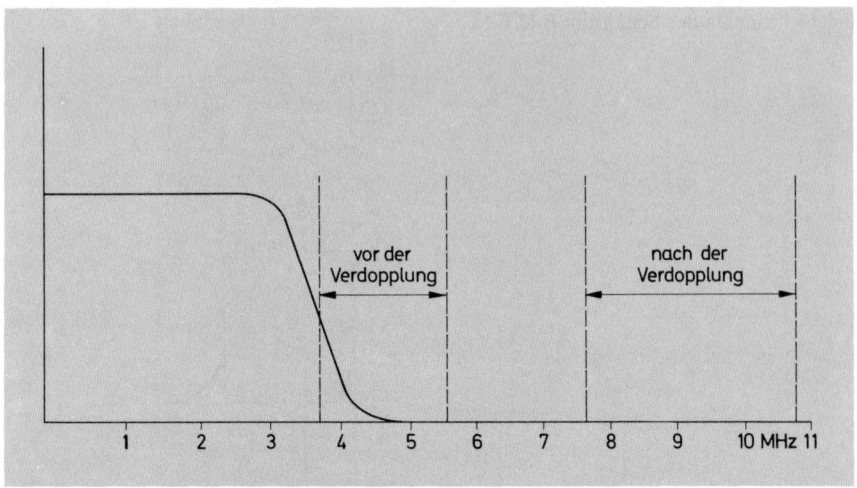

Bild 6.15 Frequenzverdopplung des FM-Trägers in bezug zur Tiefpaßcharakteristik

kung eine in der Praxis nur sehr schwer erreichbare Steilheit aufweisen. Aus diesem Grund verdoppelt man die Frequenz des FM-Signals. Legt man einen Hub von z.B. 3,8 bis 5.4 MHz zugrunde, so erreicht man dadurch 7,6 bis 10,8 MHz. Der Abstand zur höchsten Videofrequenz ist jetzt sehr stark vergrößert. Bild 6.15 verdeutlicht die Position des FM-Hubbereichs vor und nach der Verdopplung im Verhältnis zur Tiefpaßkurve.

Zum besseren Verstehen soll bei der nun folgenden Schaltungsbeschreibung ein positiver Spannungssprung (Signal 1, Bild 6.14) zugrunde gelegt werden: Vom Limiter erreicht die FM-Information (1) über den Emitterfolger T_1 die Spule 1. Sie wirkt stark differenzierend. Der nachfolgende Übertrager wird damit angesteuert. Die Mittelanzapfung der Sekundärwicklung liegt auf Massepotential. Am oberen und unteren Wicklungsanschluß sind beide Signale entgegengesetzt gerichtet (2 und 3). Diese differenzierten Impulsanteile werden den Basen von T_2 und T_3 angeboten.

Beide Transistoren sind jeweils nur bei den positiven Spitzen leitend, so daß an den Kollektoren, natürlich um 180° gedreht, die Signalspitzen (4 und 5) erscheinen. Über den Kondensator C_1 wird der Tiefpaß mit dem resultierenden Signal 6 angesteuert. Vergleicht man den Impuls 1 mit dem Impuls 6, so stellt man die eben angesprochene Frequenzverdopplung fest. Die eigentliche Demodulation erfolgt dann, wie schon angedeutet, durch Integration der Einzelimpulse mit L_2 und C_1.

Sehr wichtig für den Service ist die exakte Einstellung von R_5 im Emitterkreis von T_2/T_3. Dieser Einsteller wirkt als Balanceregler für die Verstärkung der Transistoren. Er ist so abzugleichen, daß alle Signalspitzen der Impulsfolge 6 gleiche Amplituden haben. Bei Fehlabgleich kommt es zu unangenehmen Moiréstörungen auf dem Bildschirm.

6.7 Cosinus-Entzerrung

Im Kapitel «Blockschaltungstechnik» wurde in Bild 5.17 die Aperture-Korrektur des Videosignals durch eine Cosinus-Entzerrung angesprochen. Die Schaltung dazu geht aus Bild 6.16 hervor (Signale Bild 6.17a).

Der Transistor Q_{308} bildet den Video-Eingangsverstärker. Q_{312} ist als Emitterfolger geschaltet und wirkt als Pufferstufe. Die beiden Verzögerungsleitungen werden von DL 301 und DL 302 gebildet. Der Transistor Q_{309} hat die Funktion einer Subtrahierstufe. Der Mixer setzt sich aus Q_{313} und Q_{314} zusammen.

Das Eingangssignal verzweigt sich auf die Basen von Q_{308} und Q_{312}. Die Laufzeitleitung im Kollektorkreis von Q_{308} ist am Ausgang nicht angepaßt. Es erfolgt daher eine Signalreflektion zurück auf den Eingang von DL 301. Das Eingangssignal wird dadurch ein zweites Mal um 125 ns verzögert (Signal 2). Die Basis von Q_{309} wird von dem um 125 ns verzögerten Signal 4 angesteuert. Am Kollektor von Q_{308} entsteht die Addition des Eingangssignals mit dem reflektierten, um 250 ns verzögerten Signal 2. Die addierte Impulsfolge (Signal 3) wird über die Kollektorschaltung (Transistor Q_{310}) und über C_{310} auf den Emitter von Q_{309} gegeben.

Mit dem Signal 4 wird also die Basis des Transistors Q_{309} angesteuert und mit dem Impuls 3 der Emitter von Q_{309}. Die Steuerwirkung beider Signale ist entge-

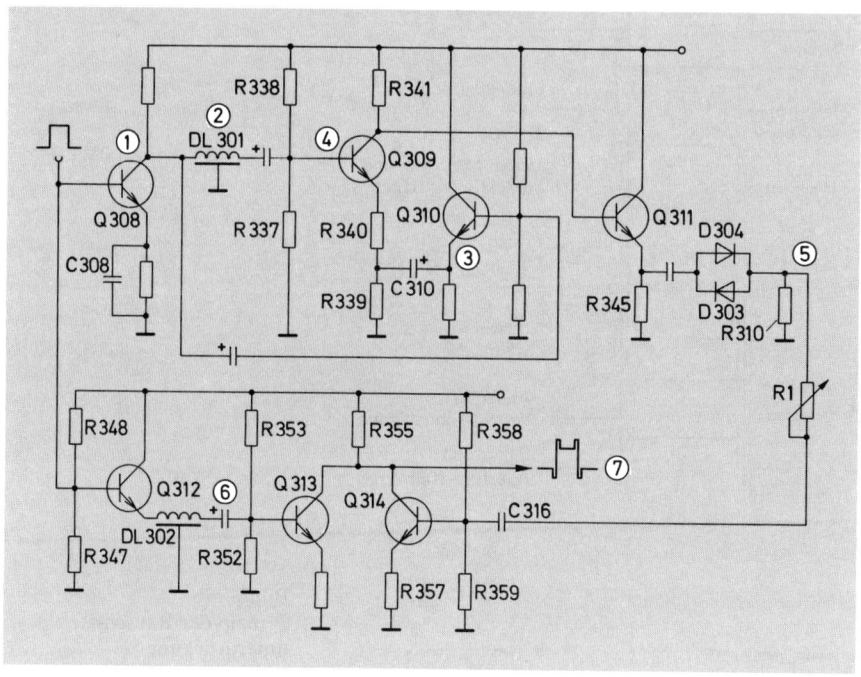

Bild 6.16 Schaltung einer Cosinus-Entzerrung

gengesetzt gerichtet; auf diese Weise wird subtrahiert. Am Kollektor von Q_{309} sind folglich die Differenzanteile (Signal 5) wirksam.

Der Kollektor von Q_{309} ist galvanisch mit der Basis des Emitterfolgers Q_{311} verbunden. Damit nur die differenzierten Anteile und keine zusätzlichen Rauschkomponenten zur Aperture-Korrektur herangezogen werden, geht das Signal 5 im Emitterkreis des Q_{311} durch eine Rauschunterdrückungsschaltung. Die antiparallel geschalteten Dioden D_{303} und D_{304} lassen nur die positiven und negativen Spitzen passieren. Die störenden Rauschanteile werden dadurch auf vernachlässigbar geringe Werte unterdrückt. Bild 6.17b verdeutlicht diesen Vorgang.

Über den Einsteller R_1 wird der Aperture-Impuls auf die Basis von Q_{314} geführt. Mit diesem Potentiometer läßt sich die Intensität der korrekturbedingten Verformung einstellen. Q_{313} und Q_{314} haben als gemeinsamen Lastwiderstand R 355. Die Basis von Q_{313} wird von dem durch die Verzögerungsleitung DL 302 um 125 ns verzögerten Eingangssignal angesteuert. Am gemeinsamen Kollektoranschluß von Q_{313} und Q_{314} kann das Videosignal mit der Aperture-Korrektur, in unserem Beispiel ein Rechtecksprung, abgenommen werden.

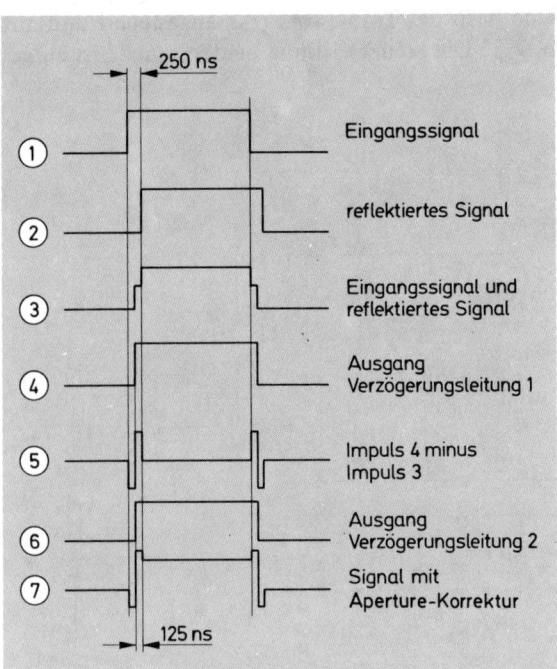

Bild 6.17a
Signale des Bildes 6.16

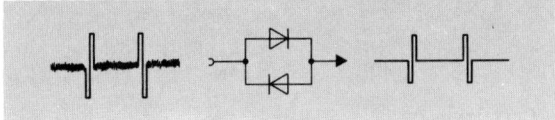

Bild 6.17b
Prinzip der Rauschunterdrückung

6.8 Der Aufnahme-Kopfverstärker

Für die Ansteuerung der rotierenden Videoköpfe wird ein besonderer Aufsprechverstärker benötigt, der den Aufnahmestrom für die Magnetisierung des Bandes liefert. Er setzt sich aus dem Y-Schreibstrom und dem des Farbsignals zusammen. Im Schaltungsbeispiel in Bild 6.18 hat der Y-Aufnahmestrom einen Wert von 25 mA_{eff}. Der Farbstrom dagegen ist bei 75% gesättigten Farbbalken nur etwa 1,35 mA_{eff} groß. Diese Werte wurden im Kopfkreis gemessen. Er besteht aus der Sekundärwicklung S_2 des rotierenden Transformators und den beiden Videoköpfen K_1 und K_2.

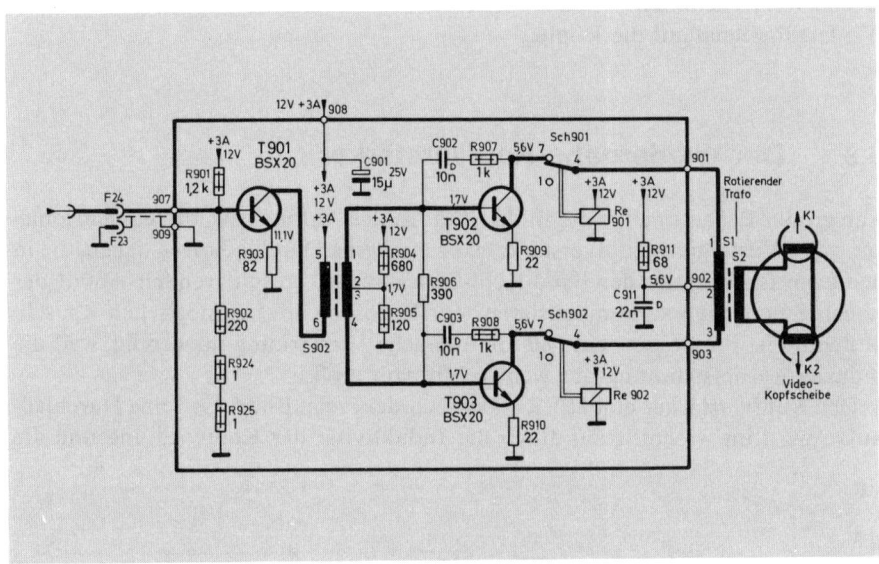

Bild 6.18 Schaltungsbeispiel eines Aufnahmeverstärkers

Der FM-Aufnahmestrom wirkt als Vormagnetisierung für das Farbsignal. Der durch die Videoköpfe fließende Strom muß deshalb von der Frequenz des FM-Signals unabhängig sein. Aus diesem Grund ist der Aufnahmeverstärker als Stromgenerator ausgelegt, der frequenz- und lastunabhängig arbeitet.

Über den Anschluß F_{24} erhält die Basis des Transistors T_{901} das Aufnahmesignal. Das Y-FM-Signal hat eine Amplitude von 0,8 V_{ss} und die Farbinformation 110 mV_{ss}. Auch hier wird eine Farbsättigung von 75% vorausgesetzt. Die Basisspannung von T_{901} ist über eine entsprechende Spannungsteileranordnung fest eingestellt. Die Verstärkung wird im wesentlichen durch den Emitterwiderstand R_{903} bestimmt.

Im Kollektorkreis von T_{901} befindet sich die Primärwicklung eines Symmetrieübertragers. Über die sekundärseitigen Anschlüsse 1 und 4 gelangt das Aufnahmesignal zu den Basen der Transistoren $T_{902/903}$, die eine Gegentaktendstufe bilden. Beide Endtransistoren arbeiten im A-Betrieb und sind über die R/C-Kombinationen R_{907}/C_{902} und R_{908}/C_{903} stark gegengekoppelt. Durch diese Maßnahmen kann der Klirrfaktor sehr klein gehalten werden.

Ihre Kollektorspannung erhalten die Endtransistoren über die Mittelanzapfung der Primärseite S_1 des rotierenden Übertragers. Dadurch ist sichergestellt, daß es zu keiner Gleichstromvormagnetisierung des Transformators kommt. Von den Kollektoren der Transistoren T_{902}/T_{903} gelangt das Aufnahmesignal über die Relaiskontakte 7 und 4 zum Übertrager und erreicht so die beiden Videoköpfe. Die beiden Relais schalten je nach Betriebsart entweder das Aufnahme- oder das Wiedergabesignal auf die Köpfe.

6.9 Der Wiedergabe-Kopfverstärker

Von großer Bedeutung für die Bildqualität ist der Aufbau bzw. die Dimensionierung des Wiedergabe-Kopfverstärkers. Er muß eine Durchlaßkurve haben, die in der Lage ist, den aus der Band-Kopf-Charakteristik resultierenden Abfall der hohen Frequenzen zu kompensieren. Zur Erzielung des bestmöglichen Rauschabstandes ist mindestens eine 80- bis 100fache Verstärkung notwendig, weil die induzierte Kopfspannung nur wenige Millivolt groß ist.

Den Kopfverstärker eines SVR-Videorecorders zeigt Bild 6.19. Seine Durchlaßkurve wird im wesentlichen durch die Induktivität der Kopfwicklung und die

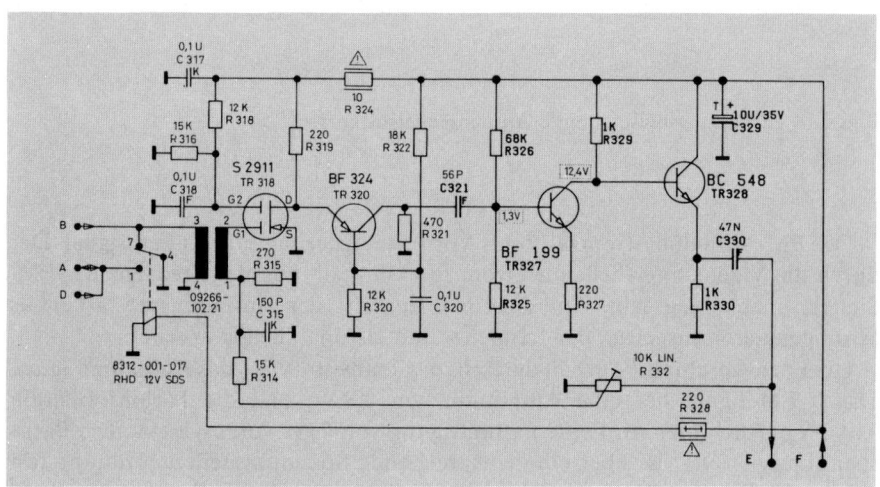

Bild 6.19 Schaltungsbeispiel eines Wiedergabe-Kopfverstärkers

Summe aller im Verstärkereingang wirksamen Kapazitäten bestimmt; dazu gehören natürlich auch die Schaltkapazitäten. Sie müssen möglichst klein gehalten werden, damit das Übersetzungsverhältnis des Eingangsübertragers im Interesse eines optimalen Rauschabstandes entsprechend groß sein kann.

Zur Reduzierung der Schaltkapazitäten wurden verschiedene Maßnahmen ergriffen. Hier ist auch der Transformator im Eingang der Schaltung mit einbezogen. Seine Sekundärseite ist mit Steigung gewickelt; außerdem wurde ein genau definierter Abstand zwischen Primär- und Sekundärwicklung eingehalten. Das Reed-Relais liegt auf der Primärseite, weil dadurch die Schaltkapazität weniger Einfluß auf die Verstärkercharakteristik hat.

Der Doppelgate-Feldeffekttransistor vereinigt drei Vorteile in sich:
1. große Steilheit
2. geringes Rauschen
3. geringe Rückwirkung

Alle diese Maßnahmen haben zur Folge, daß die Schaltkapazität verringert wird. Die Durchlaßcharakteristik des Kopfverstärkers verschiebt sich dadurch in den höherfrequenten Bereich. Sie wird durch das Übersetzungsverhältnis des Übertragers (3:20) auf den gewünschten Wert gebracht.

Das Kopfsignal wird vom Videokopf über den Anschluß B (Bild 6.19) dem Eingangsübertrager zugeführt. Im Feldeffekttransistor TR_{318} wird es verstärkt und erreicht anschließend den in Basisschaltung arbeitenden Transistor TR_{320}. Er unterdrückt Rückwirkungen der nachfolgenden Schaltung. Das Wiedergabesignal wird abschließend noch einmal durch TR_{327} verstärkt und über den Emitterfolger TR_{328} niederohmig ausgekoppelt.

Vom Ausgang der Schaltung führt man das Signal auf die Sekundärseite des Eingangsübertragers zurück. Der Rückkopplungszweig wird durch den Einsteller R_{332}, den Widerstand R_{314} und die R/C-Kombination R_{315}/C_{315} gebildet. Durch das R/C-Glied entsteht bei etwa 1,5 MHz eine Anhebung des Kopfsignals. Auf diese Weise kann für den konvertierten Farbträger ein höherer Wiedergabepegel erreicht werden, was dem Farbrauschen zugute kommt.

Die Durchlaßkurve des Kopfverstärkers weist bei etwa 5,2 MHz eine Resonanzspitze auf. Sie kann mit dem Einstellwiderstand bedämpft werden. Durch die frequenzabhängige Verstärkung wird erreicht, daß alle Frequenzen des Hubbereichs nahezu die gleiche Wiedergabespannung aufweisen.

Die geschalteten Kopfverstärker eines Betamax-Videorecorders zeigt Bild 6.20. Unten links befindet sich der Aufnahmeverstärker. Er erhält seinen Y-Schreibstrom über den Anschluß 1 (REC-Y-RF-IN) auf der rechten Seite der Schaltung. Die Chroma-Aufnahmeinformation wird über den Anschluß 3 (REC-CHROMA-RF-IN) zugeführt. Die Wiedergabeverstärker setzen sich aus den Feldeffekttransistoren Q_{101}/Q_{102} und dem integrierten Schaltkreis IC_{101} zusammen. Das IC enthält neben zwei Verstärkern die auf die Übernahmezone wirkenden elektronischen Schalter. Die Schaltimpulse erhält es über den Anschluß 18. Die Dropout-Kompensationselektronik ist ebenfalls Bestandteil des IC_{101}.

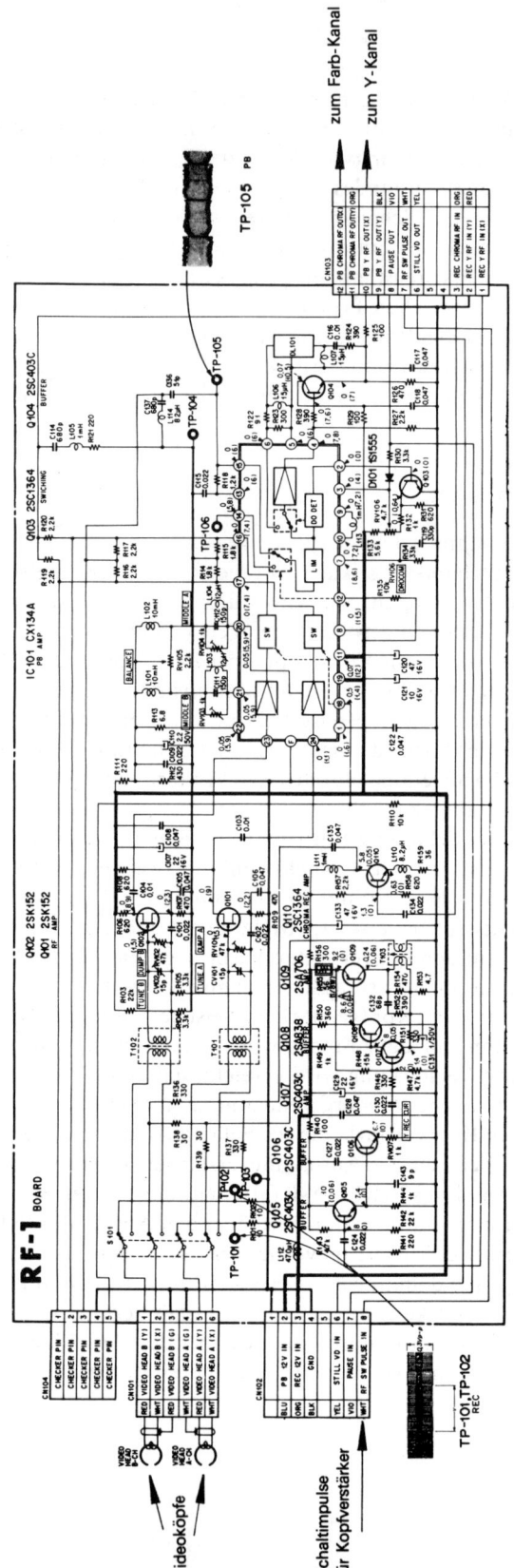

Bild 6.20 Aufnahme-Wiedergabe-Kopfverstärker eines Videorecorders, siehe auch Ausklapptafel am Ende des Buches

Es ergibt sich folgender Signalverlauf: Die in den Videoköpfen induzierten Kopfspannungen erreichen über die Transformatoren T_{101}/T_{102} das Gate der Feldeffekttransistoren. Die Sekundärseiten der beiden Übertrager bilden mit den einstellbaren Kapazitäten CV_{101} bzw. CV_{102} einen Parallelschwingkreis, der es ermöglicht, die Verstärkercharakteristik zu beeinflussen. Resonanzüberhöhungen können mit den Einstellwiderständen RV_{101}/RV_{102} bedämpft werden. Vom Drain-Anschluß der FETs werden die Kopfsignale zum IC_{101} geführt. Über die Kontakte 23 und 24 erreichen sie einen weiteren Verstärker, hinter dem sich die elektronischen Schalter (sw) anschließen. Die Frequenzcharakteristik dieser Verstärker kann man auch hier durch bedämpfte Schwingkreise (IC-Anschlüsse 20 und 21) beeinflussen.

Zusammengeschaltet werden die Kopfsignale über Spannungsteiler, die sich an den IC-Anschlüssen 16 und 17 befinden. Das Signal für den Y-Kanal wird an den Widerständen R_{116}/R_{117} abgenommen. Von der Mitte aus führt eine Leitung zum Testpunkt TP_{105}. Von hier ist ein Saugkreis, bestehend aus L_{114} und C_{137}, nach Masse geschaltet. Er sorgt für eine erste Unterdrückung der Chromaanteile. Die endgültige Trennung von Y-FM- und Farbsignalen erfolgt später. Nach dem Passieren des Testpunktes TP_{105} führt man die FM-Information über den Anschluß 15 zum IC zurück. Dort erfährt sie abschließend eine Dropout-Kompensation und wird dann über den Emitterfolger Q_{104} auf den Anschluß 10 (Pb-Y-RF-OUT) des Steckfeldes geschaltet.

Das für den Chromakanal bestimmte Kopfsignal kann in der Mitte der Reihenschaltung von R_{119}/R_{120} (oben rechts) abgenommen werden. Auch hier ist ein Reihenschwingkreis vorhanden, der im Resonanzfall niederohmig wird und so die entsprechenden Signalanteile nach Masse kurzschließt. Dieser Saugkreis ist so dimensioniert, daß er als Falle für Restanteile der Löschfrequenz wirkt. Die Signalleitung führt dann zum Anschluß 12 (Pb-CHROMA-RF-OUT) des Steckfeldes. Erst danach werden in einem Bandpaßfilter, das Bestandteil des Farbkanals ist, die Y-FM-Anteile unterdrückt.

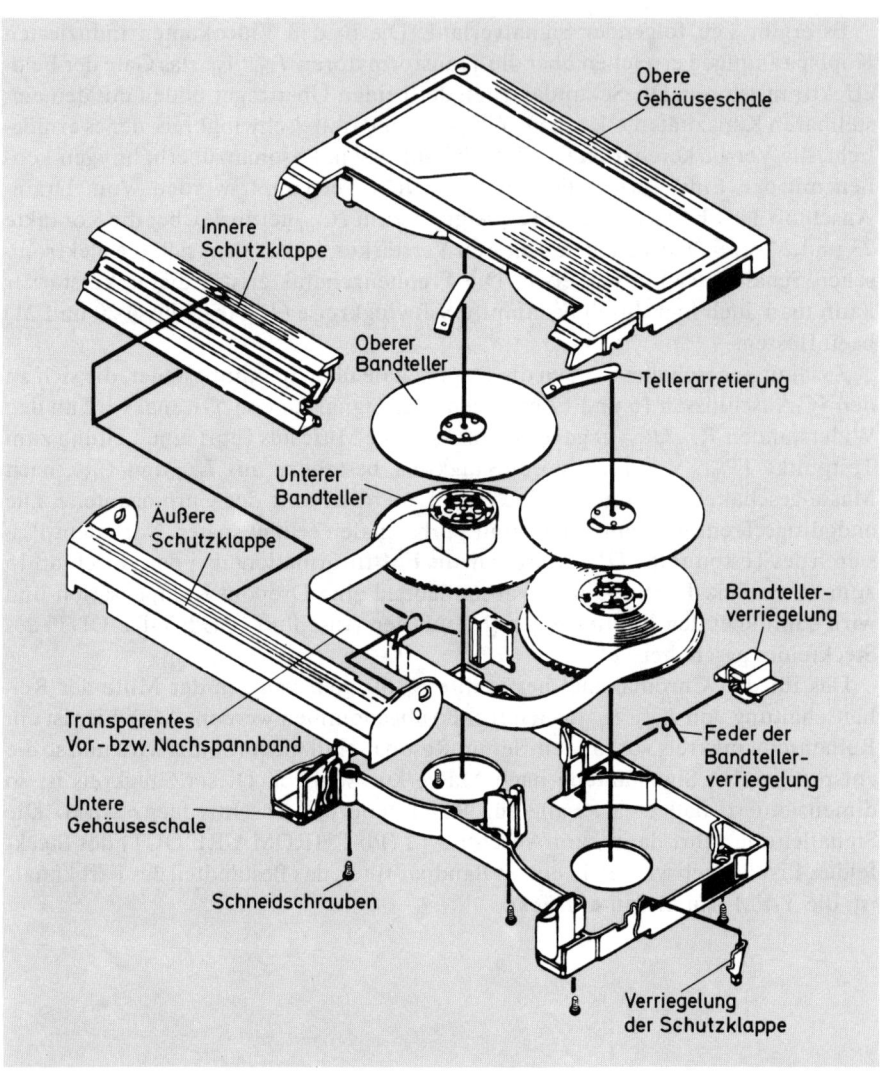

Die Mechanik einer Video-8-Cassette

7 Die Mechanik des Videorecorders

7.1 Mechanik eines Videorecorders mit offenen Spulen

Die 2-Zoll-MAZ-Recorder der Sendeanstalten arbeiten grundsätzlich mit offenen Spulen. Diese Magnetspulen haben etwa 30 cm Durchmesser und sind daher auch für den halbprofessionellen Einsatz nicht geeignet. Im halbprofessionellen Bereich gibt es Videorecorder mit kleinen, offenen Spulen. Bandführung und Bandweg einer solchen tragbaren Geräteversion sind in Bild 7.1 dargestellt.

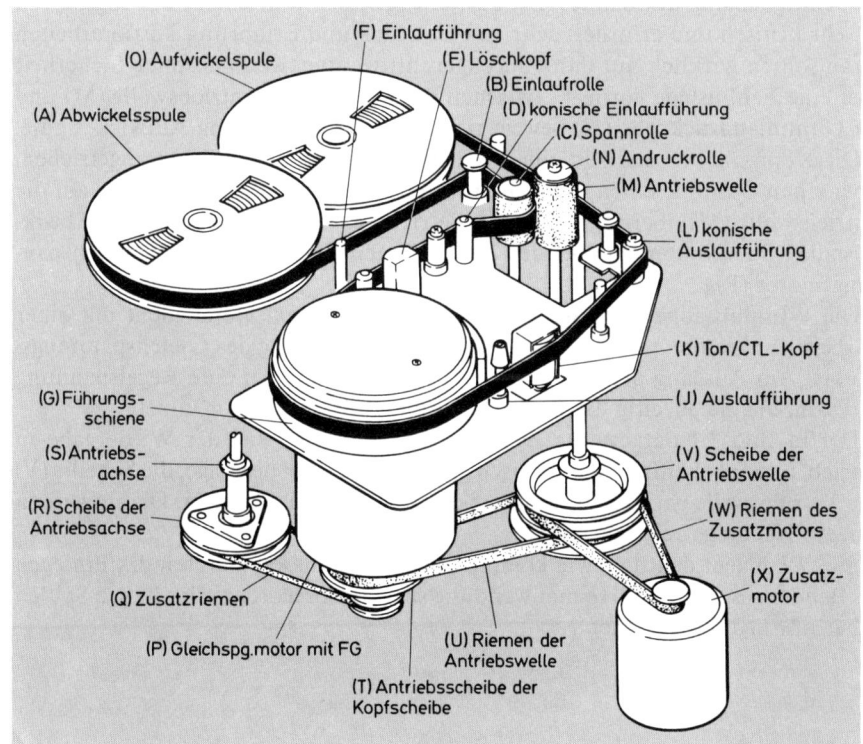

Bild 7.1 Bandführung und Bandweg eines halbprofessionellen Portable-Gerätes mit offenen Spulen

Das Band läuft von der Abwickelspule (A) zuerst an der Einlaufrolle (B) und der Spannrolle (C) vorbei. Die Spannrolle bestimmt schon ungefähr die Bandhöhe. Das Band wird dann von der konischen Einlaufführung (D) um 3° angewinkelt. Anschließend wird der Löschkopf passiert. Sein Luftspalt überdeckt die ganze Spurbreite einschließlich der Ton- und Synchronspur.

Nach dem Löschkopf wird das Band um die Außenfläche der Kopfscheibe gelegt. Dabei liegt es mit der Unterkante auf der Führungsschiene (G). Der exakte Bandweg um den Kopf herum ist ein wichtiges Kriterium für die Kompatibilität. Schon kleinste Schmutzpartikel auf der Führungsschiene verändern die Bandneigung und damit die Spurlage. Neben der Auslaufführung (J) befindet sich der kombinierte Tonkontrollkopf. Es handelt sich dabei um einen Aufnahme-Wiedergabe-Kopf, der getrennte Wicklungen und Kopfspiegel für die Aufzeichnung der Toninformation und der für die Servoreferenz benötigten Synchronimpulse aufweist. Die mechanische Position dieses Kopfes ist wichtig für die Kompatibilität. Seitliche Verschiebungen haben sofort Trackingprobleme zur Folge, die unangenehme Bildstörungen verursachen.

Die konische Auslaufführung (L) bestimmt in Verbindung mit dem Bolzen (D) die Schrägneigung des Bandes. Die Justierung dieser konischen Führungsbolzen ist sehr kritisch und erfordert sehr viel Geschick und Erfahrung. Justierarbeiten daran sollten wirklich nur dann durchgeführt werden, wenn absolute Sicherheit über eine Fehljustage vorliegt. Zwischen der rotierenden Antriebswelle (M) und der Gummiandruckrolle (N) bewegt sich das Band in Richtung Aufwickelspule.

Die Kopfscheibe wird von einem Gleichspannungsmotor direkt angetrieben. Über einen Gummiriemen wird von diesem Motor ebenfalls die Rotation auf die Antriebswelle (M) übertragen. Bei der Betriebsart «Rücklauf» erhält die Abwickelspule ihr Drehmoment über den Zusatzriemen (Q) ebenfalls vom Gleichspannungsmotor (P).

Die V-Impuls-abhängige Steuerung erfolgt bei diesem Gerät nicht mit einer Wirbelstrombremse, sondern durch direkte Beeinflussung des Gleichspannungsmotors. Am Ausgang der Servo-Regelschaltung wird dabei eine Regelspannung wirksam, die gleichzeitig die Betriebsspannung für den Motor bildet.

Der in Bild 7.1 dargestellte Zusatzmotor (X) ist nur bei der Wiedergabe in Betrieb. Er wird ebenfalls elektronisch geregelt und ist in der Lage, die Scheibe (V) der Antriebswelle geringfügig zu bremsen bzw. zu beschleunigen. Damit werden kürzere Nachregelzeiten erreicht.

Bild 7.1 macht deutlich, wie kompliziert sich bei diesen Geräten das Einlegen des Bandes gestaltet. Für Heimanwendung sind Videorecorder mit offenen Spulen daher nur bedingt geeignet.

7.2 Automatische Bandeinfädelung

Heim-Videorecorder arbeiten grundsätzlich mit Bandkassetten. Sie sind so einfach zu bedienen wie ein Tonkassettendeck. Allerdings ist die Gerätemechanik eines Heim-Videorecorders erheblich aufwendiger. Im Gegensatz zu einem normalen Kassettenrecorder muß die Mechanik des Videokassettenrecorders das Band aus der Kassette herausziehen und um die Videokopfanordnung herumführen. Für diese Aufgabe gibt es von den Herstellern verschiedene Lösungen.

VHS-Videorecorder z.B. funktionieren hier mit einem parallelen Band-Einfädelsystem. Es wird auch als «M-Loading» bezeichnet, weil der Bandweg nach dem Einfädeln M-förmig verläuft. Das Grundprinzip zeigt Bild 7.2. Die Bandführungsrollen greifen in die Kassette und ziehen das Band heraus. Diese Einfädelmechanik läßt sich sehr kompakt aufbauen und funktioniert auf kleinstem Raum. Die Hebelbewegung der Bandführungsrollen beträgt nur 8 cm. Daraus ergibt sich eine entsprechend kurze Einfädelzeit. Bei schnellem Vor- und Rücklauf erfolgt der Bandtransport nicht um die Kopftrommel, sondern das Band wird vorher in die Kassette zurückgeführt. Die detaillierte Darstellung eines nach dem M-Loading-Prinzip eingefädelten Bandes geht aus Bild 7.3 hervor.

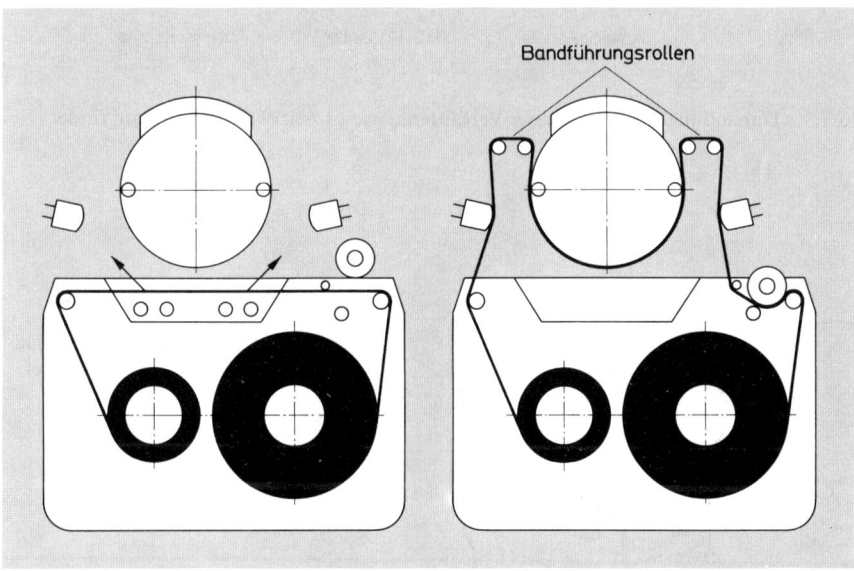

Bild 7.2 Grundfunktionen der M-Einfädelung

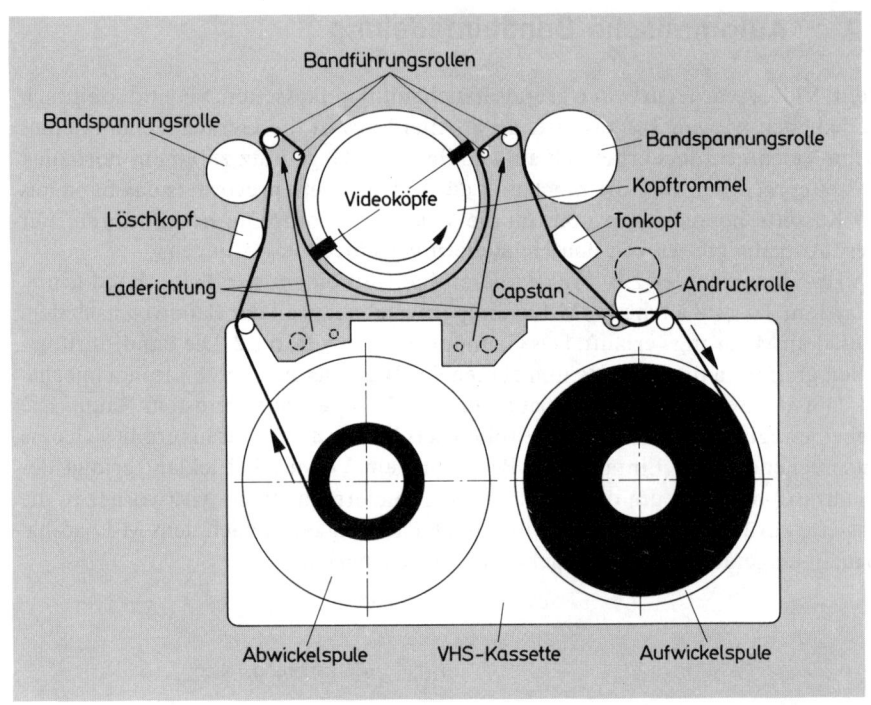

Bild 7.3 Darstellung des M-Loading-Verfahrens, wie es bei VHS Anwendung findet

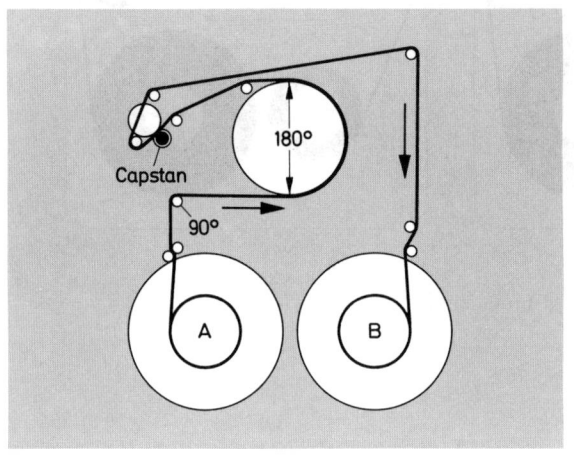

Bild 7.4
Bandverlauf beim U-Loading-Verfahren (Betamax)

Halbprofessionelle Videokassettenrecorder nach dem U-Matic-System weisen einen besonders aufwendigen Lademechanismus auf. Man spricht hierbei vom U-Loading-Verfahren. Im Gegensatz zum M-Loading nimmt der Bandweg einen U-förmigen Verlauf. Bild 7.4 macht das deutlich. Mit dieser Technik arbeiten auch die Betamax-Videorecorder. Der relativ hohe mechanische Aufwand beim U-Loading wird durch geringe, auf das Band einwirkende Zugmomente belohnt. Die Gründe dafür sind unter anderem aus Bild 7.4 zu entnehmen. Das Magnetband wird zwischen der Abwickelspule (A) und dem Capstan insgesamt nur um ca. 270° abgewinkelt; unmittelbar nach der Abwickelspule um 90° und während der Kopfumschlingung um 180°. Zwischen Kopfauslauf und Capstan ist dann nur noch eine geringe Abwinkelung erforderlich. Die vom Capstan ausgehenden Zugmomente sind entsprechend gering.

In Bild 7.5 ist die U-Einfädelung in drei Stadien dargestellt. Das Herausziehen des Bandes erfolgt mit Hilfe eines Einfädelringes. Er wird unmittelbar nach dem Einlegen der Kassette an seiner Innenseite durch einen Gleichspannungsmotor in Bewegung gesetzt. Durch die Drehbewegung des Ringes zieht ein daran befestigter Hebel das Band aus der Kassette heraus. In der Position (B) (Bild 7.5) ist der Einfädelvorgang zur Hälfte abgeschlossen. Unter (C) ist schließlich die Endposition des Einfädelringes erreicht. In dieser Stellung sorgt ein Mikroschalter für die Unterbrechung der Ringbewegung.

Durch die geringen, auf das Band einwirkenden mechanischen Streßmomente kann die Kopfumschlingung auch beim schnellen Vor- und Rücklauf beibehalten werden. Neben kurzen Übergangszeiten zwischen den Bedienungsfunktionen ergibt sich dadurch die Möglichkeit einer Suchlaufeinrichtung, die vorprogrammierte Bandpositionen durch Auszählen der Kontrollimpulse des Synchronkopfes wieder findet.

Eine dreidimensionale Darstellung mit der schräg verlaufenden Kopfumschlingung und der typischen U-Form des Bandweges zeigt Bild 7.6. Einen Blick in die Mechanik eines Videorecorders mit einem nach der U-Loading-Technik eingefädelten Band vermittelt das Ausschnittfoto in Bild 7.7. Oben rechts ist noch eine Ecke der eingelegten Kassette sichtbar. Die Videokopf-Anordnung befindet sich in der oberen linken Bildhälfte. Vorn links ist der kleine Mikroschalter zu erkennen, der die Bewegung des Einfädelringes nach dem Erreichen der Endposition stoppt.

VCR- und SVT-Videorecorder sind ebenfalls mit einem rotierenden Lade- bzw. Einfädelsystem ausgestattet. Es ist allerdings nicht identisch mit dem U-Loading-Verfahren. Auf- und Abwickelspulen sind in den VCR-Kassetten untereinander angeordnet. Mit zwei auf dem Ladering montierten Tandemrollen wird auch hier das Band aus der Kassette herausgezogen (Bild 7.8). Das Ein- und Ausfädeln erfordert nur wenige Sekunden. Einen SVR-Recorder in der Betriebsart «Wiedergabe» zeigt das Foto in Bild 7.9. Deutlich ist der rotierende Videokopf und das ihn umschlingende, aus der Kassette herausgezogene Band zu erkennen.

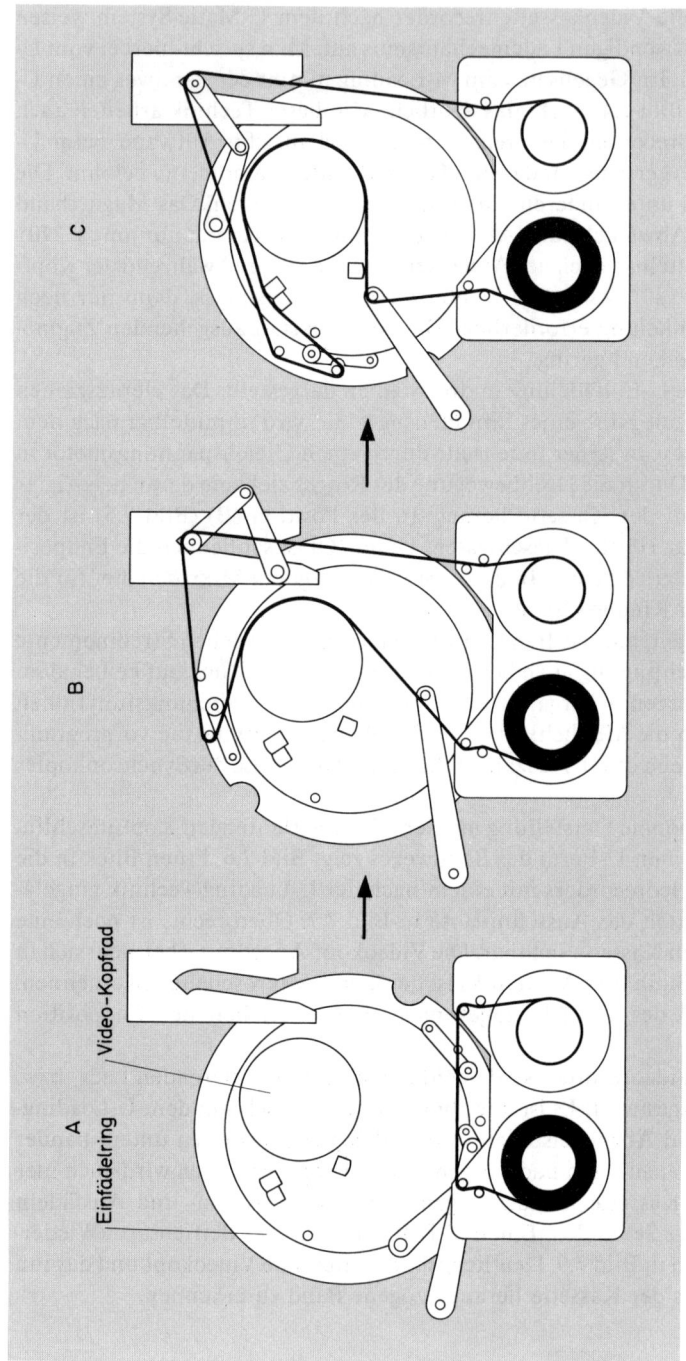

Bild 7.5 Das Band wird aus der Kassette herausgezogen und um die Videokopfscheibe geführt

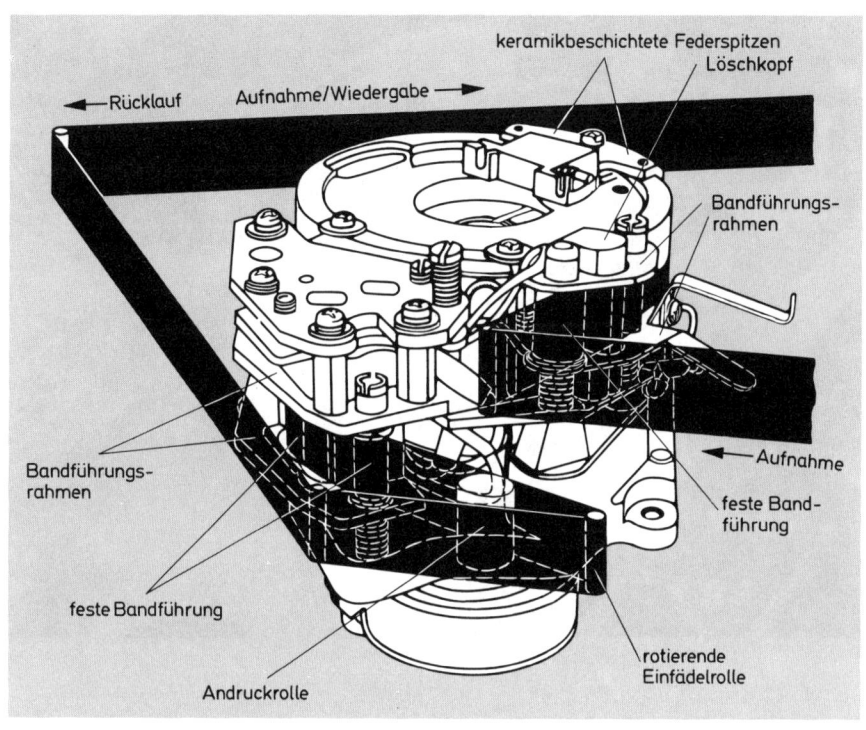

Bild 7.6 Beispiel für die Kopfumschlingung beim U-Loading-Verfahren

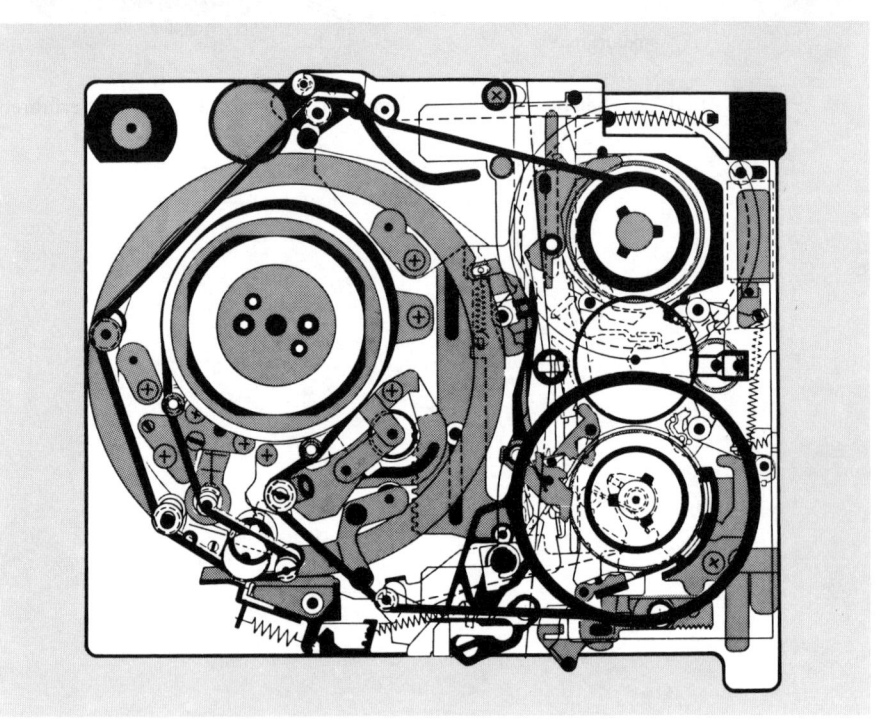

Bild 7.7 (links oben) Bandweg eines Betamax-Videorecorders

Bild 7.8 (links unten) Lademechanismus eines Video-8-Recorders

Bild 7.9 (oben) Auch die älteren VCR- und SVR-Videorecorder arbeiten mit einem rotierenden Ladesystem

7.3 Verschiedene Lösungen der schrägen Bandführung

Wie schon im Grundlagenkapitel erwähnt, zeichnet man die Videomagnetspuren schräg verlaufend von der unteren zur oberen Bandkante auf. Der Spurneigungswinkel ist dabei von System zu System unterschiedlich. Die Schrägspuraufzeichnung kann auf verschiedene Art und Weise realisiert werden. Denkbar ist z.B. eine etwas geneigte Kopftrommel. Hierbei könnte das Band horizontal geführt werden. Genauso ist es möglich, die Videoköpfe parallel zur Chassisebene rotieren zu lassen und das Magnetband mit entsprechender Neigung um die Köpfe herumzuführen. Sehr einfach ist dies mit gegeneinander konisch verlaufenden Umlenkbolzen am Ein- und Auslauf des Kopfrades möglich. In Bild 7.10 ist ein Beispiel für solch eine Anordnung zu erkennen.

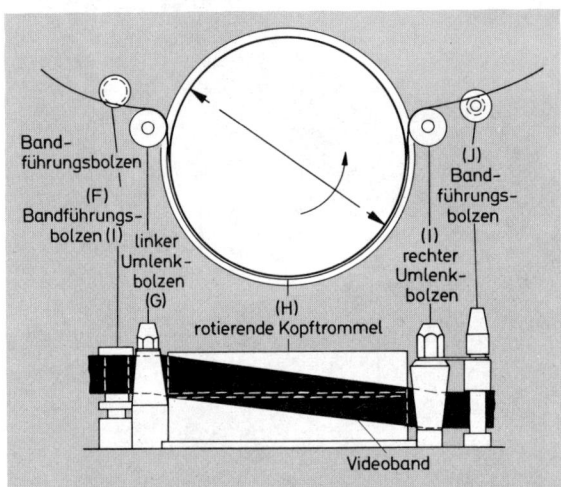

Bild 7.10
Die schräge Bandführung kann durch konische Führungsbolzen realisiert werden

Die schräge Bandführung kann nicht nur mit konischen Führungsbolzen, sondern auch mit leicht geneigten Stiften erfolgen. Justierarbeiten im Servicefall gestalten sich dabei allerdings schwierig, wenn diese Stifte dreidimensionalen Einstellcharakter haben. Korrekturen verändern hier den Bandführungswinkel in vertikaler und horizontaler Richtung. Wesentlich einfacher sind für den Servicetechniker die Justierarbeiten, wenn die Korrektur nur zweidimensional erfolgen muß. Dies ist möglich durch eine schräge Führung des Umlenkstiftes. Es braucht dann lediglich die Höheneinstellung verändert zu werden (siehe Bild 7.16, rechte Seite). Bild 7.11 macht die Verhältnisse an zwei Grafiken deutlich. Bei der Grafik A bleibt der Winkel Θ konstant, wenn der Punkt 0 verschoben wird. Es handelt sich also um eine zweidimensionale Einstellung. Unter B ist eine dreidimensional veränderbare Führungsstift-Anordnung dargestellt. Es ist zu erkennen, daß sich sowohl der Winkel α als auch der Winkel β bei Verschiebung der Nullposition verändert.

Bild 7.11
Dreidimensional veränderbare Bandführungsbolzen (B) erschweren die Justierarbeiten im Servicefall

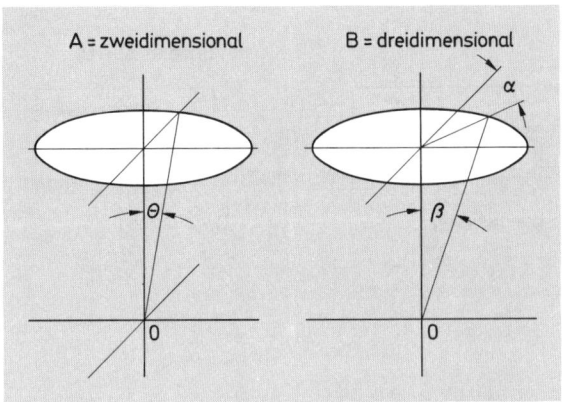

7.4 Die Videokopf-Einheit

Für den Aufbau der Videokopf-Anordnung gibt es drei Ausführungsformen (Bild 7.12). Man unterscheidet zwischen der Kopfscheibe, der Kopftrommel und dem Kopfsteg. Der Kopfsteg zeichnet sich durch sein geringes Gewicht aus. Er kommt vorwiegend in tragbaren Videorecordern für halbprofessionelle Anwendung zum Einsatz. Heim-Videorecorder dagegen arbeiten grundsätzlich mit der Kopfscheibe oder der Kopftrommel. Hier ergeben sich zwischen den Systemen verschiedene Ausführungsformen. VHS-, VCR- und SVR-Videorecorder verwenden eine Kopftrommel, während Betamax-Geräte eine dünne Kopfscheibe aufweisen. Bei den erstgenannten Systemen rotiert der ganze obere Teil der Kopfanordnung. Etwa die Hälfte des Bandes hat Kontakt mit dem rotierenden Kopfzylinder. Die Skizze A in Bild 7.13 verdeutlicht die Funktion. Am Außenrand des Kopfrades befinden sich Rillen oder Riefen. Sie erzeugen zwischen dem Band und der Kopftrommel ein dünnes Luftpolster, das die Reibwerte stark reduziert. Kopfsysteme mit rotierendem Oberteil zeigen die Fotos der Bilder 7.14 und 7.15.

Bild 7.12 Kopfscheibe, Kopftrommel und Kopfsteg

177

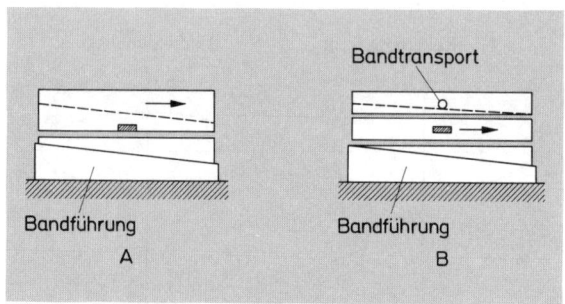

Bild 7.13
A = Kopfanordnung mit rotierendem Oberteil
B = Die Kopfscheibe rotiert zwischen dem feststehenden Ober- und Unterteil

Bild 7.14 Kopfanordnung eines VHS-Videorecorders; montiert auf einem Aluminium-Druckgußchassis

Bild 7.15
Auch beim Video-8-Recorder
rotiert das komplette Oberteil
der Kopfanordnung

Betamax-Videorecorder arbeiten mit der Kopfscheibe, die zwischen dem feststehenden Kopfober- und Unterteil rotiert (Bild 7.13 b). Man spricht in diesem Zusammenhang auch von «Sandwichtechnik». Diese Anordnung zeigt in jeder Beziehung beste Resultate. Nur ein Drittel des Bandes hat mit dem dünnen, rotierenden Kopfrad Kontakt. Die Reibung zwischen Band und Kopfzylinder ist nahezu über den ganzen Bereich der Kopfumschlingung konstant. Am Kopfeinlauf beträgt der Bandzug etwa 40 g und am Auslauf 44 g; also nur das 1,1fache. Die Banddehnung erreicht dadurch minimale Werte. In Verbindung mit der geringen Bandgeschwindigkeit (1,87 cm/s) unter der U-Loading-Technik kann damit die Eindringtiefe der Videoköpfe auf einen Wert von 70 µm reduziert werden.

Bild 7.16 zeigt den Aufbau einer Videokopf-Einheit in Sandwichtechnik. Das Band wird mit jeweils einer Hälfte über den oberen und unteren feststehenden Zylinder geführt. Der Bandzug in Querrichtung bleibt dadurch homogen. Als untere Bandführung dient die schräg nach rechts unten verlaufende Auflagekante. Auch die dünne Betamax-Kopfscheibe ist mit Rillen zum Erzeugen eines Luftpolsters versehen (Bild 7.17). Es entsteht ein Luftlagereffekt, der das Band langsam nach oben schiebt. Verhindert wird diese Bewegung durch kleine keramikbeschichtete Federn, die das Band mit einem Druck von 1,4 g in die Führung fixieren. In Bild 7.16 befinden sich diese Federn unter der schwarzen Plastikabdeckung oben links (siehe auch Bild 7.6).

Bild 7.16
Die Betamax-Kopfeinheit ist in Sandwichtechnik aufgebaut

Bild 7.17
Die Rillen in der Kopfscheibe lassen bei der Rotation ein Luftpolster entstehen.
(Im Vordergrund zum Größenvergleich eine Stecknadel)

8 Keine Angst vor dem Videoservice

8.1 Bildschirmdiagnose bei Fehlern im BAS-Signalteil

Bei der Reparatur von Fernsehgeräten wird dem Servicetechniker die Arbeit wesentlich durch die Bildschirmdiagnose erleichtert. Dabei kann von der Fehlererscheinung auf dem Fernsehschirm sehr oft auf die defekte Stufe in der Geräteelektronik geschlossen werden. Natürlich ist dazu eine gewisse Erfahrung erforderlich. Viele Routiniers sind in der Lage, selbst feinste Nuancen der Bildverfälschung zu deuten. Für sie ist die Mattscheibe sozusagen ein Meßgerät.

Die gleiche Schirmbilddiagnose ist auch bei der Reparatur eines Videorecorders möglich. Hierzu allerdings fehlt vielen Technikern die Erfahrung, weil die Fehlersymptome mit denen des Fernsehgeräts nicht vergleichbar sind. In diesem Abschnitt sollen nun mit Hilfe von Schirmfotos typische Fehlererscheinungen eines Videorecorders besprochen werden.

a) Wiederholung der Schwarzweiß-Signalverarbeitung in Kurzform:

Wir wollen uns zunächst die wichtigsten Funktionsgruppen der Signalaufbereitung noch einmal in Erinnerung rufen. Bild 8.1 verdeutlicht die Zusammenhänge bei Aufnahme und Wiedergabe. Der obere Teil des Blockschaltbildes enthält die Baugruppen der Aufnahmecodierung. Der nach dem Fernsehtuner und ZF-Verstärker folgende Demodulator liefert das aufzunehmende Videosignal. Dieses durchläuft eine Aussteuerungsautomatik. In einer Klemmschaltung werden die Synchrondächer auf einen Gleichspannungswert fixiert. Der nachfolgende FM-Modulator macht aus den Amplitudenänderungen Frequenzänderungen. Mit dieser dem Videosignal proportionalen FM-Information werden die beiden Aufnahmekopfverstärker angesteuert. Ihre Verstärkung ist veränderlich, so daß die Aufsprechströme für die Videoköpfe 1 und 2 getrennt eingestellt werden können. Das BAS-Signal wird also in FM-Form codiert auf das Magnetband gebracht. Jeder Videokopf schreibt dabei ein Halbbild. Dieselben Videoköpfe kommen auch für den Wiedergabevorgang zur Anwendung (Bild 8.1, unterer Zweig). Die Wiedergabe-Kopfverstärker sind anders aufgebaut als die Kopfverstärker, die beim Aufnahmeprozeß zum Einsatz kommen. Sie enthalten zusätzliche Korrekturmöglichkeiten, um das Resonanzverhalten der Videokopfwicklung an die Kopfverstärker anzupassen.

Die beiden Kopfsignale werden dem oberen und unteren Ende des Balanceeinstellers R_1 zugeführt. Am Schleifer kann das zusammengesetzte FM-Signal abge-

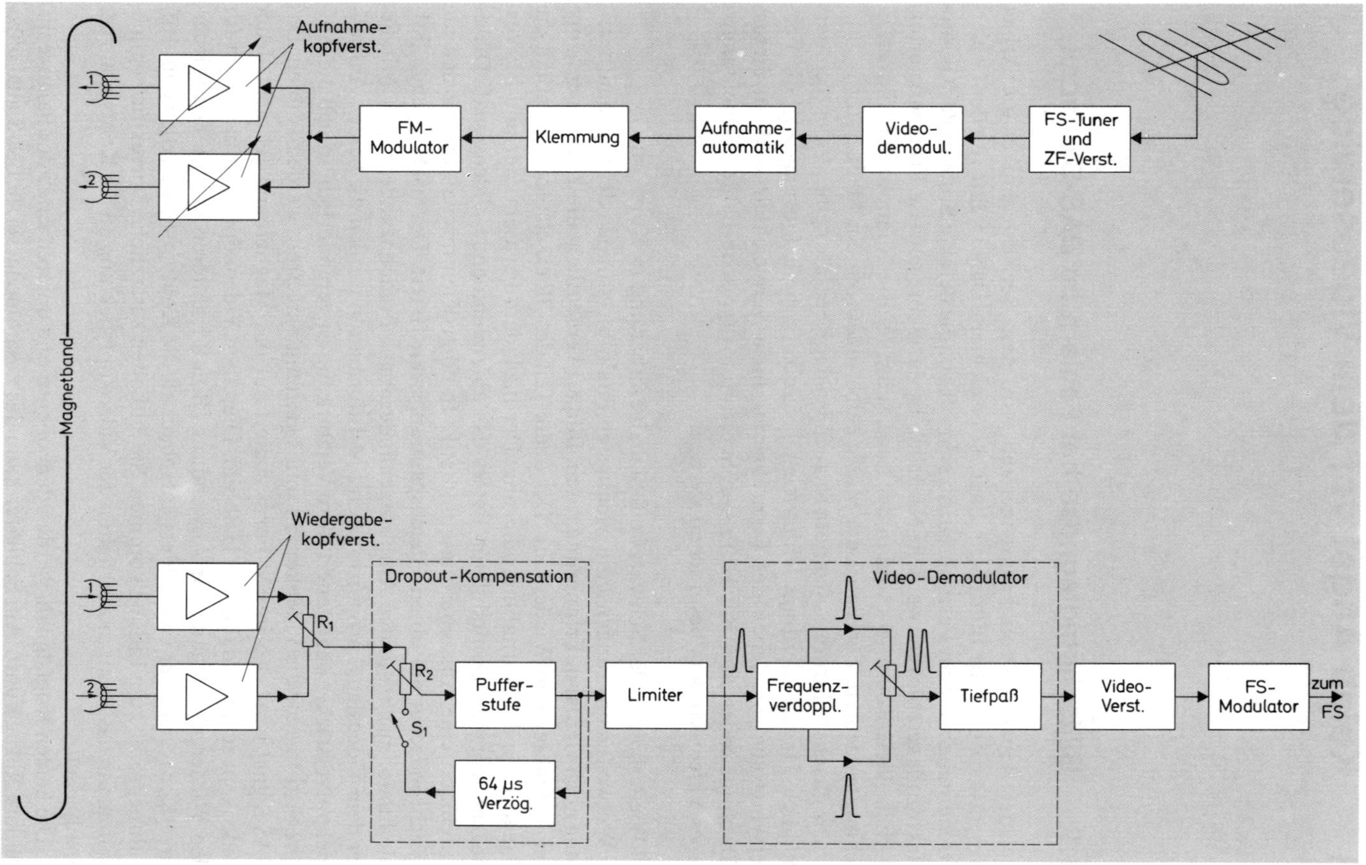

Bild 8.1 Grundprinzip der BAS-Signalaufbereitung für Aufnahme und Wiedergabe

nommen werden. Die so entstandene FM-Information gelangt nun zur Dropout-Kompensation (DOK). Dropouts sind magnetische Löcher im Band. Sie machen sich auf dem Bildschirm als verrauschte Zeilen bzw. Zeilenanteile bemerkbar, die vom Auge sofort registriert und als störend empfunden werden. Mit der DOK kann man die verrauschte Zeile unwirksam machen, indem die vorhergehende Zeile als Ersatz in die gestörte Zeile eingetastet wird. Die somit doppelt geschriebene Zeile bleibt für das Auge unsichtbar. Das so weitgehend von Dropouts befreite FM-Signal durchläuft dann eine Limiterschaltung, die schwankende Signalamplituden durch Begrenzung unwirksam macht. Die Rückverwandlung in das ursprüngliche BAS-Signal geschieht im Demodulator. Es gibt dafür verschiedene Schaltungsvarianten. Häufig benutzt man das Prinzip des Zähldiskriminators. Hierbei wird durch Integration der FM-Einzelimpulse das Videosignal gewonnen. Dies geschieht mit einem LC-Tiefpaßfilter, das auch die FM-Trägeranteile unterdrückt.

Im allgemeinen ist die niedrigste FM-Trägerfrequenz nur wenig höher als die höchste aufzuzeichnende Video-Signalfrequenz. Die Trennung zwischen FM- und Videosignal kann deshalb nur mit einem extrem steilflankigen Tiefpaß erfolgen, der nur schwer realisierbar ist. Aus diesem Grund verdoppelt man die FM-Trägerfrequenz von der Integration und erreicht so einen erheblich größeren Abstand zwischen Träger- und Videofrequenz (siehe auch Bilder 6.13, 6.14, 6.15).

Das Videosignal wird anschließend verstärkt und dann durch einen Fernsehmodulator in ein normales TV-Signal umgewandelt, das jedes Fernsehgerät verarbeiten kann.

b) Videoköpfe und Kopfverstärker:

Genau wie beim Tonbandgerät ist es auch bei der Reparatur des TV-Recorders wichtig, zwischen Aufnahme- und Wiedergabestörungen zu differenzieren. Am Anfang der Reparatur soll deshalb in jedem Fall die Wiedergabe mit einem Band stehen, von dem man weiß, daß es einwandfrei bespielt ist. Die Hersteller liefern ein solches «Standardband» als Servicehilfsmittel.

Nicht selten kommt es vor, besonders bei alten Bändern, daß die Kopfspalte der Videoköpfe mit Bandabrieb zugesetzt sind. Im Extremfall ist dann auf dem Bildschirm nur ein Rauschen zu erkennen. Typischer ist aber die Fehlererscheinung nach Bild 8.2. Hier sind noch schemenhaft Restbestandteile des Bildes zu erkennen, wenn ein einwandfrei bespieltes Bezugsband wiedergegeben wird. Genauso können sich übrigens auch defekte Videoköpfe bemerkbar machen. Fällt einer der Wiedergabe-Kopfverstärker aus, so bleibt nur ein Halbbild sichtbar (Bild 8.3). Jede zweite Zeile ist dann verrauscht bzw. ohne Informationsgehalt. Eventuell kann dabei auch die Synchronisation Störungen aufweisen. Ein Fehlereffekt ähnlich wie in Bild 8.3 tritt auch auf, wenn der Balanceeinsteller R_1 (Bild 8.1) falsch eingestellt ist. Schon eine geringfügige Dejustage von R_1 läßt das Bild leicht verrauscht erscheinen. Es ist dann visuell sehr schwierig erkennbar, daß nur ein Halbbild verrauscht ist. Hier kann die Kontrolle der Kopfsignale mit dem Oszilloskop Klarheit verschaffen.

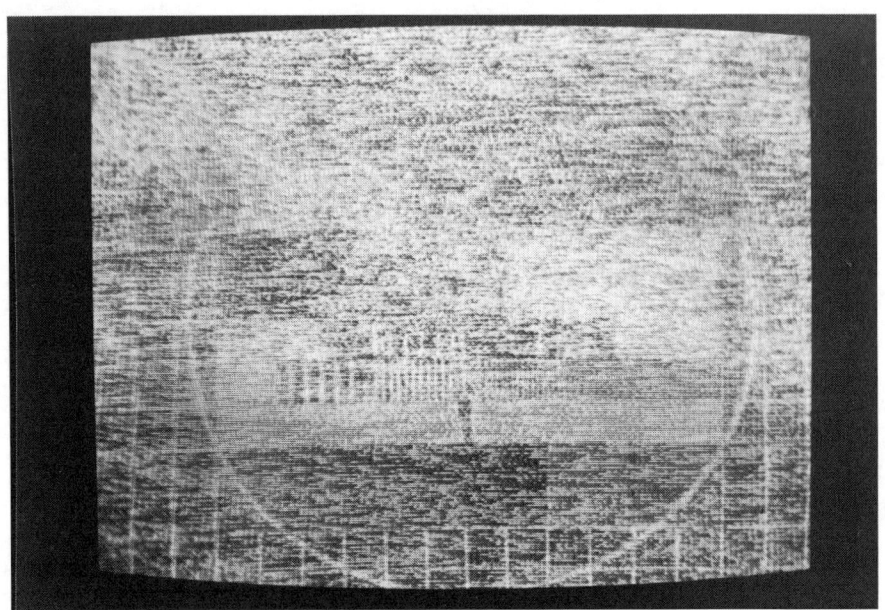

Bild 8.2 Rauschen oder verrauschte Bildanteile lassen auf verschmutzte Videoköpfe schließen

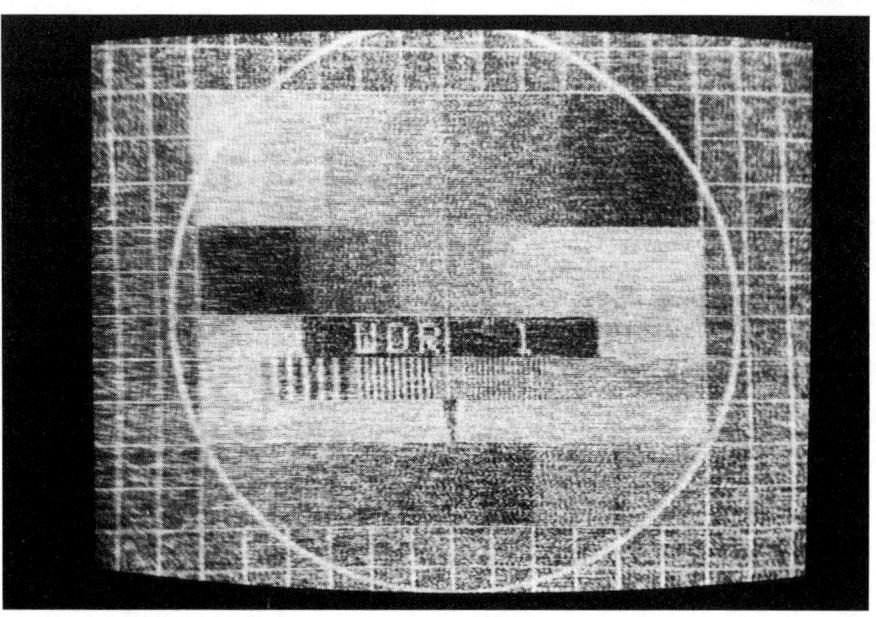

Bild 8.3 Hier fehlt ein Halbbild; jede zweite Zeile ist verrauscht

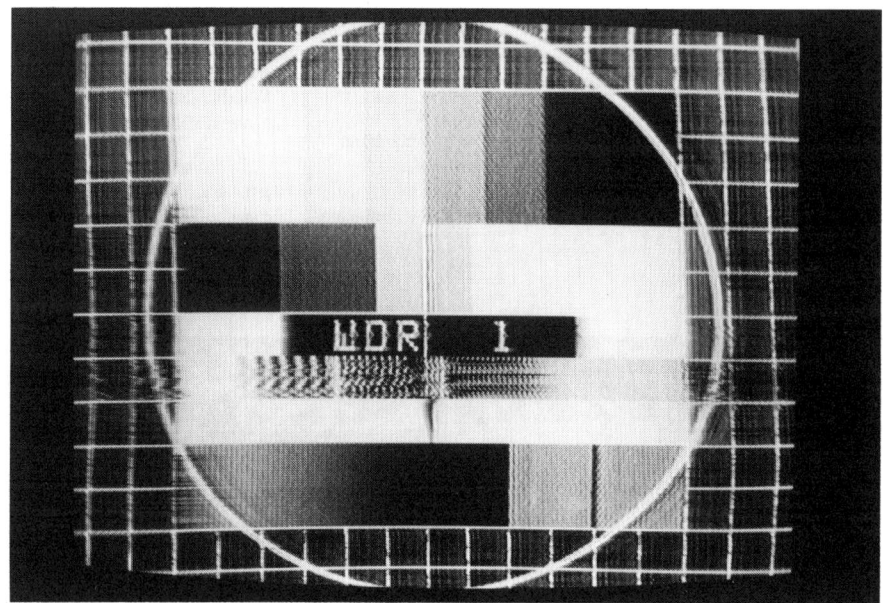

Bild 8.4 Typisches Fehlerbild einer Übermodulation

Wird das Standardband einwandfrei wiedergegeben, aber fehlt nach erfolgter Aufnahme ein Kopfsignal bzw. ein Halbbild, so richtet sich der Verdacht auf einen der Aufnahme-Kopfverstärker (Bild 8.1, oben links).

c) Abgleich der Kopfverstärker:

Der Aufnahme-Kopfverstärker läßt im wesentlichen nur eine Einstellung zu: den Aufsprechstrom für die beiden Videoköpfe. Zu geringer Aufnahmestrom hat ein verrauschtes Bild zur Folge. Zu hohe Aufsprechströme erzeugen ein Ausreißen der senkrechten Schwarzweißübergänge. Dabei bilden sich kleine schwarze Zakken oder Streifen, die nach rechts verlaufen (siehe Bild 8.4). Ein ähnlicher Fehler entsteht, wenn der FM-Modulator mit zu hohem Videopegel angesteuert wird. Man spricht dann von Übermodulation. Das genaue Einstellen der Aufsprechströme wird in den Abgleichanleitungen der Hersteller vorgeschrieben.

Ein besonderes Kriterium sind Abgleicharbeiten an den Wiedergabe-Kopfverstärkern, weil sie in hohem Maße die Bildqualität bestimmen. Grundsätzlich muß dieser Abgleich nach jedem Kopfwechsel erfolgen, weil jeder Videokopf ein anderes Eigenresonanzverhalten hat. An diese individuelle Kopfcharakteristik muß der Kopfverstärker durch L/C-und R-Korrekturglieder angeglichen werden. Die Industrie liefert dazu Testkassetten mit aufgezeichneten Wobbelsignalen. Am Ausgang des jeweiligen Wiedergabe-Kopfverstärkers kann das Wobbelsignal oszillografiert werden. Ein Beispiel für die damit einzustellende Signalform zeigt Bild

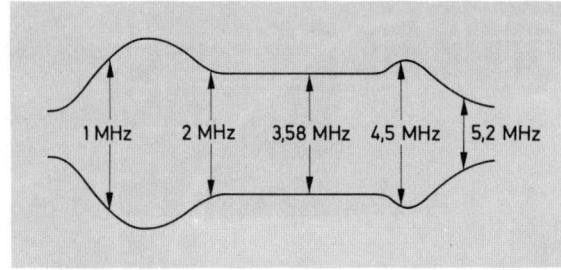

Bild 8.5
Mit einem Wobbelsignal wird die Charakteristik der Wiedergabe-Kopfverstärker eingestellt

Bild 8.6
Schlecht eingestellte Wiedergabe-Kopfverstärker beeinflussen in hohem Maße die Bildqualität

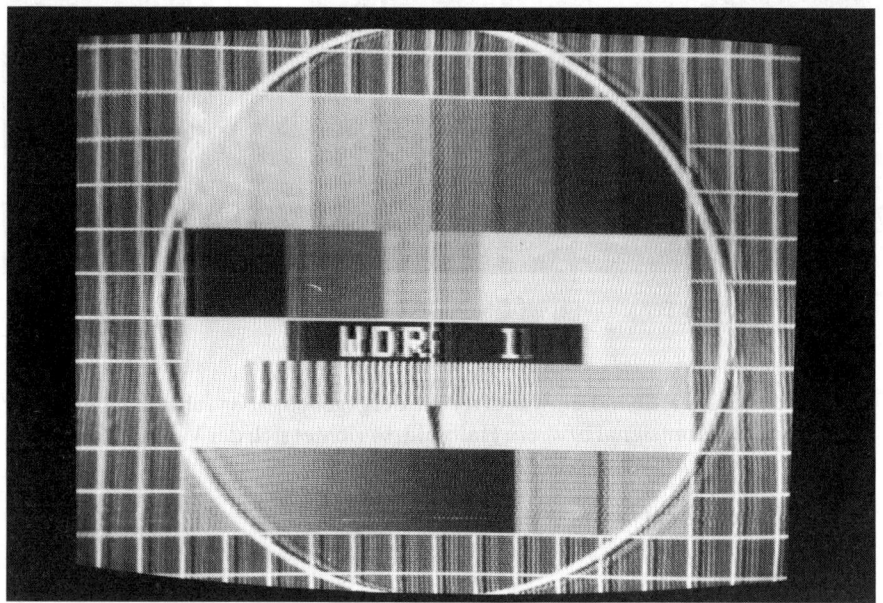

8.5. Deutlich sind die eingeblendeten Frequenzmarken von 1 MHz bis 5,2 MHz zu erkennen. Auch hierfür enthalten die Serviceunterlagen der Hersteller genaue Angaben. Ein Beispiel für die Auswirkungen eines schlecht eingestellten Kopfverstärkers macht Bild 8.6 deutlich. Sie können von der Reliefwirkung über schlechte Auflösung bis zur Verkleinerung des Rauschabstandes reichen.

d) Aufnahmeautomatik und Klemmschaltung:

Eine totale Übersteuerung des Videosignals ist in Bild 8.7 zu erkennen. Schuld daran kann z.B. eine fehlerhafte Aufnahmeautomatik (Bild 8.1) sein. Genauso ist aber auch der Video-Ausgangsverstärker vor dem FS-Modulator eine mögliche Fehlerursache. Übersteuerung oder auch Begrenzung der weißen Bildanteile kann auf eine falsch eingestellte Klemmschaltung (Bild 8.1) zurückzuführen sein.

Bild 8.7 So macht sich ein übersteuerter Videoverstärker bemerkbar

Bild 8.8 Falsch eingestellte Klemmung (vor dem FM-Modulator)

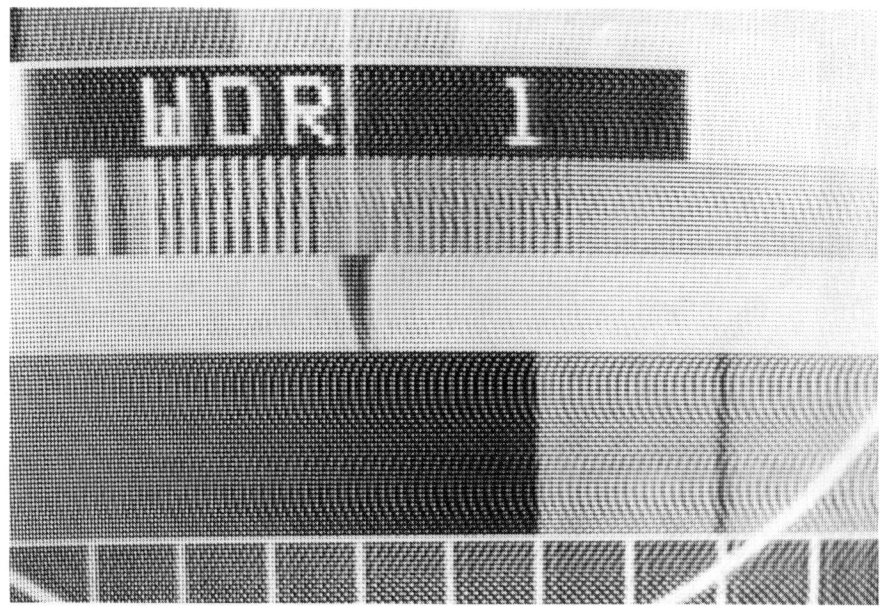

Bild 8.9 Falsche Demodulatoreinstellung führt zu Schlierenbildung

Durch Klemmung werden der maximale Weißpegel und die Synchronspitzen auf ein festes Gleichspannungsniveau fixiert. Erst dann wird damit der FM-Modulator angesteuert. Eine falsch eingestellte Klemmschaltung kann sich wie in Bild 8 dargestellt bemerkbar machen.

e) Der Videodemodulator:

Typisch für eine falsche Demodulatorbalance ist das Ausschnittfoto in Bild 8.9. Bei der FM-Demodulation mit einem Zähldiskriminator (Bild 8.1) kann das folgende Ursachen haben: Nach der Frequenzverdopplung werden die durch den Limiter begrenzten FM-Impulse über einen Balanceregler zusammengeführt. Falsche Einstellung dieses Reglers hat Schlierenbildung wie in Bild 8.9 zur Folge. Das Oszilloskop zeigt dann eine FM-Impulsfolge nach Bild 8.10 (A). Die Impuls-

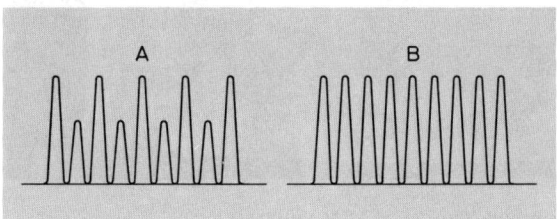

Bild 8.10
A = Unsymmetrische Demodulatorbalance
B = Exakt eingestellte Demodulatorbalance

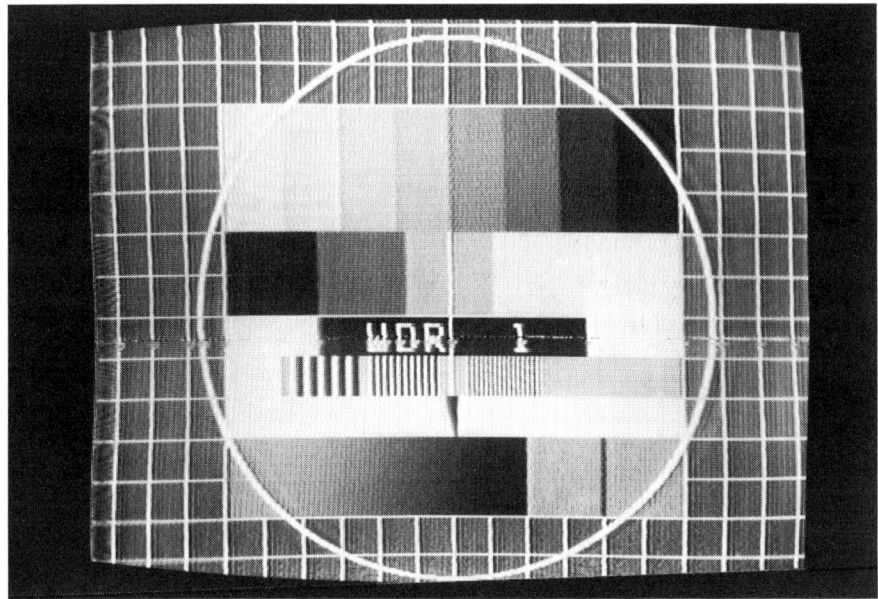

Bild 8.11   Dropouts machen sich als verrauschte Zeilen (Bildmitte) bzw. Zeilenanteile bemerkbar

folge in Bild 8.10 (B) verdeutlicht dagegen eine korrekte Balanceeinstellung. Natürlich kann dieses Symptom auch aufgrund eines elektrischen Fehlers im Demodulator auftreten, der mit der Balanceeinstellung nicht mehr zu kompensieren ist.

f) Dropout-Kompensation:
In Bild 8.11 ist in der Mitte des Schirmes eine verrauschte Zeile zu erkennen. Dies ist das typische Fehlerbild eines Dropouts. Im hier gezeigten Fall erstreckt sich die Störung über eine Zeile. Genauso können aber auch nur kurze Zeilenanteile oder mehrere Zeilen verrauscht sein. Die Dropout-Kompensation (Bild 8.1) muß genau eingestellt sein (R_2), um diese Störungen auf ein Minimum zu bringen. Erinnern wir uns zunächst an die Funktion der DOK. Hinter der Pufferstufe verzweigt sich die FM-Information zum Limiter und zu einer 64-µs-Verzögerungsleitung. Am geöffneten Schalter S_1 steht somit das um eine Zeile verzögerte Video-FM-Signal zur Verfügung. S_1 ist ein elektronischer Schalter, der im Dropoutfall sofort schließt und das um eine Zeile verzögerte Signal an den unteren Anschluß des Balanceeinstellers R_2 legt. Am Schleifer kann jetzt als Ersatz für die gestörte Zeile die vorhergehende Zeileninformation abgenommen werden. Sobald die Dropoutphase beendet ist, öffnet S_1 wieder, und das Original-FM-Signal gelangt über den oberen Anschluß von R_1 zur Pufferstufe.

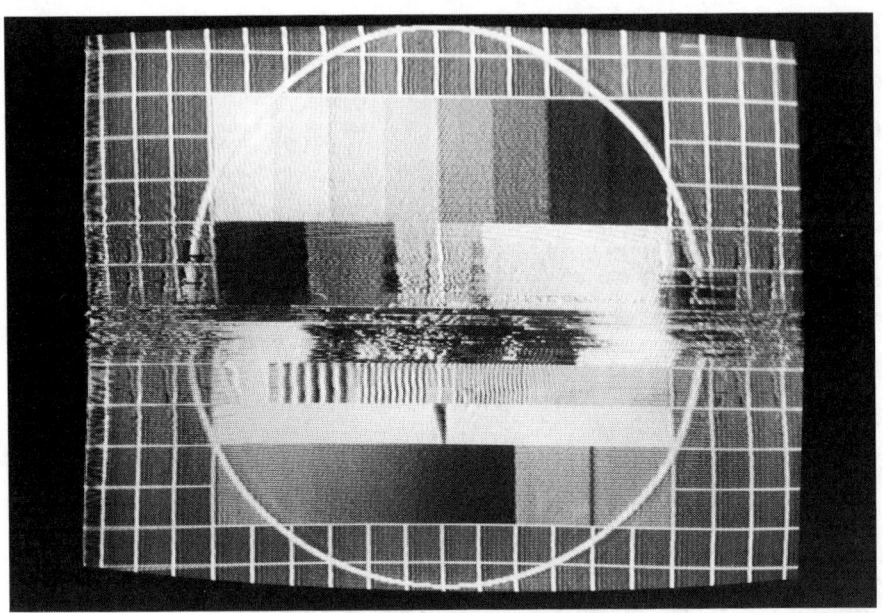

Bild 8.12 Rhythmisch durch das Bild laufende Störzone bei Servofehlern

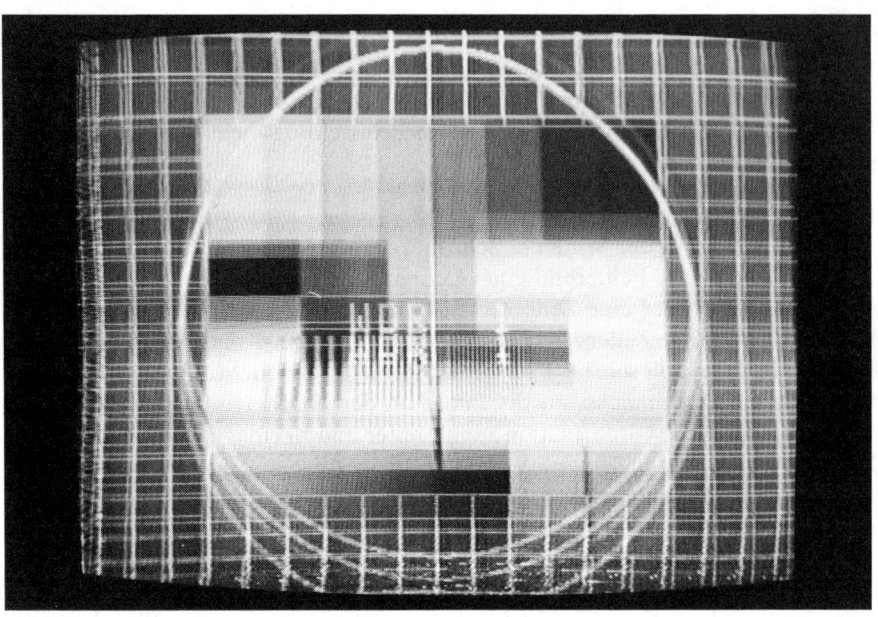

Bild 8.13 Hier liegt die Störzone im Bereich der V-Synchronisation

Die Balanceeinstellung von R_2 macht dem Servicetechniker im allgemeinen gewisse Schwierigkeiten, weil ein Dropout nur kurzzeitig und kaum vorhersehbar auftritt. Mit Hilfe eines Tricks kann man sich diese Einstellung erleichtern. Man braucht dazu eine Stecknadel und die Bereitschaft, etwa einen halben Meter der Werkstattprobekassette zu opfern. Mit einer Stecknadelspitze kann man sehr einfach eine feine Spur parallel zur Bandkante in die Mitte der Bandbeschichtung kratzen. Die Störung in Bild 8.11 ist so entstanden. Das dadurch für 10 bis 15 Sekunden sichtbare Rauschen der Störzeile kann nun leicht mit R_2 auf ein Minimum eingestellt werden. Ein anderes Hilfsmittel sind die Frequenzmarken des Wobbelsignals (Bild 8.5). Auf dem Bildschirm sehen sie nämlich bei der Wiedergabe des Standardbandes ähnlich wie Dropouts aus. Sie können daher zur Dropouteinstellung genutzt werden. Es gibt aber auch Standardbänder mit eingeblendeten Dropoutzeilen.

8.2 Bildschirmdiagnose bei Servofehlern und mechanischen Fehlern

a) Fehler im Servoteil:

Servofehler sind relativ leicht auf dem Fernsehschirm zu erkennen. Fehlt einer der beiden Bezugsimpulse, so läuft langsam eine rhythmische Störung durch das Bild. Bild 8.12 zeigt diesen Effekt. Immer wenn die durchlaufende Störzone in den Bereich der vertikalen Austastlücke kommt, wird die V-Synchronisation gestört. Die macht sich als vertikales Zittern des Bildes bemerkbar (Bild 8.13). Das gleiche Symptom tritt auf, wenn die Wirbelstrombremse oder der Gleichspannungsverstärker, also die Servo-Stellglieder, nicht mehr funktionieren. Bei der Fehlersuche ist, genau wie im Signalteil, zwischen Aufnahme und Wiedergabe zu unterschei-

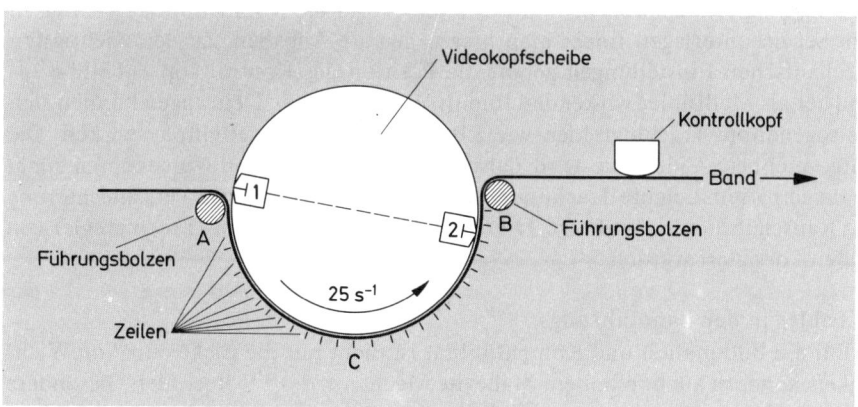

Bild 8.14   Anordnung von Videoköpfen und Kontrollkopf

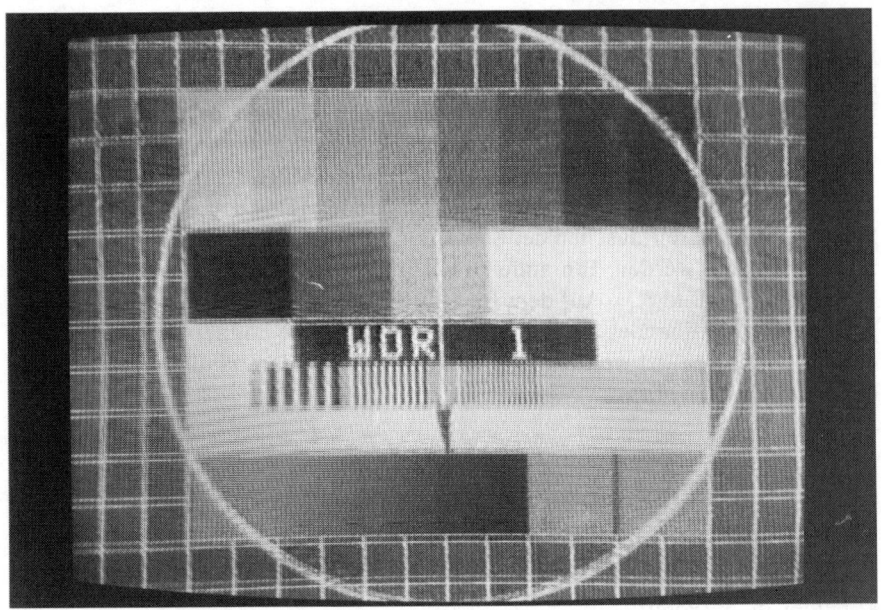

Bild 8.15 Trackingfehler

den. Ist die Wiedergabe des Standardbandes frei von Servostörungen, muß der Fehler aufnahmeseitig, z.B. am Kontrollkopf oder im Synchronimpulsverstärker, zu suchen sein. Durch das Oszillografieren der verschiedenen Servoimpulse gestaltet sich die Fehlersuche verhältnismäßig einfach. Dabei sind die Pegel- und Tastverhältnisse sowie der zeitliche Bezug zueinander von größter Bedeutung.

Nach jeder Reparatur im Servoteil ist ein sorgfältiger mechanischer und elektrischer Abgleich erforderlich. Er ist besonders für die Kompatibilität wichtig. In den Serviceunterlagen findet man hierzu genaue Angaben. Zu den wichtigsten mechanischen Einstellungen gehört die Position des Kontrollkopfes (Bild 8.14) und der als Meßfühler wirkenden Impulsspule (Bild 4.4). Dejustagen können sich als sogenannte Trackingfehler, wie z.B. in Bild 8.15 dargestellt, auswirken. Die aufgezeichnete Videospur wird dann von den abtastenden Videoköpfen nicht exakt getroffen. Leichte Trackingfehler haben nur eine geringe Verschlechterung des Rauschabstandes zur Folge. Dies kann bei Bedarf mit dem Trackingregler von außen korrigiert werden.

b) Fehler in der Bandführung:

Für die Bildqualität und Kompatibilität ist nicht nur die Elektronik von Wichtigkeit, sondern auch in hohem Maße die Mechanik des TV-Recorders. Besonders die Präzision der Kopftrommel mit ihren Bandführungselementen ist von größter Bedeutung (z.B. Bild 7.16).

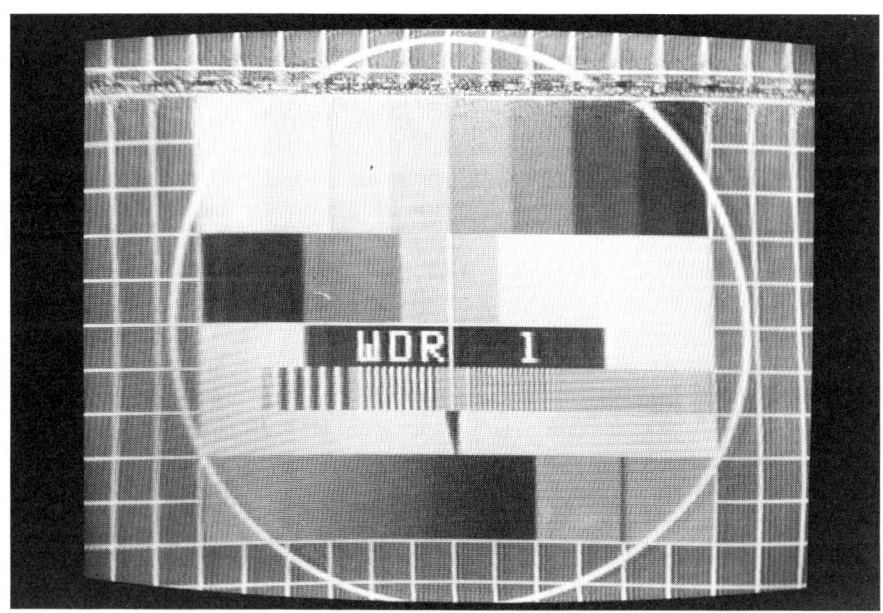

Bild 8.16 Bandführungsfehler im linken Teil der Kopfumschlingung (siehe auch Bild 8.14)

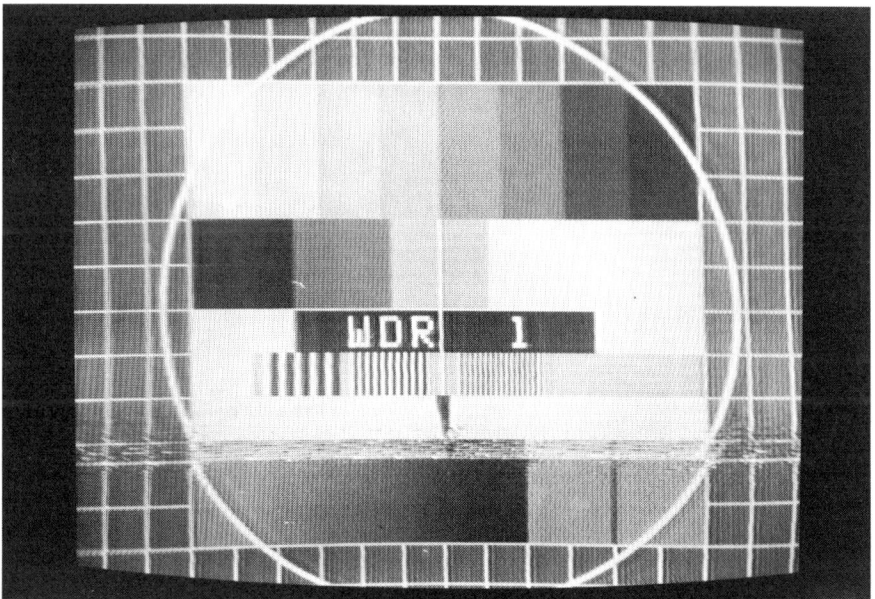

Bild 8.17 Bandführungsfehler im rechten Teil der Kopfumschlingung (siehe auch Bild 8.14)

Die Überprüfung der mechanischen Kriterien ist grundsätzlich mit dem Standard-Bezugsband durchzuführen. Dejustierte oder auch verschmutzte Bandführungselemente haben im Bild streifenförmige, horizontale Störungen zur Folge. Die Breite dieser Streifen kann unterschiedlich sein. An den Störpositionen im Bild kann man erkennen, in welchem Bereich der Kopfumschlingung die Bandführung fehlerhaft ist. Falsche Bandführung zwischen den Positionen A und C (Bild 8.14) zeigt sich in der oberen Bildhälfte (Bild 8.16). Verrissene Zeilen in der Bildmitte deuten auf Bandführungsstörungen in der Umschlingungsmitte (Position C) hin. Fehlerhafte Zeilen der unteren Bildhälfte (Bild 8.17) lenken den Verdacht auf die Strecke C bis B (Bild 8.14). Die Ursachen dafür können z.B. schlecht justierte Führungsbolzen sein. Häufiger aber ist eine Verschmutzung der schrägen Bandführungskante (Bild 7.16) der Grund. Winzige, mit dem Auge kaum sichtbare Schmutzpartikel können sich hier schon äußerst unangenehm auswirken. Eigenaufnahmen des Gerätes sind dabei meist fehlerlos. Erst die Wiedergabe des Standardbandes zeigt die Symptome.

c) Probleme mit dem Bandzug:
Man ist bestrebt, die unvermeidliche Dehnung des Bandes während des Verlaufs um die Kopftrommel so konstant wie möglich zu halten. Unvermeidlich allerdings ist eine geringfügig stärkere Dehnung am Kopfeinlauf (Punkt A, Bild 8.14). Die Folgeerscheinung sind etwas längere Zeilen zum Kopfeinlauf, also am oberen Bildrand auf dem Schirm. Die leichte Dehnung der Zeilen am Kopfeinlauf ist in

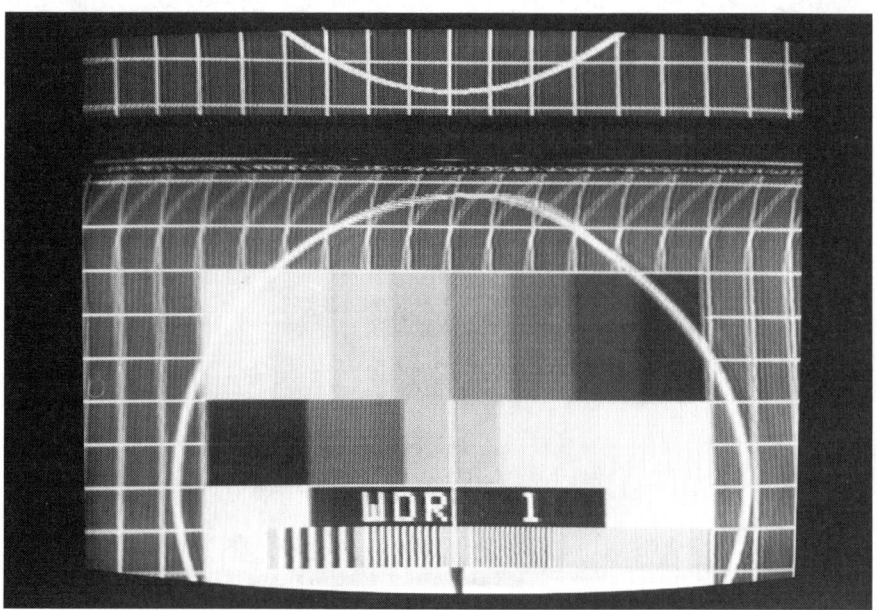

Bild 8.18 Zu starker Bandzug am Kopfeinlauf

Bild 8.14 symbolisch dargestellt. Die Horizontalsynchronisation des Fernsehgerätes kann darauf mit einem leichten horizontalen Zittern am oberen Bildrand reagieren. Im Normalfall ist diese Störung nicht wahrzunehmen. Ausgesprochen unangenehm wirkt sie sich aber aus, wenn der von links auf den Bandeinlauf wirkende Zug zu stark ist. Die daraus resultierende verstärkte Zeilendehnung stört nun die Horizontalsynchronisation erheblich. Dies wird in Bild 8.18 deutlich. Die Vertikalsynchronisation wurde hierbei absichtlich etwas verstellt, um die Fehlererscheinung deutlicher sichtbar zu machen.

8.3 Bildschirmdiagnose bei Fehlern im Chromateil

Im Gegensatz zu den Fehlererscheinungen, die in der BAS-Signalverarbeitung auftreten können, machen sich Chromafehler des Videorecorders auf dem Bildschirm nahezu genauso bemerkbar wie Farbfehler eines Fernsehgeräts. Man kennt dabei im wesentlichen drei Symptome:

1. keine Farbe
2. falsche Farbphase
3. zu hohes Farbrauschen

1. Keine Farbe:
Genau wie bei der Fehlersuche im Schwarzweißkanal muß grundsätzlich zwischen Fehlern im Aufnahme- und Wiedergabeteil unterschieden werden. Ist schon bei der Wiedergabe des Standardbandes keine Farbe vorhanden, so richtet sich der Verdacht auf den Hilfsoszillator, den Konverter oder auf die APC (siehe auch Bild 5.22 und Bild 5.23). Grundsätzlich läßt hier das Arbeiten mit dem Oszillografen eine relativ leichte Fehlererkennung zu. Bei Betamax-Videorecordern kann der Ausfall des Leit- oder Pilotburstes (Bild 5.3) ebenfalls eine Fehlerursache sein, die zum Farbausfall führt. Wichtig ist auch das genaue Auszählen der Hilfsträger- und Konverterfrequenzen. Dies geschieht am einfachsten mit einem Counter.

Fehlt die Farbe nur bei Eigenaufnahmen, so muß zunächst überprüft werden, ob der konvertierte Farbträger dem Aufnahmeverstärker zugeführt wird. Ist dies nicht der Fall, kommen auch hier der Hilfsoszillator und der Aufnahmekonverter als Fehlerursache in Frage.

2. Falsche Farbphase:
Am Anfang der Fehlersuche steht dabei die Farbbalkenwiedergabe des Standardbandes. Farbtonfehler können sich durch falsche Hilfsträger- oder Konverterfrequenzen bzw. -phasen bemerkbar machen. Neben einem horizontalen Jittern des Bildes machen sich zu hohe Zeitfehler auch als Farbtonstörung bemerkbar. Nicht selten ist ein fehlerhaft arbeitender APC-Regelkreis die Ursache für Störungen der Farbphase.

Treten Farbtonstörungen nur bei Eigenaufnahmen auf, kann man davon ausgehen, daß der konvertierte Farbträger mit falscher Frequenz oder Phase aufgezeichnet wurde.

3. Zu hohes Farbrauschen:
Rote Farbflächen sind besonders für die visuelle Beurteilung des Farbrauschens geeignet. Hohes Chromarauschen muß nicht ausschließlich auf einen zu geringen Farbsignalpegel zurückzuführen sein. Übersprechprobleme zwischen den direkt nebeneinanderliegenden Videospuren können ebenfalls den Chromastörabstand verschlechtern. Aufnahmeseitig kann das z.B. an falsch geschalteten Farbvektoren liegen (Bild 5.25), während bei der Wiedergabe eine fehlerhafte Arbeitsweise des Kammfilters die Ursache sein kann (Bild 5.26).

Bei Abgleicharbeiten im Signalteil ist darauf zu achten, daß der Chromaaufsprechpegel der Herstellerangabe entspricht. Zu geringe Aufsprechströme verursachen ebenfalls verrauschte Farbanteile. Schließlich kann auch eine fehlerhafte Verstärkung des Wiedergabe-Farbverstärkers vor dem Y-Chroma-Mixer ein erhöhtes Farbrauschen verursachen.

8.4 Kompatibilität

Es ist bekannt, daß man Tonkompaktkassetten, seien sie nun industriell oder selbst bespielt, auf jeden HiFi-Kassettenrecorder ohne Qualitätsverluste abspielen kann. Neben den Vorteilen der geringen Abmessungen, der einfachen Handhabung und des geschützten Bandes ist die weltweite Verbreitung der Kompaktkassette wesentlich auf diese Tatsache zurückzuführen. Daß bei Videorecordern nicht dieselben Verhältnisse vorherrschen können, beweisen die unterschiedlichen Systemparameter (Bild 2.28). Die Systeme Betamax, VHS, VCR und SVR sind nicht kompatibel; das heißt: die Software des einen Systems kann nicht auf den Geräten der anderen Systeme abgespielt werden.

Unbedingt gefordert werden muß aber die Kompatibilität innerhalb der Systeme, weil sonst die Anwendungsmöglichkeiten stark eingeschränkt sind. Auch könnten die industriebespielten Bänder nicht oder nur mit mangelhafter Qualität abgespielt werden.

Bei modernen Heim-Videorecordern ist die Systemkompatibilität eine Grundforderung. Diese Tatsache ist auch beim Videoservice zu berücksichtigen. Der Beseitigung des Fehlers muß in jedem Fall eine Kompatibilitätsüberprüfung folgen. Die Hersteller liefern zu diesem Zweck ein Bezugsband, an dem sich der Servicetechniker orientieren kann.

Die Geräteelektronik ist bezüglich der Kompatibilität weniger von Bedeutung als mechanische Kriterien. Falsch eingestellte Servoimpulse können sich allerdings bei der Wiedergabe des Standardbandes unangenehm bemerkbar machen. Hierbei ist besonders auf die Form der Signale (z.B. Trapezflanke) sowie auf die Tast- und Pegelverhältnisse zu achten.

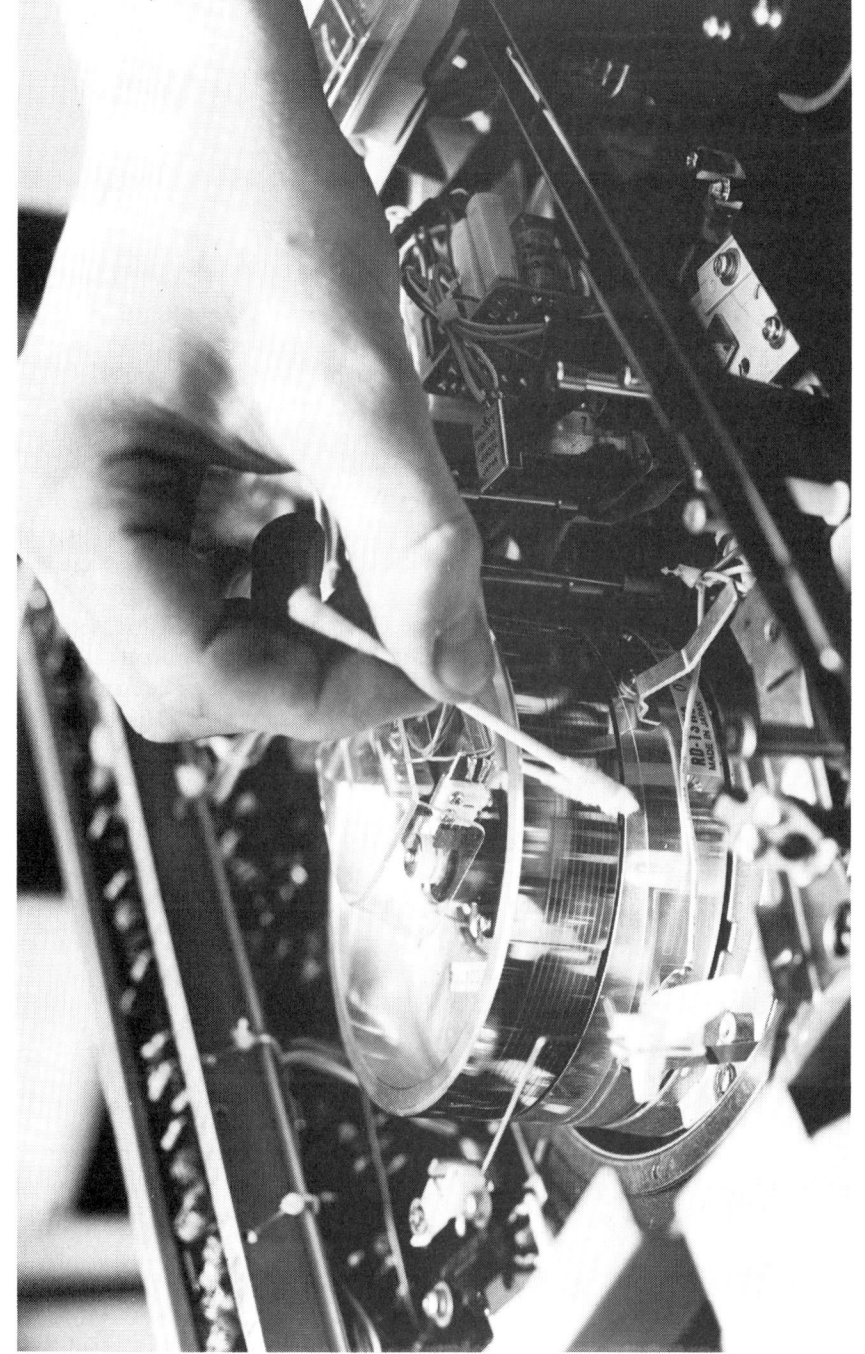

Bild 8.19 Die Reinigung des Bandweges bzw. der Bandauflagekante sollte nach jeder Reparatur vorgenommen werden

Bild 8.20a
Kopfsignal bei exakt verlaufendem Bandweg

Zu den wichtigsten mechanischen Kriterien gehört die Bandführung. Schon winzige, mit dem Auge kaum sichtbare Schmutzablagerungen verändern die Abtastbedingungen und damit die Wiedergabequalität. Dies gilt besonders für die Auflagekante, auf der das Band während der Kopfumschlingung geführt wird (Bild 8.19). Zu den Bandführungsorganen gehören auch die Bolzen am Kopfein- und -auslauf, die das Band für die schräg verlaufende Kopfumschlingung abwinkeln. Ihre genaue Einstellung ist von größter Wichtigkeit für die Kompatibilität. Wie bei allen Justier- und Abgleicharbeiten gilt auch hier die Regel, nur dann eine Korrektur vorzunehmen, wenn man absolut sicher ist, daß eine Fehljustage vorliegt.

Die Einstellung der Bandumlenkbolzen geschieht in zwei Stufen. Man beginnt mit der Grobjustierung des Bandweges. Die Bandauflagekante dient dabei als optischer Bezug (Bild 8.19 und Bild 7.16). Erst wenn das Band an allen Stellen der Bezugskante aufliegt, kann mit der Feinjustage begonnen werden. Hierbei ist das Oszilloskop eine große Hilfe. Mit ihm werden die bei der Wiedergabe des Standardbandes entstehenden Kopfsignale oszillografiert. Minimale Fehljustagen werden dabei sofort als Verformung des FM-Signals sichtbar. Im Bild 20a ist ein Kopfsignal (1) mit optimal justiertem Bandweg dargestellt. Die Signale 2 und 3 im Bild 20b sind dagegen Beispiele für falsch eingestellte Kopfumschlingungen. Das Signal 2 (Bild 20b) läßt erkennen, daß der Bandein- und -auslauf korrekt ist,

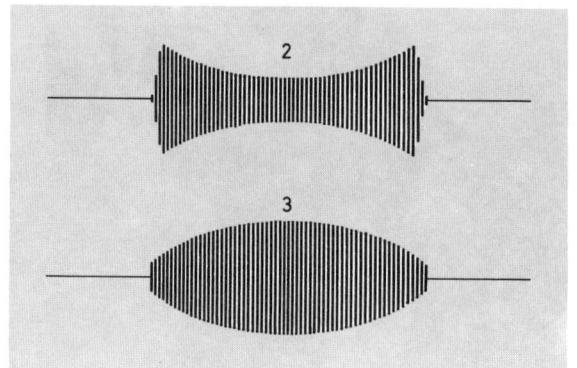

Bild 8.20b
Fehlerhafte Kopfumschlingung führt zu Verformungen des Kopfsignals

während in der Umschlingungsmitte ein starker Pegelabfall auf eine Fehljustage hinweist. Das Signal 3 dagegen macht durch seine Verformung deutlich, daß am Kopfein- bzw. -auslauf der Bandweg dejustiert ist. Das Oszilloskop kann so bei der Feinjustierung eine große Hilfe sein, wenn der Servicetechniker in der Lage ist, Abweichungen der Signalform richtig zu deuten.

8.5 Wechsel eines Videokopfs

Für die Notwendigkeit, einen Videokopfwechsel durchzuführen, gibt es im wesentlichen drei Indikatoren. Am einfachsten zu erkennen bzw. meßtechnisch zu ermitteln ist eine unterbrochene Kopfwicklung. Abnutzung der Videoköpfe macht sich als Verschlechterung des Rauschabstandes und der Auflösung bemerkbar. In der Regel werden die Videoköpfe nicht einzeln ausgetauscht, sondern das komplette Kopfrad mit den darauf montierten Köpfen wird gewechselt.

In den Serviceanleitungen der Hersteller sind genaue Angaben für den Austausch der Videoköpfe zu finden. Die mechanischen und elektrischen Kriterien sind dabei grundsätzlich bei allen Systemen gleich. Nach dem Austausch der Kopfscheibe oder der Kopftrommel muß zunächst die Unwucht der rotierenden Kopfanordnung auf ein Minimum eingestellt werden. Dies kann mit Hilfe einer Mikrometer-Meßeinrichtung (Bild 8.21) geschehen. Sie wird mit einer Spezialvorrichtung direkt neben den Videoköpfen angebracht (Bild 8.22). Ein mechanischer Meßfühler tastet den Außenrand des Kopfrades ab, während es von Hand in langsame Drehbewegung versetzt wird. Das Mikrometer zeigt dabei die Stelle mit der größten Unwucht an. Mit dieser Einrichtung ist es relativ leicht, die mechanische Justierung der Kopfanordnung durchzuführen.

Nach den mechanischen Arbeiten erfolgen die elektrischen Einstellungen. Wie schon angedeutet, beeinflußt die Kopfinduktivität und die Wicklungskapazität die Charakteristik der Wiedergabe-Kopfverstärker. Aus diesem Grund muß nach jedem Kopfwechsel das Resonanzverhalten der Köpfe auf die beiden Kopfverstärker abgestimmt werden. Für diesen Zweck stehen dem Servicetechniker Testbänder mit aufgezeichneten Wobbelsignalen (siehe Bild 5.5) zur Verfügung. Die eingeblendeten Frequenzmarken lassen eine genaue Beurteilung des Frequenzganges zu. Der Abgleich muß unbedingt nach den Herstellerangaben im Servicehandbuch erfolgen.

Aufnahmeseitig müssen nach dem Kopfwechsel die Aufsprechströme neu eingestellt werden. Zu geringer Aufnahmestrom kann das Signal-Rausch-Verhältnis erheblich verschlechtern. Zu hohe Ströme dagegen machen sich als seitliches Ausreißen der senkrechten Schwarzweißübergänge bemerkbar. Neben den in der Serviceanleitung angegebenen Orientierungswerten hat sich folgende Methode bei der Einstellung des Aufsprechstromes bewährt: Grundsätzlich stellt man zunächst einen etwas zu kleinen Strom ein. Den eingestellten Wert spricht man mit einem Mikrofon auf die Tonspur des Videorecorders auf. Der Video-Aufnahmepegel wird nun schrittweise erhöht und der jeweilige Wert parallel dazu akustisch

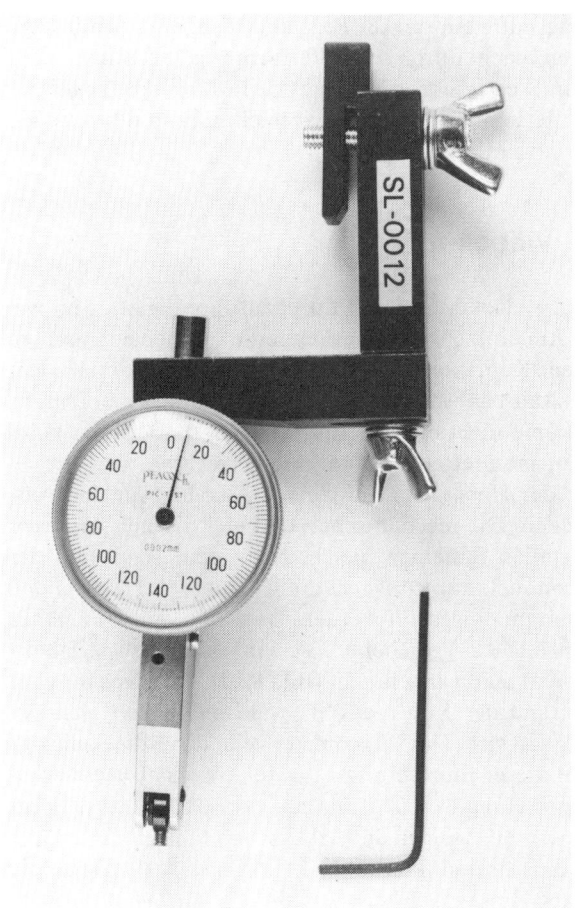

Bild 8.21
Mikrometer-Meßeinrichtung zur Einstellung der Unwucht nach dem Kopfradwechsel

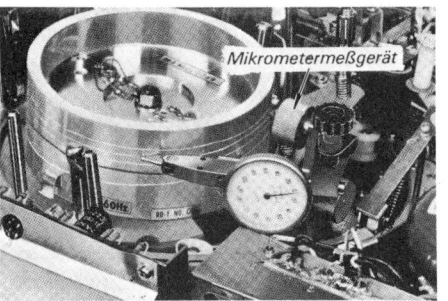

Bild 8.22
Das Mikrometer-Meßgerät wird unmittelbar neben der Kopfradanordnung montiert

aufgezeichnet. Bei der Wiedergabe kann auf diese Weise sehr schnell der Meßwert mit der besten Bildqualität ermittelt werden. Natürlich kann man auch den verschiedenen Aufsprechpegeln Zählwerkpositionen zuordnen, die bei der Testwiedergabe als Bezug dienen.

8.6 Die Einstell- und Testkassette

Um einen wirklich optimalen Service mit Kompatibilitätsgarantie durchführen zu können, benötigt der Servicetechniker verschiedene Meßlehren und Einstellhilfen sowie eine Standardkassette mit aufgezeichneten Bezugssignalen. Bild 8.23 zeigt einen Servicekoffer, der mit diesen speziellen Hilfsmitteln ausgestattet ist. Im oberen Teil befinden sich Bandzug-Meßkassetten, die es ermöglichen, sehr schnell und unkompliziert mechanische Zugmomente zu überprüfen bzw. zu korrigieren. Neben verschiedenen Federwaagen und der Mikrometer-Meßeinrichtung gehört zur Service-Grundausrüstung des Videotechnikers die schon angesprochene Standardkassette mit verschiedenen Bezugssignalen. Eine Betamax-Standardkassette enthält z.B. drei aufgezeichnete Tonfrequenzen von 333 Hz, 3 kHz und 5 kHz mit einer Dauer von jeweils 5 Minuten. Ebenfalls für jeweils 5 Minuten stehen ein Schwarzweißtestbild, eine Farbbalkenfolge und ein Wobbelsignal mit eingeblen-

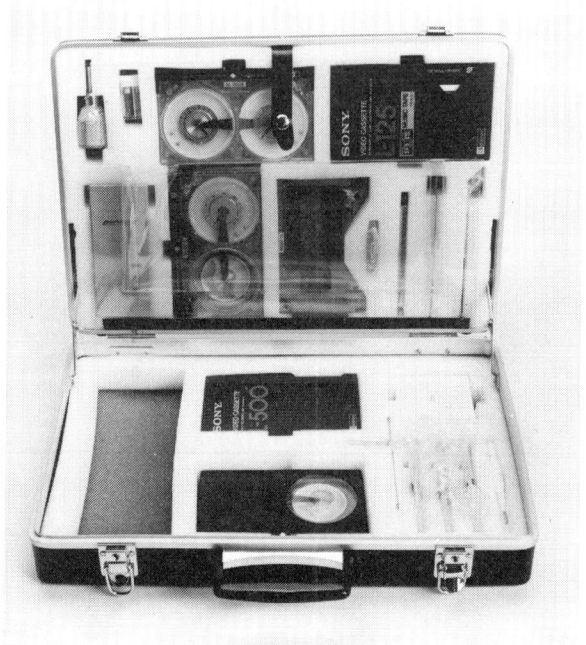

Bild 8.23
Für die Reparatur eines Videorecorders benötigt der Servicetechniker Testkassetten, Meßlehren und sonstige Einstellhilfen

deten Frequenzmarken zur Verfügung. In der Regel unterscheidet man zwischen der Einstelltestkassette und einer elektrischen Testkassette. Die Einstelltestkassette ist mit mechanischen Ausschnitten versehen. Sie sind erforderlich zur Beobachtung des Bandlaufs bei der dynamischen Bandlaufeinstellung. Die Tonspur ist mit einem 10-kHz-Sinussignal bespielt, während die Synchronspur zusätzlich eine 300-Hz-Sinusinformation enthält. Der Rasen zwischen der Ton- und Synchronspur ist über seine ganze Breite mit einem Störsignal bespielt. Diese Signale werden für die Höhen- und Azimuteinstellung des kombinierten Ton-Synchron-Kopfs benötigt.

Die elektrische Testkassette ist mit einem Testbild bespielt. Einzelheiten sind im Bild 8.24 zu erkennen. Damit können z.B. folgende Kriterien im Signalteil überprüft werden: Störabstand, Auflösung und Farbwiedergabe. Zur Kontrolle der Dropout-Kompensation stehen Zeilen bzw. Zeilenanteile ohne Signal zur Verfügung. Im Bild 8.24 sind diese Dropout-Zeilen genau bezeichnet.

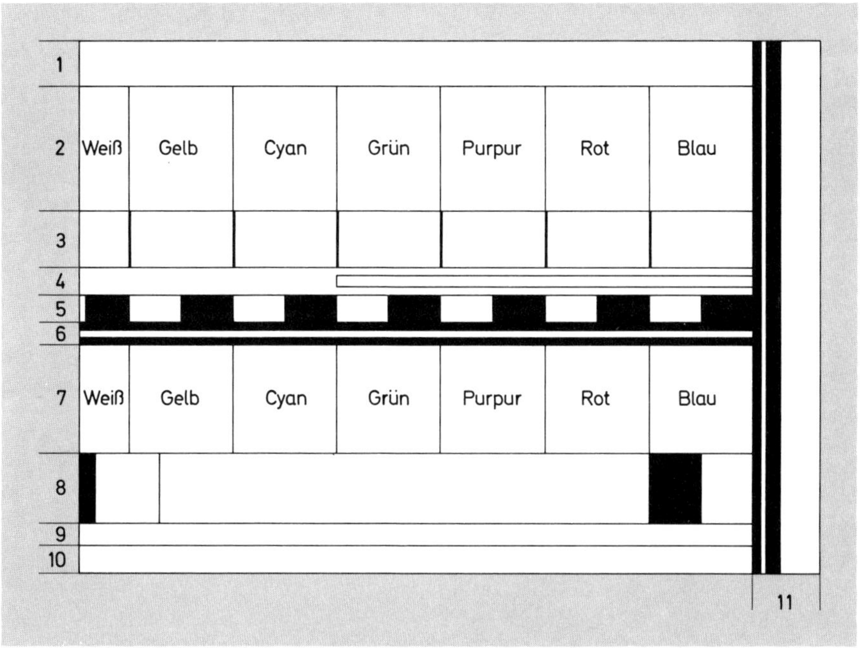

		Zeilen	Dropout-Zeilen	
1	Sägezahn	17 bis 40		
2	Farbbalken	41 bis 109	41	mittleres Drittel
3	Multiburst 0,8, 2,8, 2,9, 3,0, 3,1, 3,2, 3,3 MHz	110 bis 140		
4	Graubalken, 2 Grautoleranzzeilen, 2 Grauzeilen	141 bis 155	143 bis 148	mittleres Drittel
			150	ganze Zeile
5	1 Weißzeile, Schwarzweißblöcke, 1 Weißzeile	156 bis 172	158 bis 167	mittleres Drittel
			170	ganze Zeile
6	Schwarzweiß-Schwarzbalken	173 bis 183		
7	Farbbalken	184 bis 243	185 bis 187	ganze Zeile
8	Schwarzweißblock und Sweep 1,5 bis 3,3 MHz	244 bis 282		
9	Treppenzeile, Weißzeilen, Graubalken, Schwarzzeilen	283 bis 295	285	ganze Zeile
			287 bis 292	ganze Zeile
			295	ganze Zeile
10	Übernahmezone der Videoköpfe (Gap)	296 bis 308		
11	2-T-Impuls, 20-T-Impuls am Ende aller Zeilen			

Bild 8.24 Beispiel für das Testbild einer Standardkassette

9 Anhang

9.1 Englisch-deutsche Übersetzung von Begriffen aus der Video- und Fernsehtechnik

Amplifier	Verstärker	Comb-Filter	Kammfilter
Antenna	Antenne	Contact	Kontakt
Attenuator	Abschwächer	Counter	Zähler
Audio frequency	Tonfrequenz	Crosstalk	übersprechen
Automatic Gain Control (AGC)	automatische Verstärkungsregelung (AVR)	CTL-Head	Kontrollkopf
Automatic Phase Control (APC)	automatische Phasenkorrektur	De-Emphasis	Höhenabsenkung
		Delay-Line	Verzögerungsleitung
Average level	mittlerer Pegel	Deflection	Ablenkung
Azimuth-Angle	Seitenwinkel, Azimut	Deflection-Yoke	Ablenkeinheit
		Demagnetizer	Entmagnetisierer
Balanced	symmetriert, symmetrisch	Density	Dichte
Ball-Bearing	Kugellager	Detector	Demodulator
Bandwidth	Bandbreite	Detunable	verstimmbar
Beam of electrons	Elektronenstrahl	Direct-Connection	galvanische Verbindung
Belt	Riemen	Discharge	Entladung
Bias	Vormagnetisierung	Distortion	Verzerrung
Black-Level	Schwarzpegel	Disturbance	Störung
Blanking	austasten	Divider	Teiler
BPF	Bandpaßfilter	Duplicator	Vervielfältiger
Brake	Bremse	Dynamic-Track-Following	dynamische Spurnachführung
Bridge-Circuit	Brückenschaltung		
Brightness	Helligkeit	Eddy current	Wirbelstrom
Broadcast	Rundfunk	Electric-Field	elektrisches Feld
Buffer	Impedanzwandler (Emitterfolger)	Electron-Beam	Elektronenstrahl
		Empty-Reel	Leerspule
Burst	Farbsynchronsignal	Encoder	Codiergerät
Cable	Kabel	Equalizer	Entzerrer
Calibration	Eichung	Equipment	Ausrüstung
Capacitor	Kondensator	Erase-Head	Löschkopf
Capstan	Bandantriebswelle	Erasing	Löschen
Carrier	Träger	Excess-Current	Überstrom
Channel	Kanal	External	außenseitig
Circuit	Schaltung		
Clamping	Klemmung	Fast-Forward (FF)	schneller Vorlauf
Cleaning	Reinigung	Feature	besonderes Merkmal
Clipper	Schwellwertbegrenzer	Feedback	Rückkopplung
Coaxial	konzentrisch	Fine-Adjustment	Feineinstellung
Coder	Schlüßler	Flicker	flimmern
Coincidence	Zusammenwirken	Flipflop	bistabiler Multivibrator
Colour picture	Farbbild	Focus	Scharfeinstellung
Colpitts-Circuit	kapazitäre Dreipunktschaltung	Formula	Formel

Forward	Vorlauf	Magnetic brake	Magnetbremse
Frequency-Converter	Frequenzwandler	Magnetic tape	Magnetband
Fuse	Sicherung	Maintenance	Wartung
		Maximum-Speed	Höchstgeschwindigkeit
Gate	Tor	Measurement	Messung
Gate-Circuit	Torschaltung	Memory	Informationsspeicher
Ground	Erde, Masse	Mirror	Spiegel
Group-Delay	Gruppenlaufzeit	Mixer	Mischstufe
Guard-Band	Rasen, Zwischenspuren	Multipath	Mehrweg
		Muting	Abschwächung, Signalunterdrückung
Half-Wafe-Rectifier	Halbwellengleichrichter		
Hardware	Geräte, Bausteine		
Harmonics	Oberwellen	Negative feedback	Gegenkopplung
Head	Kopf	Noise	Rauschen
High-Pass-Filter	Hochpaßfilter	Noise-Canceller	Rauschunterdrückung
High voltage	Hochspannung	Noise-Level	Rauschpegel
Horizontal-Deflection	Horizontalablenkung	NTSC (National Television System Committee)	amerikanisches Farbfernsehsystem
H-Signal	Horizontalimpuls		
Impedance	Scheinwiderstand		
Indicator	Anzeiger	Oscillation	Schwingung
Inductance	Induktivität	Output	Ausgangssignal
Input-Signal	Eingangssignal	Overlap	Überlappung
Integrator	Integrationsschaltung	Overmodulation	Übermodulation
Intercarrier	Differenzträger		
Inverter	Umkehrer	PAL (Phase Alternation Line)	deutsches Farbfernsehsystem
Jack	Buchse	Peak to Peak (PP)-level	Spitze-Spitze-Wert (SS)
Jitter	Synchronisationsstörung		
		Picture tube	Bildröhre
Key-Signal	Schlüsselsignal	Pilot-Burst	Leitburst
		Playback	Wiedergabe
Lateral	seitlich	Plug	Stecker
Level	Pegel	Positive feedback	Rückkopplung
Lever	Hebel	Pre-Emphasis	Höhenanhebung
Limiter	Begrenzer	Pulse generator	Impulsgenerator
Line	Linie, Zeile	Puls-Width-Modulation (PWM)	Impulsbreiten-Modulation
Line scanning	Zeilenabtastung		
Load	Belastung		
Loss	Dämpfung	Quantization	Quantisierung
Low-Pass-Filter (LPF)	Tiefpaßfilter		
Luminance	Leuchtdichte	Radio Frequency (RF)	Hochfrequenz
Luxmeter	Beleuchtungsmesser	Record	Aufnahme

Rectifier	Gleichrichter	Take-up reel	aufnehmende Spule
Remote-Control	Fernbedienung	Tape	Band
Resistor	Widerstand	Time-Base	Zeitbasis
		Tracking	Gleichlauf, Nachfolgen
Saturation	Sättigung	Transformer	Transformator
Saw-Tooth-Generator	Sägezahngenerator	Transmitter	Sender
Scale	Skala	Trap	Falle
Scanner	Abtaster	Trigger-Pulse	Auslöseimpuls
Screen	Schirm	Tuning	Abstimmen
Screw	Schraube	Tuning fork oszillator	Stimmgabeloszillator
Semiconductor	Halbleiter		
Sensitivity	Empfindlichkeit	Unbalanced	unsymmetrisch, asymmetrisch
Sharpness	Schärfe		
Signal-Generator	Meßsender		
Signal-to-Noise		Voltage Controlled	spannungsgesteuerter
(S/N)-Ratio	Rauschabstand	Oscillator (VCO)	Oszillator
Slow-Motion	Zeitlupe	VXO	spannungsgesteuerter Quarzoszillator
Sound	Ton, Schall		
Square wave signal	Rechtecksignal		
Sub-Carrier	Hilfsträger	Wave-Form	Form eines Signals
Switch	Schalter	Wavelength	Wellenlänge
		Wow and flutter	Gleichlaufschwankungen
		X-Ray	Röntgenstrahlung
		X-Tal-Oscillator	Quarzoszillator

9.2 Gegenüberstellung der wichtigsten amerikanischen und deutschen Schaltzeichen

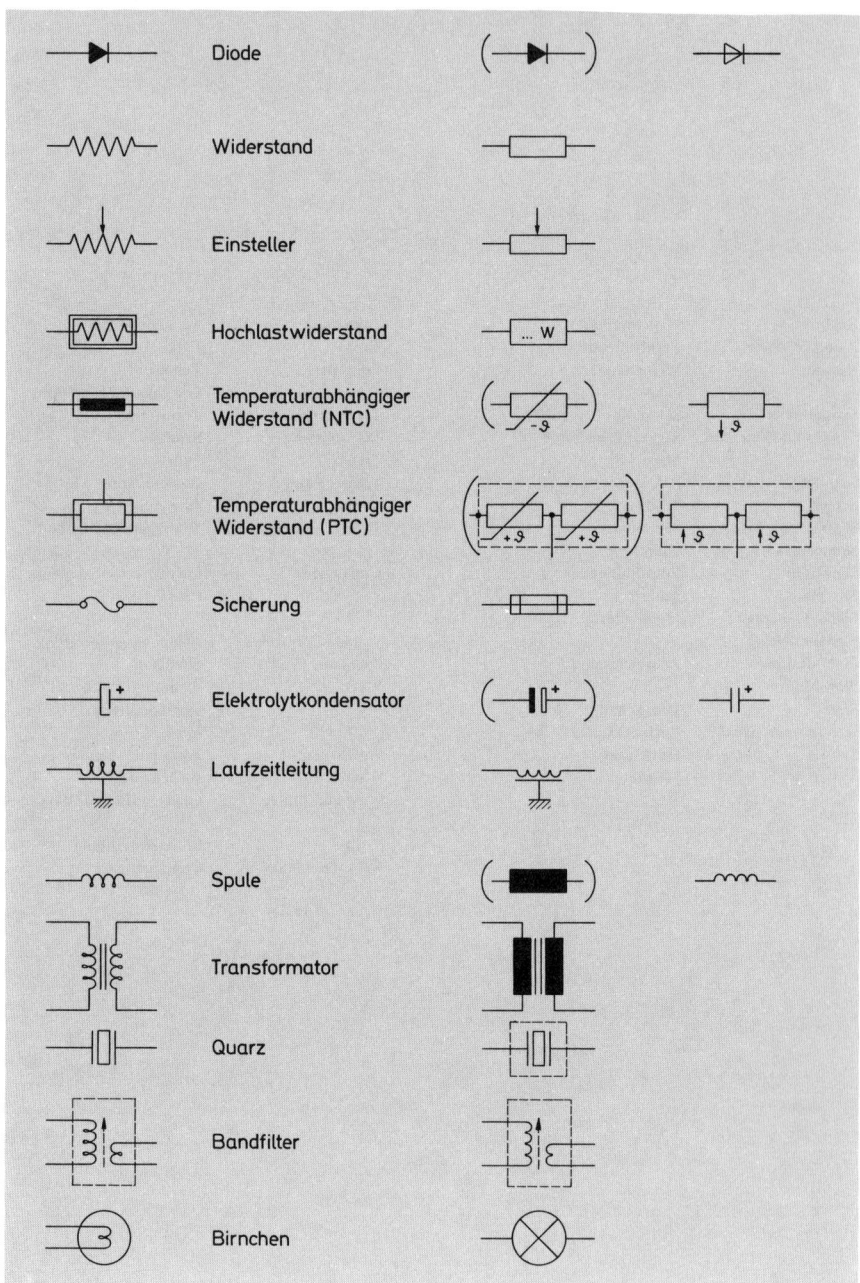

Quellenhinweise

Einen Teil der Fotos und Grafiken stellten freundlicherweise zur Verfügung:

Fa. AKAI
6072 Dreieich, Am Siebenstein 4

Fa. GRUNDIG
8510 Fürth/Bay., Kurgartenstraße 37

Fa. ITT SCHAUB LORENZ
7530 Pforzheim, Östliche 132

Fa. LOEWE OPTA
8640 Kronach, Industriestraße

Fa. PHILIPS
2000 Hamburg 1, Mönckebergstraße 7

Fa. SABA
7730 Villingen-Schwenningen,
Hermann-Schwer-Straße 3

Fa. SONY
5000 Köln 30, Hugo-Eckener-Straße 20

Fa. NATIONAL PANASONIC
2000 Hamburg 28,
Ausschläger Bildeich 32

Fa. AGFA-GEVAERT AG
5090 Leverkusen 1

Fa. JVC
6236 Eschborn 1,
Frankfurter Allee

Literaturverzeichnis

MANZ, F.: *Filmen mit der Videokamera.* Würzburg: Vogel-Buchverlag, 1982.
MILAN, W.: *Arbeiten mit dem Videorekorder.* Wien: Eigenverlag Milan AV, 1976.
PAUSCH, R.: *Videopraxis.* Köln: Verlags-Gesellschaft-Schulfernsehen, 1978.
KARAMANOLIS, S.: *Heim-Video-Rekorder.* Putzbrunn/München: Karamanolis-Verlag, 1978.
FAHRY, D., PALME, K.: *Videotechnik.* Oldenburg: Oldenburg-Verlag, 1979.
DILLENBURGER, W.: *Einführung in die Fernsehtechnik.* Berlin: Fachverlag Schiele und Schön GmbH, 1975.
DILLENBURGER, W.: *Fernseh-Meßtechnik.* Berlin: Fachverlag Schiele und Schön GmbH, 1972.

Stichwortverzeichnis

A

A-Betrieb 162
Abgleicharbeiten 196
Abtastbedingung 196
Abtastfehler 45
Abtastgeschwindigkeit 39
Abtaststrecke 48
8-mm-Video 11, 49
Addierstufe 141
AM-Komponente 151
Amplitudenbegrenzung 61
Ansprechempfindlichkeit 127
APC-Regelkreis 196
Aperture-Impuls 157
Aperture-Korrektur 124, 128, 157
ATF 108
Arbeitsspalt 37
Auflösung 131, 149, 186
Aufnahme-Kopfverstärker 161, 181
Aufnahmestrom 36
Aufnahmeverstärker 83
Auftastimpuls 127
Aufzeichnungsbandbreite 143
Auskopplung 151
Automatische Phasenkorrektur (APC) 135
AVR 139
Azimuteinstellung 202
Azimutverlust 42
Azimutwinkel 23, 46

B

Balanceeinsteller 127
Bandabrieb 183
Bandantrieb 86
Bandbeschichtung 191
Bandbreite 63
Banddehnung 179
Bandeinfädelung 169
Bandflußdämpfung 23
Bandführung 40, 166, 167, 176
Bandpaßfilter 111
Bandpaßschaltung 66
Bandservo 102
Bandtransport 48, 169
Bandumlenkbolzen 199
Bandverbrauch 37
Bandweg 167
Bandwellenlänge 23, 24, 36
Bandzug 194
BAS-Signal 51
Bedämpfung 148
Begrenzerschaltung 151
Belastungswiderstand 148
Berührungsbreite 24
Beta 42
Betamax 17, 36, 42
Bezugsfrequenz 137
Bezugsimpuls 83
Bezugssägezahn 85
Bildinhalt 57
Bildschirmdiagnose 181, 195
Blindwiderstand 147
Bootstrapschaltung 96
Burstaustastung 152

C

Capstan 86
Capstanmotor 103
Capstanservo 102
CCIR-Norm 57
Chromaaufzeichnung 65
Chromabalance 115
Chromakanal 165
Chromakonvertierung 65, 66
Chromaübersprechen 69
Cosinus-Entzerrung 128, 159
Counter 195
Crispening 128

D

De-Emphasis 63, 64
Demodulation 27, 63, 137
Demodulatorbalance 188
Differenzanteil 160
Differenzfrequenz 145
Differenzier-Entzerrung 128
Differenzierung 85, 96, 131
Dihedralfehler 45
Direktaufzeichnung 27, 61
DOK-Wirkung 154
Drehzahlregelung 93
Dropout 121
Dropout-Kompensation 121, 154, 181
Dropoutphase 189
Dropoutzeile 203
DTF 181
Durchlaßcharakteristik 163

E

Eigenresonanz 115
Eindringtiefe 179
Einfädelring 171
Einfädelsystem 171
Einlaufphase 85
Einstellhilfe 201
Einstellkassette 201
Emitterfolger 130
EMK 91
Entzerrungsmaßnahme 25, 74

F

Fangbereich 64, 78
Farbartsignal 77
Farbelektronik 135
Farbhilfsträger 58
Farbphase 195
Farbrauschen 195

211

Farbsignal 64
Farbtonfehler 132
Farbtonverfälschung 135
Farbträger 59, 65
Farbträgerrück-
  gewinnung 135
FBAS-Signal 44, 46, 57, 58, 59
Fehlabgleich 158
Fehljustage 196
Ferrit 33
Filtercharakteristik 147, 157
Flankensteilheit 97
Flipflop 96
FM-Aufzeichnung 61
FM-Demodulator 131, 156
FM-Hubbereich 156
FM-Modulation 64
FM-Modulator 143
FM-Träger 44
Fotosensor 77, 80
Fototransistor 102
Frequenzmarke 185, 199
Frequenzmodulation 62
Frequenzverdoppelung 188

G

Gap 74
Gateschaltung 127, 154
Gegenkopplung 115, 145
Gegentaktendstufe 162
Gleichlauffehler 64
Gleichlaufkonstanz 78
Gleichlaufschwankung 133
Gleichstrom-
  vormagnetisierung 162
Grenzfrequenz 143
Grobjustierung 198
Grundfrequenz 91
Grundoszillator 143
Gummiandruckrolle 168

H

H-Impuls 153
Halbbild 111
Halbbildwechsel 78
HF-Vormagnetisierungs-
  strom 27
Hilfsfrequenz 68, 135
Hilfsträger 75
Hochlaufzeit 78
Hochpaß 115

Höhenanhebung 147
Horizontal-
  synchronisation 194
Hubbereich 63, 94
Hubfrequenz 63
Hublinearität 145
Hysteresiskurve 19, 31

I

Impulsgenerator 80
Impulskopf 101
Induktionsaufnehmer 77
Induktionsgesetz 19, 25
Induktivität 36
Industrievideo 128
Integration 83
Intercarrier-Verfahren 58
Interferenz 64
Inverterschaltung 128
Istwert-Impuls 96

K

Kammfilter 74, 140
Kapazitätsdiode 145
Klemmschaltung 186
Klemmvorgang 147
Klirrfaktor 162
Koerzitivkraft 19, 33
Komparatorschaltung 86, 139
Kompatibilität 46, 192, 196
Kompatibilitäts-
  überprüfung 169
Kontrollimpuls 82
Konverter 113, 135
Konverterfrequenz 195
Kopfauslauf 171
Kopfdurchmesser 39
Kopf-EMK 20
Kopfkurve 63
Kopfposition 119
Kopfrad 80, 84, 91
Kopfradservo 87, 91
Kopfscheibe 37, 83, 177
Kopfspalt 23
Kopfspaltneigung 23
Kopfsteg 177
Kopftrommel 69, 79
Kopftrommelservo 97
Kopfübernahmezone 120
Kopfumschlingung 116, 179
Kopfverstärker 115, 116
Kopfwicklung 33, 35, 162

L

Längsschrift 40, 42
Lastwiderstand 149
Laufzeitbedingung 143
Laufzeitleitung 130, 158
Laufzeitunterschied 124
Laufzeitverhalten 143
Leerlaufgeschwindigkeit 78
Leitburst 113, 139
Leitfähigkeit 149
Leuchtdiode 103
Löschfeldstärke 30
Löschfrequenz 30, 165
Löschkopf 30
Luftpolster 177
Luftspalt 168
Luminanzsignal 109

M

M-Loading 169
Magnetband 19
Magnetisierungs-
  kennlinie 27
MAZ-Maschine 40
Meßfühler 77
Meßlehre 201
Mikrometer-
  Meßeinrichtung 199
Mittenfrequenz 63
Mixerausgang 137
Modulations-
  aussteuerung 63
Modulationskennlinie 62
Modulator 64
Modulatorfrequenz 147
Moiré 143
Moiréstörung 158
Motorelektronik 93
Multivibrator 83, 96

N

Nachbarspur 44
Nachregelzeit 84
Neigungswinkel 47
NTC-Widerstand 147
Nutzsignal 42, 141

O

Omega-Gang 20, 21, 25

P

Permalloy 31
Permeabilität 33
Phasendetektor 136
Phasendiskriminator 137
Phasendrehung 132
Phasenregelkreis 91
Phasenregelschleife 111
Phasenspalterstufe 156
Phasenverschiebung 140
Phasenverzerrung 33
Pilotburst 111, 113
Pre-Emphasis 63, 64, 109, 147, 148
Prüfzeile 58
Pufferstufe 130

Q

Qualitätsparameter 40
Querschrift 40

R

Rampenmitte 102
Rauschabstand 122, 127, 131, 149
Rauschanteil 130
Rauschbegrenzer 130
Rauschen 183
Rauschkompensation 132
Rauschunterdrückung 131
Reaktanzstufe 145
Referenzimpuls 111
Reflexionswirkung 130
Regelspannung 103
Regelsteilheit 78, 101
Reihenschwingkreis 148
Relativgeschwindigkeit 39, 45, 47
Reliefwirkung 186
Remanenz 17, 19
Resonanzfall 165
Resonanzverhalten 181
Resonanzwiderstand 148
Rückkonvertierung 135
Rückkopplungszweig 163

S

Sägezahnflanke 82, 96
Sägezahnrampe 101
Sandwichtechnik 179

Saugkreis 165
Seitenbandschwingung 63
Selbstentmagnetisierungseffekt 23
Sendust-Legierung 33
Servicehilfsmittel 183
Serviceunterlagen 185
Servo 77
Servoelektronik 91
Servofehler 190, 191
Servoimpuls 191
Servoreferenz 168
Servoregelung 78
Servosystem 77
Signalaufbereitung 143
Signalauskoppelung 139
Signallücke 127
Signalreflektion 149
Signalspektrum 76
Slanted-Azimuth-Recording 42
Sollwert 78
Sollwertabweichung 84
Sollwertimpuls 91, 93
Spaltbreite 33
Spaltneigungswinkel 69
Spaltwinkeldifferenz 45
Spannrolle 168
Spannungssprung 157
Sperrkreis (4,43 MHz) 143
Spiegelresonanz 24, 25
Spurbreite 168
Spurlagenschema 46, 69
Spurlänge 47
Spuraufffehler 87
Spurneigungswinkel 176
Subtrahierschaltung 130
SVR 17
Symmetrieübertrager 161
Synchronimpulsverstärker 191
Synchronisation 183
Synchronspitzen 109
Synchronspur 46
Systemparameter 46, 49

Sch

Schalterdiode 144, 154
Schaltimpuls 119
Schaltkapazität 153, 163
Schaltzeichennormung 97
Schlierenbildung 188

Schmitt-Trigger 127, 154
Schrägschrift 40
Schwarzschulter 57, 154
Schwingkreis 148

St

Standardband 183
Standard-Bezugsband 192
Standbildwiedergabe 48
Steuerwirkung 158
Störabstand 63, 148
Störposition 192
Stromgegenkopplung 148
Stromgenerator 161

T

Tachofrequenz 103
Tastverhältnis 99, 101
Teilerschaltung 91
Temperaturstabilisierung 147
Testkassette 185, 201
Testwiedergabe 199
T-Glied 143
Tiefpaßkurve 158
Tiefpaßschaltung 115
Toninformation 168
Tonkopf 31
Tracking 87
Trackingfehler 192
Trackingproblem 169
Trackingregler 192
Trägerhub 62
Trägerunterdrückung 157
Triggerimpuls 96
Triggerung 83

U

Überkompensation 132, 135
Überlappungsbreite 116
Überlappungsdauer 116
Überlappungszone 116
Übermodulation 148, 185
Übernahmeposition 116
Übernahmezone 116
Überschwinger 148
Übersetzungsverhältnis 163
Übersprechanteile 92
Übersprechen 42
Übersprechkompensation 139

Übertrager 158
Übertragungsbereich 27, 61, 63
U-Loading 170, 171, 173
U-Matic-System 12, 171
Umlenkbolzen 116
Umsetzer-Modulator 145
Unijunction-Oszillator 91

V

VCO 103
VCO-Oszillator 111
VCR 17, 36
Vektor 141
Vergleichsschaltung 83, 100
Verlustfaktor 23
Verzerrung 27
Verzögerungsleitung 128, 154

VHS 17, 36
VHS-C 152
Video HiFi 50
Video 2000 11, 49, 50, 105
Video 8 11, 44, 49, 68, 108, 148, 174
Video-Pre-Emphasis 64
Videoband 17
Videografie 15
Videokopf 19, 31, 33, 35
Videokopfwicklung 181
Videomodulator 188
Videoservice 181
Videosignal 42, 183
Videospur 45
Vollbild 37
Vormagnetisierung 161
Vormagnetisierungsfrequenz 30

Vormagnetisierungsspannung 67
Vormagnetisierungsstrom 27
Vorspannung 151
V-Synchronisation 191

Y

Y-Schreibstrom 161

Z

Zähldiskriminator 157, 188
Zeilenimpuls 57
Zeilenversatz 69, 70
Zeitbasisschwankung 135
Zeitfehler 46, 65
Zeitkonstantenänderung 100
Zusatzmotor 168

VOGEL-BUCHVERLAG WÜRZBURG
Elektronik · Computer · Kfz · Technologie

Panzer, Peter
Praxis des Überspannungs- und Störspannungsschutzes
elektronischer Geräte und Anlagen

ISBN 3-8023-0887-5

Der zunehmende Einsatz empfindlicher Elektronikbauteile in Geräten und Anlagen der Meß-/Steuer-/Regelungstechnik, in der Daten- und Informationsverarbeitung fordert wachsende Anstrengungen bei den Schutzmaßnahmen gegen Über- und Störspannungen.
Dieses Hilfs- und Arbeitsbuch beschreibt alle Fakten und Aspekte der Beeinflussung durch Blitz, elektrostatische Entladung und (nuklear-) elektromagnetische Impulse. Es behandelt ausführlich die Errichtung des äußeren und inneren Blitzschutzes sowie Maßnahmen des Potentialausgleichs unter Berücksichtigung geltender Vorschriften und Normen. Schutzelemente werden nach Art, Funktion und Eigenschaften, Schutzschaltungen und -einrichtungen nach Bestückung, Auslegung und Verhalten dargestellt. Hilfreich für die Praxis sind die ausgeführten und durchgerechneten Beispiele.
Angesprochen sind die Praktiker in Werkstätten, Betrieben und Energieversorgungsunternehmen sowie alle, die sich mit der Konzeption und Entwicklung elektr(on)ischer Geräte und Anlagen befassen. Auch Lernende informiert dieses Buch klar, umfassend und anwendungsbezogen.

Böhm, Werner
Elektronisch steuern

ISBN 3-8023-0806-9

Von der Planung zur Inbetriebnahme und Wartung: Formulierung der Anforderungen/Aufgabenstellung, Entwurf, Realisierung, Dokumentation, Test und Inbetriebnahme, Wartung; Grundschaltungen, Software-Technologie, gerätetechnische Ausführung, Termin-/Kostenplanung
Elektronische Steuerungen sind als verbindungsprogrammierte oder als freiprogrammierte Steuerungen ausgeführt. Die Funktionen einer Steuerung werden deshalb mit Schaltungen der Digitaltechnik oder mit Hard-/Software-Komponenten von Mikrocomputersteuerungen realisiert.

Stadler, Erich
Modulationsverfahren
Kamprath-Reihe

ISBN 3-8023-0086-6

Grundbegriffe, Amplitudenmodulation, Zweiseitenbandmodulation mit unterdrücktem Träger, Einseitenbandmodulation, Restseitenbandmodulation, Frequenzmodulation, Phasenmodulation, Modulation durch Tastung, Pulsmodulation, Pulscodemodulation
Sprache, Musik, Meßwerte usw. werden zur Übertragung als elektrische Signale auf einen hierzu geeigneten Träger aufmoduliert. Verschiedenartige Verfahren sind möglich, um nieder- und hochfrequente Schwingungen miteinander zu verbinden bzw. wieder aufzubereiten.

Das Verzeichnis VOGEL-Fachbücher Technik beschreibt unser vollständiges Programm mit Titeln der Gebiete Elektrotechnik, Elektronik, Technologie, Kraftfahrzeugwesen, Maschinenbau, Apparatebau, Kunststoffverarbeitung. Fordern Sie es kostenlos an!
Vogel-Buchverlag Würzburg, Postfach 67 40, 8700 Würzburg 1

Unsere Bücher der Reihe **HC — Mein Home Computer** helfen beim Einstieg in den populären Bereich, sie fördern Spaß und Spiel, führen hin zu nützlichen Anwendungen, z.B.: Home-Computer kurz und bündig, MSX-Ratgeber, Der Heimcomputer als Btx-Terminal, Utilities für CPC 464, 664 und 6128, Multiplan auf dem Commodore 64 u.a.

Bei den sogenannten Personal-Computern setzt die Reihe **CHIP WISSEN** ein mit fundierten Anleitungen und vertiefenden Ausführungen, z.B.: BASIC-Intensivkurs, Was Drucker und Plotter alles können, Fliegen mit dem Mikro, dBase III kurz und bündig, Professionell arbeiten mit dem IBM PC u.a.

VOGEL
Buchverlag
Würzburg

POSTFACH 67 40
8700 WÜRZBURG 1

Kaum ein Bereich der Ausbildung und Berufspraxis bleibt von der Computertechnik unberührt. Entsprechend wächst der Anteil unseres Verlagsprogramms, der diese neuen Techniken beschreibt. Titelplanung und -produktion orientieren sich an der stürmischen Entwicklung der Computerei. Der Aktualität wegen haben wir die Computerbücher in einem eigenen Verzeichnis zusammengefaßt. Es erscheint mehrmals jährlich neu — bitte anfordern!

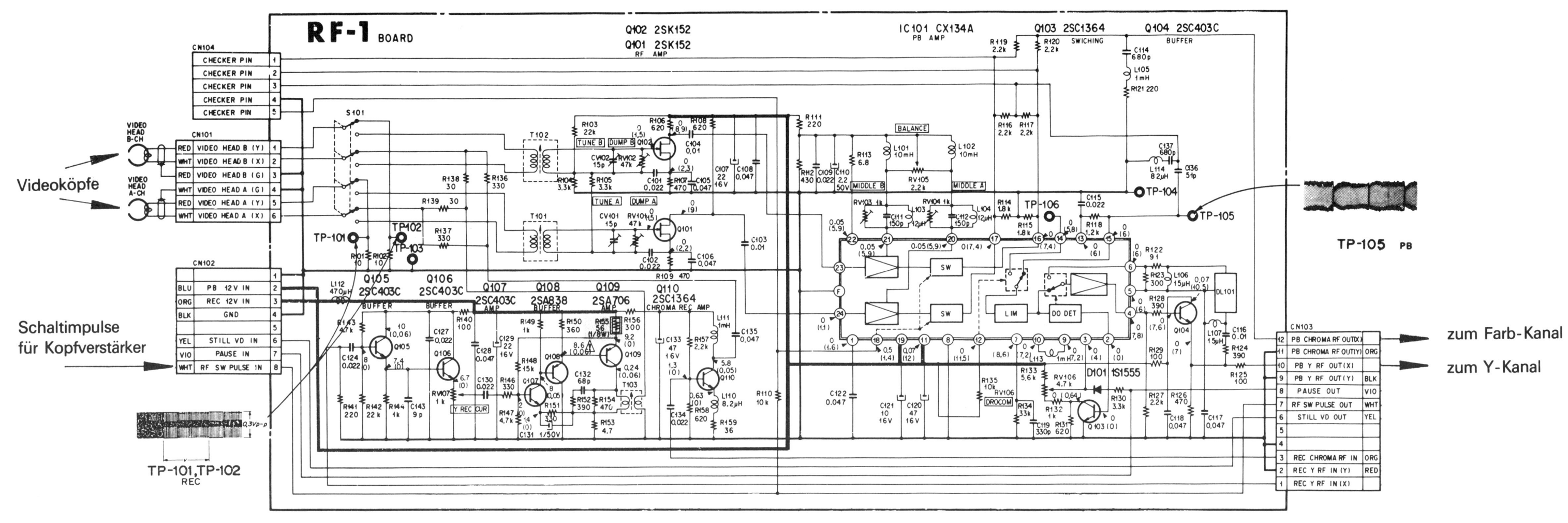

Bild 6.20 Aufnahme-Wiedergabe-Kopfverstärker eines Videorecorders

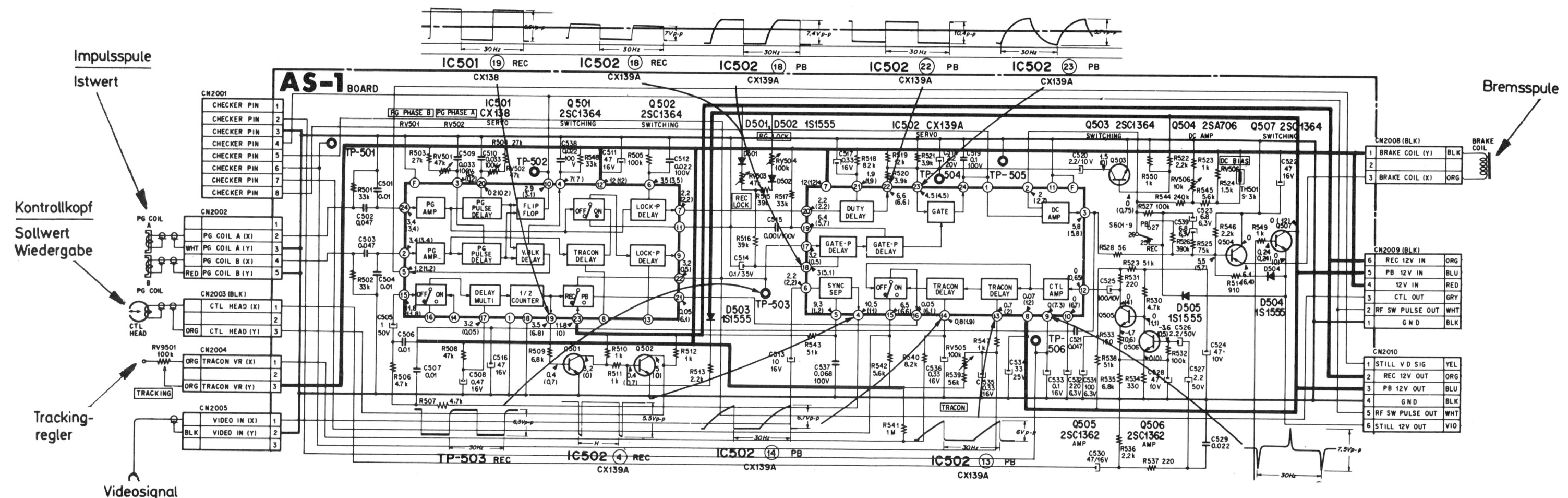

Bild 4.17 Servoregelung eines Videorecorders

"Never follow others."

Erfinden. Ein Unternehmens-Konzept. Tun, was andere nicht tun. Vormachen, nicht nachmachen. Mit diesem Anspruch gründeten Masaru Ibuka und Akio Morita im Mai 1946 die Tokyo Telecommunication Engineering Corporation, Vorläufer der heutigen Sony Corporation. Ideenreichtum und Erfindergeist sind der Motor eines konsequenten Unternehmens-Konzeptes, das nur ein Ziel kennt: Produkte erfinden, die diesen acht Kriterien entsprechen: Funktionalität, Steigerung der Lebensfreude, attraktives Design, kompromißlose Qualität, Originalität auf der Basis modernster Technologie, Serien-Eignung, System-Bezug und Identität mit dem Sony Markenbild.

SONY